LiVE!
실용통계

권계화 지음

SPSS 실습편 수록

KYOWOOSA 교우사

머리말

Preface

지금 독자들에게 통계학을 배우고자 하는 이유가 무엇이냐고 묻는다면 아마 대부분은 생활가운데에서 만나는 각종 자료들로부터 유익한 정보수집과 그의 효율적 활용을 위해서라고 답할 것이다. 그러나 자료들로부터 유용한 정보를 얻기 위해서는 무엇보다 자료 속에 있는 어떤 법칙을 찾아내는 일이 필요하다. 이 법칙을 규명하는 학문이 통계학이다. 오늘날 통계학은 각종 학문영역에서는 물론 우리의 생활 전반에 걸쳐 엄청난 영향력을 미치고 있다. 통계학의 중요성이 강조되는 이유이다.

일반적으로 통계학은 어려운 학문이라는 선입견 때문에 통계학을 기피하려는 경향이 많다. 물론 통계학이 복잡한 수학적 이론을 필요로 하는 것은 맞지만 통계학자가 되려는 것이 아니고 단순히 통계자료로부터 유용한 정보를 얻고자 한다면 통계학에 대한 접근 방법은 달리 해야 할 것이다. 이 책은 통계학 비전공자들에게 통계의 세계에 보다 쉽게 접근할 수 있는 길을 제시하고자 한다. 즉 확률론과 같은 복잡한 이론 등은 과감히 삭제하고 확률분포 역시 꼭 필요한 부분만 다루는 등 전체적으로 통계학의 실용화 방안에 역점을 두었다.

이 책의 개요를 간단히 소개하면 먼저 통계학발달의 역사를 통해 통계의 사회적 영향과 그 역할을 정리해보는 한편 통계학의 왜곡된 사례를 들어 통계에 대한 균형적 시각을 갖도록 하였다. 이어서 자료에는 모집단의 특성이 반영되어야 하는 것이 생명이므로 자료수집 방법을 다루어 자료의 질을 파악하는 능력을 갖추도록 하였다. 아울러 다변량분석법의 여러 분야별 응용사례를 소개하여 통계학의 실용성 확장을 모색하였다. 통계학의 꽃이라고 할 수 있는 추정과 검정은 확실한 개념 정립이 필수적인 만큼 단순한 공식의 나열이 아닌 최소한의 수학적 용어를 사용하여 기본적인 개념을 명쾌히 설명하였다. 사회에서 흔히 사용되는 분산분석법과 회귀분석법 역시 간결하면서도 명확한 설명을 곁들였다.

끝으로 통계분석에는 정확한 계산을 위해 통계패키지 사용이 필수적인데 이 책에서는 사용방법이 간단하여 현재 가장 많이 활용되는 SPSS를 소개하였다. SPSS 사용방법은 일괄적으로 부록에 수록함으로써 본문을 공부할 때 산만하지 않게 하고 SPSS 실습이 보다 효율적으로 이루어 질 수 있도록 하였다. 특히 SPSS 실습 편에서는 본문에서 다룬 예제들을 포함하여 여러 흥미 있는 예제들을 수록하였으므로 본문과 병행하여 실습을 해나가면 크게 도움이 될 것이다.

끝으로 이 책의 출판을 맡아주신 교우사의 오판근사장님을 비롯한 관계 직원 여러분들에게 마음으로부터 깊이 감사드린다.

2015년 2월

저자 씀

차례

Contents

• 머리말_iii

제1장 통계학은 어떤 학문인가?

1. 통계학으로 세상을 안다 ········ 2
2. 통계학이 왜곡되는 사례 ········ 7
3. 역사로 살펴보는 통계학의 발전 ········ 15
4. 통계학의 역할과 정의 ········ 19
5. 통계분석과 컴퓨터 ········ 21

연습문제 ········ 23

제2장 통계학적 사고방식 -모집단의 이해

1. 통계적 사고 ········ 26
2. 통계학의 기본용어 ········ 28
3. 확률변수와 확률분포 ········ 29
4. 모평균과 모분산 ········ 32
5. 정규분포 ········ 37

연습문제 ········ 44

제3장 모집단으로부터 자료 얻기

1. 표본조사 ········ 48
2. 연구방법 ········ 50
3. 설문지 작성법 ········ 55
4. 표본추출법 ········ 58

연습문제 ········ 65

제4장 국가통계 바로알기

1. 국가통계란 무엇인가? ········· 68
2. 국가통계제도 ········· 70
3. 국가통계의 종류 ········· 71
연습문제 ········· 80

제5장 자료를 정리하는 방법-기술통계학

1. 자료의 분류 ········· 82
2. 시각적으로 정리하기 ········· 84
3. 대푯값으로 정리하기 ········· 96
4. 자료의 표준화 ········· 108
연습문제 ········· 112

제6장 다변량 자료 다루기

1. 이변량 자료의 표현방법 ········· 114
2. 관계의 표현 ········· 118
3. 다변량자료의 표현방법 ········· 124
4. 다변량 분석방법의 소개 ········· 129
연습문제 ········· 133

제7장 통계적 추론을 위한 준비

1. 확률표본과 표본분포 ········· 136
2. 표본평균의 분포 ········· 137
3. 중심극한정리 ········· 140
4. 카이제곱분포와 F분포 ········· 143
연습문제 ········· 147

제8장 표본으로 모수를 추정하기

1. 점추정 ········· 150
2. 구간추정 ········· 155
3. 표본크기의 결정 ········· 162

연습문제 ········· 165

제9장 표본으로 가설을 검정하기

1. 검정에서 필요한 기본용어 ········· 168
2. 가설검정의 순서와 기초개념 ········· 169
3. 가설검정 절차에 따른 적용 예 ········· 172
4. 모평균에 대한 가설검정 ········· 176
5. 유의확률에 의한 가설검정 ········· 180
6. 모비율에 대한 가설검정 ········· 181

연습문제 ········· 185

제10장 두 모집단 비교하기

1. 두 모평균의 비교 ········· 188
2. 두 모비율의 비교 ········· 198

연습문제 ········· 201

제11장 범주형자료의 분석

1. 범주형 자료란? ········· 204
2. 적합도 검정 ········· 206
3. 독립성 검정 ········· 210
4. 동일성 검정 ········· 213

연습문제 ········· 217

제12장 여러 모집단 비교하기-분산분석법

1. 분산분석법이란? ···· 220
2. 분산분석의 원리 ···· 221
3. 일원분산분석법 ···· 224
4. 이원분산분석법 ···· 229
연습문제 ···· 239

제13장 회귀분석법

1. 회귀분석이란? ···· 242
2. 회귀모형의 추론 ···· 246
3. 회귀모형의 타당성 검토 ···· 253
연습문제 ···· 261

■ 부록 • 1 _ 263
부록 • 2 _ 291

■ 연습문제 해답 _ 302

■ 찾아보기 _ 315

01

통계학은 어떤 학문인가?

1. 통계학으로 세상을 안다
2. 통계학이 왜곡되는 사례
3. 역사로 살펴보는 통계학의 발전
4. 통계학의 역할과 정의
5. 통계분석과 컴퓨터

1 통계학은 어떤 학문인가?

1 통계학으로 세상을 안다

지금 우리들에게 통계학이 필요한 이유는 무엇일까? 장래에 보다 현명하고 효율적으로 행동하는 데 있어서 지금 우리 주위에 있는 통계자료들로부터 도움을 얻고 싶은 때문이 아닐까 한다. 우리들 주위에는 매일같이 많은 통계자료들이 쏟아지고 있으며 우리는 우리가 알지 못하는 사이에 많은 통계자료와 밀접한 관계를 맺고 살아가고 있다. 학교성적, 취업률, 물가, 일기예보, 주식시세, 스포츠 경기결과, 여론조사 결과 등 일일이 열거할 수 없을 정도로 많은 통계숫자들과 관계를 맺고 살아가는데 우리들은 그 숫자들이 과연 어떤 의미를 갖는 값인지를 통계학적으로 확실히 해두고 싶은 것이다.

한자로 '統計'란 모아서 계산한다는 뜻으로 이러한 단어가 주는 느낌 때문에 사람에 따라서는 통계학을 단지 자료를 수집하여 평균이나 분산을 계산하고 자료를 정리하는 정도로 생각하는 경우도 있다. 물론 통계학이 자료를 이해하는 수단이기는 하지만 그러나 통계학의 역할은 그 보다 훨씬 방대하다. 주위를 돌아보면 통계를 통해서 대학의 유망학과가 거론되고 경제활동이나 사회현상이 파악되며 수시로 대통령의 지지도나 정부에 대한 신뢰도가 측정되고 있다.

1950년대 이후 과학적인 연구방법과 실증적인 연구가 강조됨에 따라 통계학의 응용은 자연과학 뿐 아니라 정치학, 경제학, 사회학, 심리학과 같은 사회과학 분야 나아가 문학, 미술 등의 예술분야에 이르기까지 폭넓게 확대되고 있다. 수리통계학에서 개발된 여러 가지 통계기법들이 다방면의 통계자료에 폭넓게 적용되어 그 이용되는 분야에 따라 경제통계학, 경영통계학, 교육통계학, 사회통계학, 의학통계학, 생물통계학 등 여러 이름으로 불리어지며 필요에 따라 각 응용분야 별로 각종 통계분석법이 응용되고 있는 것이다. 이제 오늘날 각 분야에서 통계학이 어떻게 응용되어 문제를 해결하고 있는지를 알아보자.

(1) 사회통계학

사회통계학은 인종문제, 사회계층문제, 지역 간의 갈등문제 등과 같은 각종 사회적 문제를 통계학적 방법을 사용하여 해결책을 제시하려는 학문으로 사회과학을 보다 객관적이고 과학적인 관점에서 문제의 본질을 이해하고자 하는 데에 목적이 있다. 이런 점에서 최근 사회학의 여러 연구영역에서 통계학적 방법론의 적용이 급속도로 증가하고 있는 추세이며 따라서 사회과학을 공부하고자 하는 사람들에게 통계학적 지식은 필수적이라 할 수 있다.

(2) 경제통계학

경제통계학은 경제 관련 통계를 분석함으로써 경제 실태를 파악하고 경제분야에 대한 새로운 사실을 제시함으로써 그 이론적 의미를 명확하게 하려는 학문이다. 주식시장의 동향을 어떻게 판단 할 것인가? 과거 10년간 중소기업 경제상황은 어떻게 변화해 왔는지, 앞으로 한층 어려움이 예상되는 고령자에 대한 고용은 어떻게 예측되며, 올 한해의 한국과 미국의 경제 성장 전망 등의 문제를 풀어나가는 데에 있어 경제이론은 물론 경제 통계자료와 통계적 분석방법에 관한 지식이 요구된다.

(3) 경영통계학

경영통계학은 경영상황이나 경영 의사결정에 관한 통계자료를 수집, 정리, 분석하여 기업방침을 정하고 경영관리의 방법을 연구하는 학문이다. 경영통계 자료로는 국내외의 경기 동향에 관한 통계를 비롯하여, 산업별 생산, 출하, 재고, 매출 등에 관한 통계, 기업별생산, 경리, 재무, 인력 등에 관한 통계 등 그 종류는 헤아릴 수 없이 많다. 이 분야에서는 공장의 확장, 신제품개발, 직원채용, 품질검사, 공급업자선택 등 경영의 모든 영역에 걸쳐 결론을 도출하고 의사결정을 지원하기 위한 도구로 통계가 중요한 역할을 담당하고 있다. 경영의 합리화 및 과학화 추이에 따라 이와 같은 통계분석의 필요성은 매우 높은 것이 현실이다.

(4) 보험통계학

보험관련 분야에서도 통계학의 응용이 큰 위력을 보이고 있는데 특히 위험관리와 보험산업에 있어서 그 비중이 커지고 있다. 보험 산업은 위험요소를 다루기 위하여 오랫동안

확률론을 기반으로 하여 발전하여 왔다. 금년도의 경제적 환경이 내년에도 지속적으로 유지 될 것인가? 보험금을 어떻게 지불할 것이며 지불할 보험금에 덧붙여 이익금을 어떻게 책정할 것인가? 이러한 문제에 대한 답을 통계를 이용하여 풀어나가는 것이다. 보험통계자료로는 생명보험에서는 국민생명표 또는 경험생명표를, 손해보험에서는 보험종목별 손해율과 사고의 원인별, 형태별 빈도와 강도에 관한 통계가 해당한다.

(5) 교육통계학

교육과 관련 있는 집단에서 특정한 상황에 변화가 일어날 때, 그 변화에 대한 통계자료를 분석함으로써 교육현상을 보다 객관적 · 과학적 · 실증적으로 고찰하려는 것이 교육통계학의 목적이다. 교육문제를 통계적으로 접근할 때에는 크게 세 부문으로 나누어 다루고 있다. 첫째는 교육행정가가 교육행정상의 합리적인 지침을 얻어 교육시책에 반영하기 위하여 통계적 방법을 시도하는 것으로 교육행정·재정 통계이다. 둘째는 교육연구자가 교육연구 개발에 통계적 수법을 활용하는 교육연구통계이다. 셋째는 교육실천가가 학습지도나 학급 · 학교 경영을 위해 통계를 활용하는 교육실천통계이다. 그 밖에도 교육통계는 교육인구의 예측, 교육투자 및 교육계획수립을 위한 중요한 자료가 된다.

(6) 심리통계학

과학으로서의 심리학은 객관화가 중요한데 객관화를 위한 가장 대표적인 방법은 수량화라고 할 수 있다. 심리적인 것이라 할지라도 존재하는 것이라면 수량화시킬 수 있다고 보는 정신물리학의 출현과 함께 심리통계학이 등장하여 과학적 접근이 가능하게 되었다. 심리검사의 활용분야로는 기업, 학교, 병원, 상담소, 정부기관 등 광범위하다. 심리검사의 유용성을 평가하는데 있어서 통계적 개념들은 대단히 중요하다. 통계적 개념들을 정확하게 이해하고 있을 때에 신뢰도와 타당도에 대한 논의가 가능하며, 심리검사를 개발하고 제작한 후 시행하여 채점하고 분석하는 전 과정에서 통계학이 요구되고 있다.

(7) 생물통계학

생물통계학은 생물의 다양한 생명현상을 분석하는 데 있어서 통계학을 응용하는 학문이다. 사람의 얼굴모습이 제 각각이듯 생물은 항상 변이를 나타내기 마련인데 이러한 변이의 정도를 통계적으로 처리하기 위하여 오차에 관한 이론 등이 도입되면서 생물통계학의 기초가 다져지게 되었다. 이것을 기반으로 한 단계 더 진보하여 실측값과 기댓값과의 관계를 분명히 하기 위한 여러 가지 통계분석 방법이 도입되면서 오늘날의 생물통계학의 체계가 확립되었다. 생물통계학은 주로 유전학자들에 의하여 발전하게 되었는데 그들은 유전자의 분리, 잡종 강세의 원인, 집단에서의 유전자 추이 등을 통계적으로 연구함으로써 진화의 문제를 해석하려고 하였으며 이를 통해 개개 유전자의 존재를 알아내려는 이론적 분석법을 강구하였다.

(8) 의학통계학

건강과 질병현상을 파악하는데 통계학의 힘을 빌리고자 하는 취지로 의학통계학이 출현하였다. 의학에서의 통계학적 응용은 의학기술 그 자체만큼이나 중요시되고 있는 추세이다. 새로운 특효약이나 치료법이 개발되었을 경우 그 효과를 알아보기 위하여 일련의 계획을 세워 임상실험을 하게 된다. 임상실험에서는 통제된 조건에서 집단을 대상으로 수행한 실험 관측 결과에 통계학을 적용하여 의도한 임상실험에 대해 의미를 부여하게 된다. 이와 같은 임상실험은 처음 계획부터 마지막 보고서 작성까지 과학적인 결과를 도출하기 위하여 통계학과 의학의 긴밀한 연계 하에 이루어지고 있다. 우리나라는 기초의학통계가 부실한 편이다. 예를 들면 한국인의 주요 사망원인인 뇌졸중의 경우에도 환자 수가 몇 명이며 또 어떤 유형의 사람이 잘 걸리는지 알려져 있지 않다. 이와 같은 경우에는 정상과 비정상을 제대로 구분하는 잣대가 없게 된다. 반면 선진국에서는 기초의학통계를 확보하기 위해 엄청난 노력을 기울이고 있다. 전문가들은 국민보건과 의학발전을 위해서는 우선 기초의학통계가 시급히 마련되어져야 한다고 강조하고 있다.

(9) 환경통계학

환경통계는 좁은 의미에서 환경상태에 관한 통계만을 지칭하지만 좀 더 포괄적인 의미로는 환경상태뿐만 아니라 환경생태의 악화를 초래하는 인간들의 활동이나 자연재해 및 환경악화에 대한 대응활동 등 일체의 환경관련 통계자료를 포함한다. 따라서 인구, 산업활동, 환경보전투자, 국민의 환경의식 등 각종 사회경제적 통계자료가 환경통계의 범주에 포함될 수 있다. 다른 분야와 마찬가지로 환경 분야 역시 정확한 통계작성이 정책수립의 기본이 된다. 그 한 예로 각종 오염원과 오염물질 배출량, 오염도 등에 대한 정확한 통계의 뒷받침없이는 적절한 오염절감대책을 수립할 수 없기 때문이다. 한편 환경지표나 환경지수, 환경계정과 같은 새로운 환경 관련 통계지표를 개발함으로써 지속적이고도 발전적인 국가차원의 정책수립이 가능하다. 이런 점에서 환경통계학은 환경행정을 발전시키는 견인차의 역할을 한다고 할 수 있다.

(10) 기상통계학

다양한 방법으로 얻어지는 각종 기상관측 자료를 통계적 방법으로 처리함으로써 기상자료의 특성을 파악하게 된다. 최근 인간의 경제, 사회 활동에서 기상의 중요성이 크게 부각되고, 이상기후, 지구온난화, 대기오염, 산성비 등 대기환경 문제가 심각해지면서 이 분야의 연구와 교육의 필요성이 강조되고 있다. 이와 같이 대기에 관한 연구가 급증하면서 통계학적 접근도 중요한 몫을 담당하게 되었다. 그 밖에 기상 통계, 지진 통계 등의 분야에서도 통계적 해석과 예측이 요긴하게 활용되고 있다.

(11) 스포츠통계학

1860년대에 처음 인체에 대한 과학적 측정방법이 시행되면서 기본체력과 훈련만 하면 가능하다고 생각되었던 스포츠영역에 새로운 스포츠 과학화 바람이 불기시작 했다. 그 후 스포츠는 학문으로서의 체계를 갖추어나가다가 1940년대에 급속한 발전을 보였는데 이때 통계적 분석 및 평가방법이 체육학 연구와 학습지도에 크게 이용되었다.

우리나라에서도 스포츠에 대한 새로운 개념과 연구방법이 도입되면서 과학적인 방법에 기초한 스포츠교육이 실시되고 또 여러 스포츠 분야에서 프로경기가 열릴 만큼 스포츠의 상업화가 붐을 이루고 있다. 상업화된 스포츠세계에서는 보다 좋은 성적과 경기력 향상을 위하여 과학적인 통계분석과 평가방법이 이용되고 있다. 스포츠세계에서 승자를 결정하는 방법은 객관성과 공정성을 원칙으로 하고 있다. 이러한 객관적이고 공정한 승자결정에 통계학의 다양한 분석방법들이 활용되고 있는데 이를 통해 월드컵의 우승팀을 예측해 보기도 한다.

(12) 언어통계학

언어에도 양적 특성, 물리적 성질, 체계성의 규칙이 존재하며 이에 대한 올바른 해석은 언어의 본질을 밝히는 데 매우 중요한 역할을 한다. 복잡다양하고 섬세한 구조적 체계와 도식화, 체계화의 규칙을 갖는 언어를 연구하고 분석하는 데에는 정밀한 통계학적 도입이 매우 주효한 방법론 중에 하나가 될 수 있다. 언어행위에는 언어의 단위라 할 수 있는 어음,

단어, 문장들이 쓰이게 되는데 이때 어떤 언어적 단위들이나 요소들이 사용되어지고 있는가 하는 것은 우연사건의 범주에 속한다. 이렇게 언어적 단위들의 출현확률로 언어를 연구하는 것이 언어통계학이다. 확률론과 통계학을 이용하여 언어의 양적 및 질적 특성을 밝힐 수 있으며 나아가 정보 전달기능을 높이고 언어자료들을 자동으로 처리하고 분석 할 수 있게 되었다. 언어통계학 기술을 바탕으로 컴퓨터 언어 연산 방식을 연구하여 대화를 통해 정보를 찾을 수 있는 차세대 인터넷 검색엔진의 등장이 그 좋은 예라 하겠다.

2 통계학이 왜곡되는 사례

우리에게 제공되는 수많은 정보들은 통계적 분석에 의하여 얻어진 정보라고 생각되지만 그 값이 적합한 방법에 의해 얻어진 통계학적으로 바른 정보인지는 알 수가 없다. 우리는 다른 사람들이 제공해준 통계자료만을 갖고 그 정보에 근거하여 종종 판단을 내리곤 하지만 실은 그 통계자료에 커다란 오류와 함정이 있을 수 있다는 사실을 항상 염두에 두고 있어야 한다. 통계학이 수학이나 과학의 범주에 속한다고는 하지만 사실 통계는 통계를 내는 사람의 의도가 강하게 반영될 수 있는 여지가 아주 많다는 사실 또한 간과해서는 안 된다.

이들 오류 중의 어떤 것들은 잘못된 채 알려지거나 믿어져도 우리들의 생활에 별다른 해악을 끼치지 않지만 어떤 정보는 나쁘게 조작되어 일반인들의 판단을 흐리게 하거나 속여서 적지 않은 피해를 주는 경우도 종종 있다. 통계를 잘못 사용하면 큰 함정에 빠질 수 있음을 경계하여 영국의 유명한 정치가 디스렐리(Disraili)는 다음과 같이 말하고 있다, “세상에는 세 가지 거짓말이 있다. 보통 거짓말, 새빨간 거짓말, 그리고 통계다.” 어느 정도 공감이 가는 말이다.

통계의 오류 중에는 의도적으로 통계를 왜곡시켜 부당한 논리를 정당화시켜 주는 경우도 있지만 이것 보다는 통계학에 대한 무지 때문에 발생하는 오류의 경우가 더 많은 것으로 알려지고 있다. 부정확한 정보로부터 자신을 보호하거나 올바른 의사결정을 내리기 위하여서는 통계학의 기본 개념을 정확하게 이해하는 것이 필수적이다. 이제 수집된 자료에 대한 통계적 방법을 적용하는데 있어서 통계가 왜곡되고 잘 못 사용된 몇 개의 실례를 소개하면서 그 문제점들을 지적해 본다.

(1) 정의가 불분명한 경우

— 오류 사례

1964년 '미국에서의 빈곤에 관한 문제'라는 보고서가 미국 대통령 경제고문 위원회로부터 나왔다. 그들은 1년 수입이 3,000달러 미만의 세대는 빈곤한 세대라고 정의했다. 이 3,000달러라는 기준을 정하게 된 근거를 요약하면 사람이 하루에 필요한 칼로리, 단백질, 비타민 등 영양의 최소 필요량을 정해 두고 그 필요량을 충족시키는데 필요한 식료품의 양을 계산하였다. 1964년 당시의 가격으로 일주일분의 필요한 식료품의 양을 구입하는데 5달러가 예상되므로 4인 가족의 한 세대가 1년에 필요한 식비는 1,000달러라는 계산이 나왔다. 한편 수입의 약 1/3을 식비에 사용할 때 저소득층으로 볼 수 있다는 경제학자 엥겔의 법칙에 근거해서 1년 수입이 3000달러 미만은 빈곤층이라는 기준이 나온 것이다. 3,000달러라는 기준을 사용하여 빈곤층을 조사했을 경우 3000만 명이 이에 해당되며 그 당시 미국 전 세대의 20%가 빈곤층에 속하는 결과가 되었다.

그러나 이 기준을 두고 많은 논란이 일어났다. 그 당시 3,000달러는 살아가기 위한 최소한의 금액이라기보다는 상당히 큰 금액으로서 오히려 미국의 부를 자랑하려는 것이 아니냐하는 지적이 많았다. 실제로 1년 수입 3,000달러 미만으로 조사된 빈곤층을 대상으로 살펴본 결과 1/3이 자기 집을 소유하고 있었고 절반이 차를 갖고 있었으며 대부분이 전화가 있었는데 이러한 사실은 1964년이라는 시대적 상황을 고려해 볼 때 빈곤층으로 받아들이기에는 다소 문제가 있었다.

식비만을 근거로 빈곤층을 기준하였을 때의 문제점을 살펴보자. 첫째, 재산을 고려하지 않았다는 점이다. 즉, 토지를 매각한 돈, 상속금, 보험지불금 등을 고려하지 않아 재산을 가졌으나 현재 수입이 없는 경우는 전부 빈곤한 세대로 간주 되고 있는 것이다. 둘째, 일시적 빈곤과 항구적 빈곤을 구별하지 않고 있다는 점이다. 그 결과 조사 당시 일시적으로 실직한 세대나 잠깐 쉬고 있는 연봉 수억대의 운동선수 등도 빈곤한 세대에 포함되어 버린 것이다. 이런 점들이 계기가 되어 빈곤에 대한 개념논쟁이 치열하게 벌어졌다. 사회보장당국에서는 인플레와 세대의 크기, 연령구성, 농촌과 도시의 구별 등을 고려한 기준을 내놓기도 했는데 이 기준에 의하면 4,000만 명에서 5,000만 명이 빈곤층에 해당하는 것으로 나타났다.

이처럼 측정하고자 하는 것이 '빈곤', '학문적 성취감', '우울', '결혼생활의 만족도' 등과 같이 여러 가지로 해석할 수 있는 추상적 개념이면 주의 깊은 탐색이 절대적으로 필요하다. 이러한 추상적 개념들을 구체적이고 측정 가능한 형태로 정의하는 것을 **조작적 정의**(operational definition)라고 한다. 예를 들면 위의 예에서 빈곤한 세대에 대한 조작적 정의는 '1년 수입 3,000불 미만인 세대'가 된다. 최근에 어느 TV 방송에서 '아기의 보행기 사용이 뇌 발달을 지연 시킨다'는 뉴스를 방영하였다. 보행기를 사용한 아기 102명과 사용하지 않은 아기 88명을 대상으로 '보행기 사용 유무에 따른 정신·행동 발달 비교'를 조사한 결과라고 보도하여 상당히 신뢰성이 있어 보였지만 보행기를 타는 유아의 '뇌 발달'이라는 것을 어떻게 측정하였는지, 즉 유아의 뇌 발달에 대한 조작적 정의에 의구심이 들었다. 조작적 정의를 어떻게 내리느냐에 따라 전혀 다른 결과가 유도될 수도 있으므로 조작적 정의를 함께 밝혀두는 것이 바람직하다 하겠다. 이렇듯 특정한 사례에서 사용되는 개념에 대한 정의는 명확하게 해 둘 필요가 있으며 독자나 시청자들도 조사하고자 하는 본래의 내용이 제대로 측정되고 있는지, 또 그 정의가 타당하다고 할 수 있는지 등을 언제나 염두에 두고 보도를 대할 필요가 있다.

(2) 표본추출이 잘못 된 경우

— 오류 사례

1936년 미국 대통령선거전에서 현직 대통령인 민주당의 루즈벨트(Roosevelt)와 공화당의 랜든(Landon)이 경합을 벌이고 있었다. 미국에서 인기 있는 잡지사인 리터러리 다이제스트(Literary Digest)사는 그들의 잡지를 구독하고 있는 구독자 명부와 전화번호부, 자동차 등록부에서 무려 1,000만 명의 유권자를 임의로 추출하여 설문지를 발송하는 사상최대의 여론조사를 실시하였다. 그 중 약 230만장을 회수하였으며 그 결과 랜든이 57%의 지지율로 압승할 것을 예측하였다. 그러나 투표결과는 루즈벨트가 62%라는 압도적인 지지를 받고 대통령으로 당선 되었다

이 결과는 통계학의 역사 상 가장 잘못된 여론조사의 대표적 사례로 꼽혀 여러 교과서에서 자주 다루어지고 있다. 이 여론조사의 오류는 무엇이었을까? 첫째, 표본이 모집단의 특

성을 잘 반영하지 못했다는 점이다. 그 당시는 네 가구당 한 대 정도로 전화가 보급되던 시절로 전화기 보유자나, 잡지 구독자 여기에 자동차 소유자들은 모두 상류 부유층에 속하는 사람들이었다. 따라서 표본 중에는 부유층을 기반으로 하던 공화당 지지자들이 많이 포함되었을 가능성이 컸다. 아무리 유권자를 많이 뽑았다고 하더라도 주로 공화당 지지자들을 대상으로 여론조사를 한 셈이었다.

둘째로 지적되는 문제점은 1,000만 명에게 설문지를 우송했으나 230만 명에게서만 회수되었으니 무 응답자가 770만 명에 이른 셈이다. 우편에 의한 설문조사는 회수율이 저조하여 무 응답자가 많기 마련이지만 무 응답자들에 대한 성향 역시 연구의 대상이 된다.

한편 갤럽(Gallup)은 자동차나 전화소유가 아닌 나이, 성별 그리고 지역을 기초로 경제적 계층이 적절한 비율로 고루 포함되도록 하는 표본추출법으로 단지 5만 명의 유권자를 표본으로 하여 루즈벨트가 56%의 지지로 당선될 것을 예측하였다. 실제 개표 결과 루스벨트는 62% 지지로 승리하였고 이일로 갤럽은 하루아침에 그 이름이 알려지면서 이후 계속 여론조사를 맡게 되는데 이 추출법이 최초 실시된 비례층화표본추출법이다. 오늘날 갤럽연구소는 세계 63여개 국가에서 운영되고 있으며 100여개 국가의 여론조사를 커버할 정도로 갤럽이라는 이름은 과학적 여론조사의 대명사가 되고 있다.

표본조사는 얻어진 표본의 자료를 근거로 모집단의 특성을 파악하려는 것이므로 표본을 수집할 때 어느 한쪽으로 치우치지 않고 모집단의 특성이 잘 나타나도록 해야 한다. 따라서 표본을 수집할 때 가장 기본적인 것은 모집단으로부터 무작위로 추출하여 표본이 모집단과 거의 같은 비율 그리고 같은 특성을 갖도록 해야 한다는 점이다. 표본추출 문제는 통계학에서 매우 중요한 과제이므로 제3장에 있는 표본추출법에서 좀 더 깊이 있게 다루어 보기로 한다.

(3) 퍼센트 계산이 잘못 된 경우

— 오류 사례

다음은 통계의 오류가 빚은 위험사례 중에서도 중량급의 사례에 속하는 것으로 구소련 당시 스탈린(Stalin)에 의하여 행해진 제1차 경제개발 5개년 계획에 관한 것이다. 스탈린은 경제개발 5개년 계획을 시행하고 나서 목표에 달성하는 성공을 거두었다고 크레믈린 궁에서 공식적으로 발표하였다. 그들이 발표한 내용에서 하나의 예를 들어보면, 철강의 경우 5개년 계획의 시작년도인 1928년도 생산량은 420만 톤

이었으나 경제개발 5개년이 끝나는 시점에는 1030만 톤을 생산하겠다는 계획이었으나 실제 마지막년도의 생산량은 590만 톤으로 계획대비 57.3% 그리고 주택건설의 경우에는 84%를 각각 달성했다고 보고하고 있다. 모든 부분의 달성도를 종합 평균하여 총체적으로 93.7%의 양적달성을 이루었다고 발표하였다.

지금까지 스탈린의 제1차 경제개발 5개년 계획만큼 널리 알려지고 매력적이었던 반면 잘못된 판단에 의한 실책이었다고 호된 비판을 받는 경제사업도 없을 것이다. 그들이 발표한 이 숫자에는 커다란 통계적 오류를 내포하고 있었다. 그들은 계획한 증가량을 비교하지 않고 실적총량과 계획총량을 비교하는 방법으로 통계를 왜곡하였다. 이런 방식으로 계산을 하면 경제개발 계획을 시작하기 전에 이미 420만톤을 생산하고 있었으니 40.8% $(=\frac{420}{1030}\times 100)$는 달성하고 시작하는 셈이 된다. 이런 경우의 올바른 계산은 계획한 증산량은 610만톤 이지만 실제 증가량은 170만 톤이었으므로 $\frac{170}{610}\times 100 = 27.9\%$의 목표를 달성했다고 했어야 했다. 당시 크레믈린 궁에서는 그들의 계산방법으로 주택건설에서 84% 달성을 자랑했지만 실제로는 44%의 증가에 그쳤고 시멘트는 37%, 자동차는 13%밖에 증산하지 못하였다. 그러나 그들 나름의 공산주의 방식에 의한 경제개발계획은 대단히 성공한 것으로 역사에 기록되었고, 그 결과 공산주의는 개발도상국에 급속한 경제발전을 보증한다는 신념을 심어주어 많은 나라가 공산주의를 받아들이게 되었다. 극단적으로 위험한 통계적 왜곡의 예라 아니할 수 없다.

퍼센트(%)는 비율에서 기준량을 100으로 보았을 때 비교하는 양을 나타낸 수로서 쉽고도 친숙한 개념이면서 변화정도를 표현하는데 유용하므로 초등학교 때 배운 이후로 줄곧 쓰고 있다. 퍼센트는 두 개 이상의 것을 서로 비교할 때 사용되는 것이므로 비교할 때는 어느 쪽이 기준이며 또 어느 쪽이 비교가 되는 것인지를 명확히 해주어야 한다. 그런데 기준이 되는 쪽의 개체수가 너무 적을 때에는 퍼센트 사용에 주의가 필요하다. 예를 들어 67%의 지지를 받았다고 하지만 3명 중에 2명일 수도 있기 때문이다. 이와 같이 퍼센트는 가장 손쉽게 많이 사용되는 개념이면서도 알게 모르게 잘못 사용되는 경우가 적지 않으므로 퍼센트 사용에는 각별한 주의가 필요하다. 또한 경우에 따라 퍼센트는 착시현상도 일어날 수 있다. 예를 들어 A회사 주가가 500원에서 30만원까지 치솟았다면 600배가 올랐으므로 상승률은 무려 60,000% 에 달하게 된다. 그런데 이 회사의 주식이 30만원에서 500원으로 하락했다면 하락률은 99.9%이다. 즉 주가가 오를 때는 많이 오르고 떨어질 때는 적게 떨어진 것처럼 느껴진다. 상승률은 0~무한대%로 확장되지만 하락률은 0~100%에서 움직이기 때문이다.

(4) 비교가 부적절한 경우

— 오류 사례

세계적으로 유명한 자동차회사인 V사가 여러 나라의 주요잡지에 게재했던 광고에서 보여준 통계적 왜곡이 일품이다. 그 광고는 "통계에 의하면 미국인은 인생의 50년간은 자동차를 운전하고 있으며 자동차는 평균적으로 3년 3개월마다 새 자동차로 교환하고 있다. 이런 식으로 하면 일생 동안 15.1대의 자동차를 필요로 하게 된다. 그런데 우리 회사 자동차는 평균 수명이 11년이므로 우리 회사 자동차를 구입하면 4.5대만 있으면 된다." 는 식으로 선전하고 있다. 이어서 광고는 다음과 같이 덧붙이고 있다. "과거 11년간 등록된 우리 회사 자동차의 95% 이상이 아직도 사용되고 있음이 밝혀졌다."

V사 차는 분명히 내구성이 뛰어난 세계적인 명품 자동차이기는 하지만 이 광고는 다른 차와 비교할 내구성에 대해서는 어떤 정보도 보여주고 있지 않다. 운전거리가 아닌 운전년 수가 내구성에 대한 최적의 척도가 될 수 있는지에 대한 논쟁은 접어두고라도 이 광고에는 두개의 결정적인 오류가 있다. 첫째, 부적절한 비교이다. '일반적으로 자동차는 평균 3년 3개월마다 새 자동차로 교환되고 있다'와 'V사 자동차는 평균 11년은 간다'라는 두개의 내용은 같이 놓고 비교할 수 없는 사항이다. 자동차가 수송기능이 다할 때까지 운전하는 년 수와 소유자가 아직 사용할 수 있음에도 자발적으로 새 차와 교환하는 년 수는 완전히 다른 사항이기 때문이다. 따라서 이 두 개의 숫자 사이에 의미 있는 비교란 있을 수가 없다. 둘째, 이 광고의 마지막 부분 '과거 11년간 등록된 V사 차의 95%가 아직도 운행 중'도 역시 오해의 소지가 많은 부분이다. 예를 들어 극단적인 경우이기는 하지만 과거 11년간에 행해진 이차의 판매가 사실은 모두 마지막 1년간에 이루어진 것으로서 그 이전의 10년간에는 판매가 전혀 이루어 지지 않았다고 한다면 이 경우 95%라는 숫자는 내구성을 말하기에 너무나 빈약한 자료가 될 것이다. 이 광고는 정보를 제공하고 있다기보다는 오히려 오해의 소지를 제공하고 있다 할 수 있다. 혹시라도 이 회사 차가 다른 회사 차에 비하여 내

구성이 좋지 않다면 이 광고에 현혹되어 이 차를 구입한 소비자는 피해를 입게 될지도 모른다.

(5) 신문에서 지적 된 사례

— 신문기사 1:『정부, 땅 부자 통계왜곡 왜?』

조선일보, 2005.07.19

정부가 부동산 관련 통계를 발표하면서 정부 입맛에 맞춰 부풀리거나 조사대상·기준을 자의적으로 설정, 실상을 왜곡하고 있다는 지적을 받고 있다. 지난 15일 행정자치부는 상위 1%가 전체 사유지의 51.5%, 상위 5%가 82.7%의 토지를 보유하고 있다며 땅을 1평이라도 소유하고 있는 사람은 전체의 28.7%(1397만 명)이라고 발표했다. 이 자료에서 행자부는 대부분 토지가 가구주 명의로 되어 있음에도 불구하고 토지 소유자를 전체 가구 수 대신 전체 인구로 나눠 계산했다. 인구수로 나누면 젖먹이를 포함한 1318만 명의 미성년자가 모두 통계에 포함되기 때문에 토지를 갖고 있지 않은 사람들의 비율이 급격히 늘어난다. 만약 전체 인구 대신 전체 가구 수(6월 말 기준·1765만5000가구)를 이용해 토지 소유율을 계산하면 현재 1평 이상 땅을 보유하고 있는 사람은 28.7%가 아니라 79.1%로 증가한다. 또 82.7%의 사유지는 상위 5%가 아니라 이보다 3배 많은 14%가 소유하고 있는 것으로 집계된다. 실질적 토지 집중 정도가 적어도 정부 발표보다는 덜하다는 얘기다. 이에 대해 행자부 관계자는 인구수를 이용해 통계를 작성하는 데만 보름 이상 걸렸다며 물리적인 시간 제약 때문에 다양한 통계를 뽑을 수 없었다고 해명했다. 하지만 6월 말 기준 전국 가구 수 통계는 정부가 토지 소유 통계를 내기 열흘 전인 지난 7월 4일자로 행자부 홈페이지에 떠있는 것으로 확인됐다. 이미 나와 있는 통계를 가져다 쓰기만 하면 됐다는 얘기다

부동산 소유에 대한 행정자치부의 발표가 있자 즉각 다양한 목소리들이 나왔다. 시민단체들은 즉각 토지 소유의 불평등을 이대로 방치해선 안 된다며 목소리를 높였고, 국정홍보처의 인터넷 사이트인 국정브리핑도 전 인구의 70%에 해당하는 많은 국민들이 허탈해하고, 빈부의 양극화를 뼈저리게 느끼는 순간이라고 분노했다. 그러나 통계가 왜곡되었다고 주장하는 쪽에서는 '이번 토지소유 통계는, 부모와 함께 사는 미성년 자녀에 대해 자기 명

의의 집이 없다는 이유로 무주택자라고 하는 것과 같은 거짓이자 악의적 선동이다. 정부의 계산법대로 하면 자기 땅 1정보(3000평)에 농사를 짓고 있는 농민도 상위 5~10%의 '땅부자'에 속해 투기 여부를 의심받아야 할 판이다. 이것은 '가진 자들에 대한 반감을 부추기기 위한 왜곡된 자료다'라고 비난하고 나섰다. 논란이 무성해지자 이에 대한 대책으로 정부는 대통령 주재로 국무회의를 열고 '부동산 통계 선진화 방안'을 의결하였으며 정부의 방안에 따르면 국가통계위원회를 신설하여 산하에 부동산통계분과를 설치, 관련통계를 전반적으로 관리할 방침이라고 발표하였다. (2005년 11월 19일 뉴스)

— 신문기사 2: 『가정주부 많이 끼워 넣고 '흡연 줄었다' 엉터리 통계』

중앙일보, 2008.8.30

보건복지가족부의 '흡연실태 통계 조사 보고서'에 따르면 2004년 여성 흡연율은 3.5%, 성인 흡연율은 30.4%다. 복지부는 흡연을 줄이기 위해 담뱃값을 올려야 한다고 주장했다. 2004년 말 2000원이던 '에쎄'가 2500원으로 오르는 등 담뱃값이 크게 올랐다. 복지부는 이듬해인 2005년 6월 설문조사 결과 여성 흡연율은 2.8%로, 성인 흡연율은 27.3%로 떨어졌다고 발표했다. 복지부는 '담뱃값을 올리면 흡연율이 낮아진다'고 해석했다.

그러나 여기에는 통계의 오류가 숨어 있다. 전체 응답자 가운데 주부의 비율이 27.7%(2003년)에서 31.5% (2005년 6월)로 높아진 것이다. 주부의 흡연율은 3% 미만으로 상대적으로 낮기 때문에 주부가 많아지면 여성 흡연율과 전체 성인의 흡연율은 떨어진다. 이렇듯 복지부가 2003년부터 민간 조사기관에 맡겨 실시해 온 흡연율 조사가 엉터리 판정을 받았다. 감사원은 29일 "정확성을 담보할 수 없는 조사여서 대외적으로 공표하기보다 정책 수립을 위한 내부자료로 활용하는 것이 타당하다"고 밝혔다. 감사원은 우선 지역별·연령별로 할당된 표본수를 무시했다고 지적했다. 예를 들어 2005년 12월 조사에서 인천·경기 지역에 사

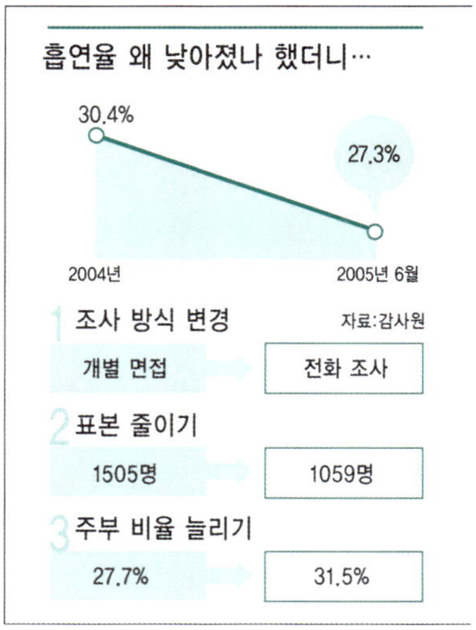

는 60세 이상 여성을 32명 조사해야 하는데도 불구하고 실제로는 6명만 조사했다. 강원·제주 지역은 성별·연령별 조사 대상자가 10명 미만인 곳이 많아 조사 대상자의 대표성도 의문시된다. 실제로 제주도의 경우 2006년 3월 조사에서 20.6%이던 흡연율이 6월 50.2%, 9월에 24.7%로 들쭉날쭉 했다

사람들은 대개 말이나 글속에 구체적인 숫자가 있으면 게다가 소수점 이하 몇 자리까지의 숫자로 인용되면 내용이 더욱 신빙성이 높은 것으로 받아들이는 경향이 있다. 그 때문인지는 모르나 가끔 자기의 주장을 통계숫자로 멋있게 장식하기 위하여 어떻게든 자료를 수집하고 분석하여 얻어진 결과를 마치 액세서리처럼 달고 나오고 싶어 하는 사람들을 보게 된다. 그래서 신문, 잡지, 광고나 우리들 대화중에 통계의 왜곡은 더욱 범람하고 기승을 부릴 수밖에 없는지도 모른다. 지각 있는 시민으로서 정상적인 사회생활을 해 나가기 위해서는 각종 통계자료를 바르게 읽고 해석 할 수 있는 능력이 있어야 한다는 말이다. 또한 이렇게 일반시민들이 통계에 대한 안목이 있을 때 비로소 통계를 다루는 사람들이 합리적이고 정확한 통계자료를 만들어 낼 것이고 또 바른 통계학적 방법에 기초한 정보들이 제공 될 것이다.

3 역사로 살펴보는 통계학의 발전

'통계학'이라는 용어가 언제부터 사용되기 시작하였으며 그리고 무슨 목적으로 또 어떻게 발전되어 왔는지를 지나간 인류의 역사를 통해 조감해보면 통계학이 우리의 삶과 얼마나 밀접하게 연결되어 왔는지 알게 되면서 통계학이 어떤 학문인지를 이해하는 데에 큰 도움이 될 것이다.

(1) 고대 통계사

통계학의 등장에 대한 실마리를 풀어보기 위하여서는 통계학의 어원을 살펴보는 것도 하나의 좋은 방법이 될 것이다. 영어로 통계학 statistics의 어원은 라틴어의 'status'인데 이것은 영어의 state 즉, '국가' 또는 '상태'라는 뜻이다. 그렇다면 통계학과 국가 또는 상태와는 어떤 관련이 있는 것일까? 기원전 고대국가에서도 당연히 통치권자들은 '국가'의 '상태'를 정확하게 파악해야 할 필요성이 있었다. 자국에 몇 명의 사람이 살고 있는지, 농작물

은 어느 정도 생산되고 있는지 등을 파악하는 일은 정치를 하는 데에 있어 매우 중요한 자료였다. 이와 같이 통계학은 주로 정치적인 필요에 의해 인구와 산업에 대한 정보수집의 형태로 시작되었다. 특히 고대 이집트나 중국에서는 국가적인 큰 사업을 하기 위해 통계조사를 행한 기록들이 남아있다. 그 이후 그리스나 로마제국의 통치자들은 보다 복잡해지는 국가를 통치하는 과정에서 나라의 재정과 군사적 목적을 위한 납세와 징병을 부과해야 했는데 이를 위하여 인구와 농지 등에 대한 수량조사나 관찰과 같은 통계조사가 조직적으로 이루어졌다. 이러한 통계조사는 이후 중세와 르네상스를 거치면서도 계속되었다.

(2) 근대 통계사

근대국가의 통치권자들에게는 국가경영에 필요한 정보를 얻기 위하여 경지면적, 인구수, 납세에 대한 납부능력 등을 조사하는 일이 보다 중요해졌다. 그러나 이때까지만 하여도 엄밀한 의미에서의 통계학은 아니었다. 그러면 통계학은 언제쯤 어떻게 발생한 것일까?

17세기 독일에서는 콘링(Conring)에 의해 **국상학**(國狀學, staatenkunde)이 창시되면서 통계학의 성격을 갖는 학문적 체계가 갖추어지기 시작하였다. 이후 국상학은 17~18세기에 독일, 프랑스, 네덜란드 등에서 국가의 정치적 상황, 인구, 경제, 지리까지도 포함하는 포괄적인 학문으로 발전하게 된다. 특히 이 학파의 대표적인 학자인 아헨발(Achenwal)은 국상학을 계속 발전시키면서 '통계학' (Statistik)이라는 명칭을 최초로 사용하게 되는데 이를 기리어 오늘날 그를 「통계학의 아버지」라고 부르게 되었다. 그러나 19세기 초까지만 하더라도 독일에서 통계학은 국가학의 한 분과라는 생각이 지배적이었다

한편, 독일의 국상학과 거의 동시에 영국에서 성립된 통계학의 학문체계는 **정치산술학**(political arithmetics)이었다. 이 학파의 대표적 학자는 그랜트(Grunt)인데 그는 1662년 런던시청에서 발표한 사망자표를 수십 년간 모아 정리하고 분석하여 보고서를 내었다. 그의 보고서는 최초의 기술통계적 분석으로 평가되고 있으며 이로 인해 그는 영국의 정치산술학파 통계학의 창시자로 평가받고 있다.

이후로 그를 본 딴 보고서들이 많이 나오게 되는데 1665년 영국에서는 페스트로 인해 수많은 사망자가 속출하게 된다. 영국정부는 이에 대한 대책을 세우기 위해 사망자의 수에 관심을 갖기 시작하였으며 몇몇 학자들은 페스트와 전쟁이 인구와 성별 비율에 어떠한 영향을 주는지를 연구하여 인구 추이와 사망률에 관한 논문을 발표하기도 하였다. 이렇게 영국에서의 통계학은 정치산술형태에서 시작되었으며 아이슬란드에서 1703년에 현대적 의미의 총인구조사가 있게 되면서 이런 일련의 조사과정을 통계(statistics)라고 불렀다.

앞서 소개한 국상학파의 통계학은 기록하고 비교하고 문서화하는데 치중하는 반면 수량화하는 데는 관심이 적었다. 이에 비해 정치산술학파는 수량적인 자료로서 분석하고 설명하는데 관심을 가졌다. 일반적으로 오늘날의 통계학은 독일의 국상학파로부터 명칭을 계승 받고 영국의 정치산술학파로부터 내용을 받아들인 것으로 인식되고 있다.

이러한 통계학에 대한 관점의 차이는 이들 국가가 추구하던 철학적 인식론의 차이에서 비롯되고 있다. 철학사상은 소크라테스를 거쳐 플라톤, 아리스토텔레스로 이어오면서 자연, 신, 인간 중심으로 발전하였으며, 다시 신 플라톤주의의 등장으로 15-17세기에는 신앙과 이성, 신학과 철학으로 분리되면서 마침내 인간 중심의 근대 자연과학의 부흥기를 맞게 되었다. 이 시대에 철학사의 한 획을 긋게 되는 두 인물이 등장하는데 대륙의 합리론의 시조인 데카르트와 영국의 경험론의 선구자 베이컨이다. 통계학사에서 살펴보면 데카르트의 합리론은 독일의 국상학파를, 베이컨의 경험론은 영국 정치산술학파를 각각 탄생시키는 사상적 밑거름이 되었다. 통계학은 과학이고 과학에는 과학적 사고가 있지만 이와 같이 과학적 사고의 밑바닥에는 그 시대를 지배하고 있는 철학적 사상이 뒷받침 하고 있는 것이다.

이와 같이 독일과 영국을 중심으로 시작된 근대통계학은 프랑스, 이탈리아 스위스 등에서 시작된 확률론의 발달과 함께 본격적인 통계학으로서의 모습을 갖추게 된다. 확률론의 기원을 찾아 역사를 거슬러 올라가보면 기원전 3000년경 이집트에 이미 현재의 주사위와 똑같은 상아로 만든 주사위가 있었고, 중국에서는 종이가 발명됨에 따라 BC 2세기에 카드가 만들어져 실크 로드를 통해서 서양으로 전해졌음을 알 수 있다. 이렇듯 수 천 년 동안 주사위나 카드 등을 이용한 게임은 있어왔지만 오늘날 통계학의 한 분과인 확률론은 16세기 전까지는 등장하지 않았고 17세기가 되어서야 그 유명한 수학자 파스칼(Pascal)에 의해 수학적인 배경을 갖는 확률론이 탄생하게 된다. 이후 베르누이(Bernoulli)와 라플라스(Laplace) 등이 확률론을 발전시켰고 이의 영향을 받은 케틀레(Quetelet)는 독일의 국상학과 영국의 정치산술학을 종합하여 근대과학으로서의 수리통계학을 정립함으로서 케틀레는 「근대통계학의 시조」라는 칭호를 얻게 된다.

(3) 현대 통계사

20세기 초 영국의 고셋(Gosset)은 맥주양조장에서 발효화학의 기사로 일하면서 맥주의 질을 관리하기위하여 '표본추출' 방법으로 얻은 자료에 통계적 처리를 하여 그 결과를 통계학 학술지에 발표하였다. 그는 소 표본(small sample)에 의한 추론통계학을 발전시켰으며 각종 실험 및 경험을 토대로 소 표본분석에 적합한 t 분포를 발견하였다. 이후 고셋의 표본추출이론은 피셔(Fisher)에 의하여 실험이론으로 모든 과학적인 조사에서 도입하게 되었다. 피셔는 수리통계의 기초를 확립하였을 뿐만 아니라 실험계획과 분석에 대한 현대적 방법들을 수립하였고 여러 다른 응용분야에서 연구자들이 부딪치고 있는 갖가지 문제들의 해결방법들을 풍부하게 개발해 내었다. 그는 귀무가설이라는 개념을 최초로 소개하였으며 분산분석에 대한 이론적 토대를 발전시켰다. 피셔의 이러한 업적들이 인정되어 그는「현대통계학의 창시자」로 일컬음을 받는 명예를 얻게 된다.

이와 같이 오늘날의 현대통계학은 수집된 자료를 단순하게 정리하고 표현하는 방법인 기술통계로부터 자료를 통하여 모집단에 대한 특별한 성질을 추론하여 일반화하는 방법, 즉 통계적 의사결정의 방법으로 관심이 옮겨지게 되었다. 이제 통계학은 통계학자의 전유물에서 떠나 우리들의 실생활 속에 깊숙이 자리잡아가는 시대가 되었다. 특히 제2차 세계대전을 전후하여 컴퓨터의 급속한 발달은 현대통계학의 발전을 더욱 가속화 시켰으며, 통계학은 지금 현대를 살아가는 우리에게 피할 수 없는 기본적인 교양으로 가깝게 다가와 있다.

(4) 우리나라 통계사

우리의 역사자료를 조사해 보면 엄청나게 많은 통계자료가 존재하고 있음을 알 수 있고, 이 자료들은 그 동안 긴 역사 속에서 국가가 관장하여 조사하고 수집했다는 사실을 확인할 수 있다. 우리 조상들의 통계에 대한 인식은 아주 먼 옛날인 상고사에서도 뚜렷이 드러난다. 상고사를 보면 역사의 시작과 함께 반드시 인구수가 전해져 오고 있음이 큰 특징이다. 예를 들면 삼국유사에 나오는 단군신화에서는 '환웅이 무리 3,000명을 거느리고 태백산의 신단수에 내려와…'라든가 '기자가 왕검성에 도읍할 때 무리 5천을 거느리고…' 라고 기록되어 있다. 건국 역사에서 인구의 규모를 밝히는 것은 삼국시대, 고려, 조선을 통하여 계속 이어지고 있는데 이 점은 세계의 다른 나라 건국 역사들에서는 건국자의 영웅담이나 신탁설을 강조하는 것과 구별 지을 수 있는 한국 인문사의 특징이라고 '한국 통계 인문사서설'(곽창권 지음)은 말하고 있다.

국가를 통치하기 위한 통치기구를 조사해보면 통계기능을 담당하는 부서들도 상고·고대부터 시작하여 중·근세에 이르기까지 제도적으로 정착하여 업무를 철저히 수행하고 있음을 알 수 있다. 통계조사를 한 예를 찾아보면 세종 12년 1443년에는 새로운 조세제도를 시행하기 전에 전국 15만여 지주에게 찬·반 조사를 한 기록을 볼 수 있다. 우리나라는 세계의 다른 어느 나라에 비교할 수 없을 만큼 풍부한 통계자료를 가지고 있지만 빛을 보지 못하고 있는 형편인데 역사 속의 이러한 통계자료들을 현대적 시각에서 시급히 정리 할 필요가 있다.

4 통계학의 역할과 정의

통계학의 주된 역할은 우리 관심의 대상이 되는 여러 현상으로부터 자료를 바르게 수집하여 그 자료가 가지고 있는 특징을 찾고 통계적 분석 방법을 통하여 자료 중에 존재하는 최대한의 의미 있고 유용한 정보를 얻어 우리의 실생활에 유익을 주려하는 것이다. 질병을 고치기 위해서 의학이 필요하고, 정의를 실현하고자 법학이 필요하듯이 통계학은 어떤 현상에 대하여 사실을 규명하기 위하여 필요한 것이다.

오늘날 통계학이라고 하면 누구나 '통계학' 그 자체만으로 하나의 독립적인 학문으로 인정할 만큼 통계학은 전문적인 학문분야로 확실하게 자리 잡고 있으며 그동안 거둔 학문적 성과 역시 무시할 수 없다. 통계학적 분석방법이란 '대량의 자료 중에 존재하는 법칙성을 다루는 방법'이라고 요약할 수 있겠다. 따라서 앞서 살펴본 것처럼 통계적 분석방법과 관련 없는 학문 분야는 하나도 없다고 할 정도로 대부분의 학문 영역에서 크던 작던 통계학적 방법이 보편적으로 이용되고 있으며 이에 따라 통계적 사고의 중요성이 더욱 강조되고 있는 것이다. 현재 통계학적 방법론은 학문적 연구뿐만 아니라 우리들 가까이에 있는 가계관리, 기업경영, 정부의 행정수행과 같은 실용적인 분야에서도 폭 넓게 이용되고 있다.

지금까지 통계학이 각 학문분야에서 얼마나 중요한 역할을 하고 있는지, 어떠한 왜곡이 있을 수 있는지 그리고 통계학의 발전과정을 살펴봄으로써 통계학인 어떤 학문인가를 설명하였다. 이를 바탕으로 통계학에 대한 정의를 내리기 위하여 통계자료에서 유용한 정보가 얻어지기까지의 과정을 짚어보도록 하자. 우리에게 어떤 관심이 가는 주제가 있을 경우 그 현상을 파악하기 위해 먼저 여러 가지 현실의 자료를 수집하게 되는데 통계학은 자료를 어떻게 수집할 것인가 하는 자료 수집과정에서부터 시작한다. 자료를 어떻게 수집하느냐에 따라 분석방법이나 결과에 대한 해석이 달라지므로 자료 수집은 표본조사 이론에 따라 연구목적에 맞게 객관적이고 합리적인 방법으로 이루어져야 한다.

자료수집이 끝나면 수집된 자료를 표나 그래프를 이용하여 시각적으로 나타내보기도 하고 자료들의 중심이 되는 위치나 흩어져있는 정도를 수치로 요약하면서 우리가 처음에 관심을 가졌던 조사대상 전체가 어떤 모습을 하고 있는지를 기술해본다. 그 다음 수학적

도구를 사용한 여러 가지 통계적 분석방법을 통해 한정된 자료로부터이지만 보편적인 상황을 추론하고 신뢰할 수 있는 합리적인 판단을 내리며 또 의사결정과 예측을 할 수 있게 된다. 이것은 20세기가 되어서 확립된 방법론으로 그전까지는 볼 수 없었던 전혀 새로운 과학영역이라 할 수 있다.

(1) 통계학의 정의

결론적으로 통계학이란 '과학적 이론에 근거하여 우리의 관심사에 대한 정확한 대상을 선정하며, 연구목적에 필요한 자료와 정보를 경제성과 정밀도를 고려하여 최적의 방법으로 수집하고, 수집된 자료를 다양한 통계적 방법으로 분석하여 원래 연구하고자 했던 전체 집단의 특성을 파악한다든가 아직 일어나지 않은 미래에 일어날 일들을 추론해보는 것이다.'라고 요약할 수 있겠다.

— 통계학(statistics)

관심의 대상이 되는 자료를 수집하고, 정리, 요약하며 제한된 자료나 정보를 토대로 불확실한 사실에 대하여 과학적인 판단을 내릴 수 있도록 그 방법을 제시하여주는 학문

통계학은 크게 두 가지 기능으로 구성되어 있다. 하나는 방대한 자료를 일목요연하게 종합하여 자료의 전체적 특성을 알아보기 쉽게 하는 기술통계학 기능과 다른 하나는 부분적으로 관찰된 자료를 가지고 전체 현상에 대해 추정하고 이론적 설명의 타당성을 검증하는 추론통계학기능이다.

기술통계학(記述統計學, descriptive statistics)은 수집된 관측 값을 요약하고 기술하기 위한 통계기법이다. 기술통계학의 역할은 자료들을 평균, 분산, 표준편차 등의 기본적인 수치로 정리하고 요약함으로써 많은 자료에 대한 전반적인 특성을 파악하고 그 내용을 막대그래프, 히스토그램, 줄기 잎 그림 등과 같은 시각적인 표현으로 나타내는 것을 주된 대상으로 하고 있다.

추론통계학(推論統計學, inferential statistics)은 관측 값을 추정하거나 예측하기 위한 기초로서 사용하는 통계기법이다. 기술통계학의 방법론에 확률이론을 더한 것으로, 수집된 자료를 다양한 통계적 방법으로 분석하여 전체 집단의 특성을 파악하고 미래를 추측해보는

것을 말한다. 지금까지 관측되어 있지 않은 상황에 대한 추론을 하는 것이다. 추론통계학의 핵심부분은 추정과 검정인데 제8장과 제9장에서 최소한의 수학적인 용어를 사용하여 설명하고 있으므로 그 부분만큼은 가볍게 넘기지 말고 깊이 있게 잘 정리해두면 우리의 실생활 속에서 어떠한 수준의 통계이야기가 나온다 하더라도 이해하는데 큰 도움이 될 것으로 본다.

- **기술통계학** : 수집된 자료의 특성을 쉽게 파악할 수 있도록 표나 그림으로 자료를 정리하고 대푯값, 변동의 크기 등으로 요약하는 방법을 다루는 분야
- **추론통계학** : 수집된 자료로부터 전체 집단의 특성을 파악하고 전체 집단에 대한 결정을 하 거나 예측을 하는 방법을 다루는 분야

5 통계분석과 컴퓨터

최근에 들어 엄청나게 빨라진 컴퓨터 속도는 모든 분야에서 큰 영향을 미치고 있다. 증기기관이 산업혁명의 원동력이 되었다면 컴퓨터는 정보화 사회의 원동력과 추진력이라 할 수 있다. 특히 통계학 분야에서는 대량의 자료를 수집, 정리 및 분석하기 위하여 막대한 계산을 필요로 하므로 컴퓨터의 사용은 필수적이다.

일찍이 통계적 분석방법은 그 계산이 너무 방대하여 이론만이 존재했었다. 그러다가 컴퓨터의 출현과 함께 통계분석에 컴퓨터가 이용되기 시작하였는데 초기에는 대형컴퓨터를 사용할 수 있는 대학이나 연구소의 일부 사람들에게만 제한적으로 통계분석이 가능하였다. 그러나 지금은 컴퓨터의 급속한 발달에 힘입어 고성능이면서도 작고 가격이 저렴한 컴퓨터를 개인이 보유할 수 있는 시대가 되었다. 이전에는 상상도 할 수 없던 일이다. 컴퓨터의 고성능화와 대량보급에 발맞추어 여러 가지 소프트웨어적 기술도 진보하여 통계분석용 프로그램 패키지들이 속속 개발되면서 통계학의 방대한 계산을 어디서나 또 언제든지 할 수 있게 되어 자료를 넣고 분석법을 찾아 클릭만하면 결과가 나오는 세상이 되었다.

자료의 처리와 통계분석을 쉽게 할 수 있도록 개발된 소프트웨어를 통계패키지(statistical package)라고 한다. 불과 20년 전만 하더라도 통계패키지가 그다지 개발 보급되지 않아 통계분석이 필요한 사람은 포트란, C, 베이직과 같은 프로그램 언어를 이용하여 프로그램을 직접 만들어서 사용해야 하는 대단히 어려운 작업이 필요했다. 이러한 어려움을 없애고 일

반인도 누구나 간편하게 자료를 분석할 수 있도록 하는 통계패키지가 개발되어 이제는 통계 분석이 필요한 사람이면 누구나 손쉽게 통계분석을 할 수 있게 된 것이다.

이처럼 오늘날 통계패키지는 자료 분석에 없어서는 안 될 필수적인 도구가 되었다. 현재 실무적인 통계분석을 수행하는데 널리 사용되어 우리의 생활 주변에서 자주 듣게 되는 통계패키지로는 SPSS, SAS 등이 있으며 엑셀도 자료분석을 위한 기본적인 도구로 활용되고 있다. 어떤 통계패키지를 사용하더라도 그 결과의 주요부분은 대동소이하다. 이들 중 가장 대표적인 통계패키지 몇 가지에 대해서 간략히 설명 해 둔다.

SPSS(Statistical Package for the Social Science)는 1970대초 미국 시카고 대학을 중심으로 사회과학에서 발생하는 통계문제를 분석하기위해서 개발되었다. 오늘날에는 자연과학이나 사회과학 등 거의 모든 학문분야에 있어서뿐만 아니라 일반회사를 비롯한 증권회사, 은행 등 금융기관에서도 각종자료의 정리 및 보고서 작성 등을 할 수 있도록 실용적으로 고안된 통계 소프트웨어이다. SPSS는 모든 분석 절차가 메뉴방식으로 구성되어 있어 쉽게 클릭만으로도 통계분석을 할 수 있다. 자료의 입력과 관리가 간편하며, 한글로 각종 설명이 지원되어 있어 일반인도 쉽고 편하게 이용할 수 있는 것이 특징이다.

SAS(Statistical Application Software)는 1970년대 초 미국 노스캐롤라이나 주립대학에서 일반적인 자료 분석을 위하여 개발된 것으로 프로그램 자체의 융통성이 크고 각종 응용프로그램과의 호환 등이 편리한 통합패키지로서 자료의 처리기능이 뛰어나다. SAS는 단순한 통계 처리보다는 방대한 양의 자료처리에 적합한 프로그램이다. 통계 분석을 하기위해서는 일반적인 명령문을 프로그램 창에서 직접 작성하여야 하므로 초보자가 접근하기에는 쉽지 않다.

엑셀(Excel)은 마이크로소프트사에 의하여 개발된 스프레드시트 프로그램이다. 스프레드시트란 컴퓨터에서 계산, 자료의 정리 및 관리, 차트의 작성 등을 효율적으로 할 수 있게 만든 응용프로그램이다. 엑셀은 통계분석을 목적으로 개발된 패키지는 아니지만 엑셀에서 제공하는 다양한 그래픽 가능과 다양한 통계분석 도구를 이용하면 조사된 자료의 기초적인 분석이 가능하다.

스테타(Stata)는 1980년대 중반 미국의 Stata Corp이 개발한 통계 소프트웨어 패키지이다. Stata라는 이름은 Statistics와 Data를 합친 말에서 유래하였으며 줄임말이 아니기 때문에 Stata로 표기한다. Stata는 통계학의 전 분야에서 사용될 수 있도록 만들어졌으며, 이것이 단지 통계패키지가 아닌 통계적 능력을 갖춘 완전한 데이터 관리시스템으로서 초보사용자도 쉽게 사용할 수 있으며, 자료를 처리하는데 있어 속도가 빠를 뿐만 아니라 호환성이 뛰어나 모든 시스템에서 사용이 가능하다.

연습문제

1. 통계학의 필요성에 대하여 설명하시오.

2. 최근에는 자료를 통하여 모집단에 대한 어떤 특성을 일반화 하는 방법, 즉 통계적 의사결정으로 관심이 모아지고 있다. 이러한 통계적 의사결정의 예를 5개 들어보시오.
(예) 특정 광고에 대한 반응 분석

3. 자료와 정보의 차이에 대하여 설명하여라.

4. 생활 속에서 통계자료나 통계분석에 오류가 있는 사례를 한 가지 조사해보시오.

5. 다음에 기술하는 문장이 기술적인지 추론적인지를 말해보시오.
(1) 어떤 학급의 남자학생의 평균 키가 172cm이다.
(2) 서울에 벚꽃이 만개하는 시기는 4월이다.
(3) 동대문 시장에서 물건을 사면 저렴하게 먹힌다.
(4) 여성은 남성에 비해서 평균체온이 낮다.

6. L. A. Quetelet는 통계학사에서 매우 중요한 위치를 차지하고 있다. 그의 업적에 대해 조사하시오.

7. 오늘날은 대부분의 대학에서 통계학이 교양과목으로 개설되어 학생들이 졸업하기 전에 수강하기를 권장하고 있다. 전공을 하지 않는 학생들도 통계학을 공부 해두어야 하는 이유가 무엇인지 말해보시오.

02

통계학적 사고방식-모집단의 이해

1. 통계적 사고
2. 통계학의 기본용어
3. 확률변수와 확률분포
4. 모평균과 모분산
5. 정규분포

2 통계학적 사고방식-모집단의 이해

1 통계적 사고

통계학을 배우지 않은 사람이라고 하더라도 통계적 사고에 완전히 초보인 사람은 없다. 일상생활 중에서 '나는 하루에 한 시간 이상 TV를 보는 데 줄여나가야겠다'든가 '태풍이 오고 있다고 하니까 과일값 오르기 전에 과일을 사두자' 등과 같이 경험을 정리하여 의사결정을 하는데 이와 같은 것이 바로 통계적 사고인 것이다. 우리를 둘러싸고 있는 사람들이나 사물, 현상을 관찰하고 관찰한 것들을 비교해서 어느 정도의 가치가 있다든가 얼마나 어렵다든가 얼마나 값이 오르겠다든가 하는 식으로 그것들의 경향이나 규칙성을 판단한다.

나의 경우 '이 교재를 사용했을 경우 학생들의 성적이 좋으니까 다음 학기에도 이 교재를 사용하자'고 말하지만 성적이 좋았던 것은 교재 때문이 아니고 학생들이 우수했기 때문인지도 모른다. 내년에 학생들도 달라지면 똑같은 교재를 사용하여 똑같은 강의자가 강의하더라도 얼마든지 다른 결과가 나올 수도 있는 개연성이 있다. 뿐만 아니라 강의자가 달라지면 어떤 결과 나올지도 알 수 없다. 이 교재에 대하여 보다 확신을 가지고 일반화하고 싶다면 보다 여러 반을 상대로 한 많은 경험과 관찰이 필요할 것이다. 100% 확실한 것은 있을 수 없다는 인식하에 여러 가지 가능성을 놓고 생각하는 것이 통계적 사고의 중심이 되는 것이다. 우리는 이렇듯 경험으로부터 얻은 많은 것들을 토대로 판단하고 행동한다. 그러나 우리들의 한정된 경험을 일반화하는 것은 위험하다. 때로는 완전히 틀릴 가능성도 있을 수 있다. 따라서 사물을 간단히 일반화하여 결론짓는 일을 피하는 데 도움을 주고자 하는 것이 통계학의 목적이다.

일반적으로 이론을 추론하는 방법에는 연역법과 귀납법이 있다. 연역법은 보편적인 원리로부터 개별적인 사례들로 나아간다. 예를 들면 '모든 인간은 반드시 죽는다, 그렇기 때문에 나도 죽는다'라고 추론하는 것이다. 수학에서는 확실한 공리들로부터 문제들을 설명해가는 기하학이 그 대표적인 경우이다. 귀납법은 연역법과는 반대로 개별 사실들에서 일반적 결론을 이끌어내는 추론법이다. 연역법은 오래 전부터 큰 진전을 보이며 현재까지 발전되어 온 데 비해 귀납법의 연구는 부진한 편이었다. 그 이유는 귀납법은 개개의 사실을 모아서 그럴 것이다 라는 가설을 유도할 뿐 논리적으로 확실성을 말하기 어렵기 때문이다. 그러나 20세기에 들어서 확률론을 통계학에 응용함으로써 귀납적인 추론을 수리과학으로 구축하는데 성공하였는데 이것은 획기적인 성과였다. 더욱이 컴퓨터가 발달하여 개별 사실들에 관한 정보를 빠르게 처리할 수 있게 되면서 통계적 추론에 의한 귀납적 연구방법은 과학의 발전에 보다 큰 영향을 끼치게 되었다.

학문은 어떤 분야를 막론하고 각 분야 고유의 사고 방법이 있기 때문에 거기에 익숙하지 않은 사람들은 그 분야를 이해하기가 어렵다. 따라서 그 분야 고유의 전문용어나 분석개념을 알고 나면 이해가 훨씬 쉬워진다. 통계학의 특징적 사고로서는 먼저 다음의 두 가지를 알아둘 필요가 있다.

통계학의 특징적 사고

① 모든 통계적 현상은 확률분포를 갖는다.

② 모든 통계적 현상은 모집단을 관찰하는 대신에 표본을 관찰해서 그것을 기본으로 모집단의 특성을 파악한다.

통계학에서는 크고 작은 여러 가지의 크기로 나타나는 현상을 '분포를 갖는다' 또는 '분포한다' 고 한다. 예를 들어 '20~25세 남성의 키'를 생각할 때 키가 160cm인 사람이 있으면 180cm인 사람도 있다. 이와 같이 다양한 신장의 사람들을 두고 통계학에서는 "키는 분포한다"고 표현한다. 모든 통계적인 현상은 확률분포를 갖는다는 것은 통계학적 사고의 큰 특징이다. 예를 들어 키가 160~180cm이라는 현상은 유전, 영양섭취 등 여러 요인에 의할 수 있지만 통계학에서는 만약 키가 160~170cm 인 확률이 0.2라고 하면 이것은 20~25세 남성의 키 고유의 특성으로서 정해져있다고 보는 것이다. 즉, 키는 원래 확률분포를 한다고 생각하는 것이고, 이 확률분포를 배우는 것이 통계학적 사고인 것이다.

2 통계학의 기본용어

여기서는 통계학에서 자주 사용되는 통계학의 고유 용어 몇 가지를 소개한다. 언어는 서로의 의사를 정확히 전달하기 위하여 그 언어를 사용하는 사람들끼리의 약속이다. 통계학이라는 학문 영역에서는 통계학에서 사용하는 언어를 익혀야만 한다.

변수 (variable)란 통계학에서 사용되는 중요 용어중의 하나로 우리가 관심을 갖는 대상의 속성을 말하며 여러 가지 변하는 값들을 가진다. 예를 들어 사람의 키에 대하여 관심이 있다면 키라는 속성이 변수가 되며 여러 가지 다른 값을 갖는다. 연령이라는 속성도 변수가 될 수 있어 23세, 45세… 등 여러 가지 다른 값을 갖는다. 변수가 하나인 경우의 연구를 일변량분석 이라하며 변수가 두개 이상인 경우를 다변량분석 이라고 한다. 기업은 매출액, 투자액, 종업원 수 등이 변수가 된다. 이때 관찰의 대상이 되는 사람이나 기업 등을 **개체** (unit)라고 한다. 통계분석을 위해 수집되는 **자료** (data)는 개체가 가지고 있는 변수를 측정하여 얻은 값들이다.

모집단(population)이란 어떤 정보를 얻기 위한 연구대상의 집단 전체를 의미한다. **표본**(sample)이란 모집단으로부터 추출한 측정값들의 집합을 말하며 모집단에서 표본을 뽑는 것을 **표본추출**(sampling)이라고 한다. 모집단과 표본을 구별하는 것은 통계학의 기본이다. 모집단과 표본을 구성하는 개체의 개수를 크기라고 하고 관례적으로 **모집단의 크기**를 N, **표본의 크기**를 n으로 나타낸다. 모집단은 실재하는 한정된 크기의 유한모집단도 있지만 모집단의 크기가 무한하고 개념적인 경우도 많다. 예를 들어 '20~25세 남성의 키'의 경우는 전 세계에 셀 수 없이 많아 거의 측정 불가능한 '20~25세 남성의 모든 키'가 모집단이 된다. 작물의 수확량과 같은 경우에도 그 기후 조건 아래 모든 지역에서 재배하여 수확한 양을 말하므로 이때에도 모집단은 추상적인 개념이 된다. 그러나 대통령선거를 앞두고 실시한 여론조사의 경우라고 하면 '우리나라 유권자의 대통령후보에 대한 지지여부의 집합'이 되므로 유한모집단이다. 이때 모집단을 '우리나라 유권자 전체의 집합'으로 말하는 것은 엄밀한 의미에서 옳지 않다. 유권자라는 개체는 지지여부 이외에도 출신지역, 학력, 키, 종교 등 다양한 속성을 갖고 있기 때문이다. 또한 흔히 잘 못 사용되고 있는 개념의 예를 하나 들어본다. 대통령선거에서의 여론조사를 위하여 전국의 유권자를 대상으로 1,000명에게 전화조사를 하였다고 하면 표본의 크기는 1,000이 된다. 이 경우 1000개의 표본을 얻었다고 말하는 사람이 있는데 실제 1000개의 표본이란 표본 추출작업을 1000번 행하였다는 의미이다.

모집단의 특성을 나타내는 수치를 **모수**(母數, parameter)라고 부르는데 대표적인 모수로는 모평균, 모분산, 모비율이 있다. 통계학에서는 관례적으로 그리스 문자들을 사용하여 모평균은 μ, 모분산은 σ^2, 모표준편차는 σ의 기호로 나타낸다. 표본으로부터 측정된 특성을 **통계량**(statistic)이라고 부르는데 모평균, 모분산, 모표준편차에 대응하여 표본평균 $\overline{X}$, 표본분산 S^2, 표본표준편차 S가 있다. 모수와 통계량의 근본적이고도 중요한 차이점은 모수는 변하지 않는 일정한 값인데 반하여 통계량은 표본을 추출할 때마다 얼마든지 변할 수 있다는 것이다. 미지의 모수를 추정하기 원한다면 표본에서 구한 통계량을 사용하면 된다.

- **모수** : 모집단의 특성을 나타내는 값을 말한다. 모수는 고정된 값이지만 현실적으로 알 수 없는 경우가 대부분이다.
- **통계량** : 표본의 특성을 나타내는 값을 말한다. 표본에 따라 그 값이 달라진다. 모수를 모를 때 통계량으로 추론한다.

3 확률변수와 확률분포

확률변수라는 용어는 통계학을 이론적으로 다루는데 기본이 되는 용어이므로 그 의미를 확실히 해둘 필요가 있다. 함수에서 변수라는 용어는 이미 잘 알고 있을 것이다. 예를 들어 함수 $y=2x$ 에서 x 가 1, 2, 3, ⋯으로 변할 때 y 는 2, 4, 6 ⋯으로 변해가므로 x 와 y 를 변수라고 부른다. 그러나 이들 변수가 값을 취하는 것에 확률적인 의미는 없다. 즉 (x, y)가 (1,2)일 때가 (2,4)일 때보다 나타날 가능성이 더 크다든가 하는 확률적 의미없이 단순히 변하는 변수일 뿐이다. 그러나 주사위를 던질 때 나오는 눈의 수 X 와 같은 것은 1, 2, 3, ⋯으로 값이 변하면서 또한 그 값들의 이면에는 확률적인 의미가 있다. X 값이 1이 될 확률은 1/6이지만 7이 될 확률은 없는 것이다. 이와 같은 X 를 확률변수라고 한다.

확률변수(random variable)는 그 이면에 확률이 내포되어 있는 변수라고 말할 수 있겠다. 통계학에서는 확률변수를 영문대문자 X, Y 등으로 나타내고 확률변수가 실현되는 값은 소문자 x, y 등으로 표현한다. 제5장과 제6장에서 자료를 나타낼 때 소문자 $x_1,\ x_2, \cdots, x_n$으로 나타내게 된다.

자연현상이나 사회현상에도 확률변수는 수없이 많이 있다. 예를 들면 똑같은 연령층의 사람이라도 키나 몸무게는 제각각이다. 또한 같은 소득이라도 지출 규모는 다르고 똑같은 원료나 노동력을 투입해도 생산성은 같지가 않다. 즉, 모든 통계적 변수는 확률변수라고 생각할 수 있다.

확률변수에는 이산확률변수와 연속확률변수가 있다. 확률변수 X가 취할 수 있는 값이 하나, 둘… 셀 수 있는 경우를 **이산확률변수**라고 한다. 예로 동전던지기의 앞면이 나올 경우의 수나 중소기업의 종업원 수 등을 들 수 있겠다. 반면에 키, 몸무게, 또는 온도 등과 같이 측정의 정확도만 높이면 소수점 아래로 얼마든지 측정가능한 변수를 **연속확률변수**라고 한다. 통계적 사고의 기초는 모든 통계적 사건이 확률분포를 한다고 했는데 이 때 이산확률변수와 연속확률변수가 만드는 분포를 각각 이산확률분포, 연속확률분포라 한다.

(1) 이산확률분포

이산확률변수의 각 관찰값들에 확률을 대응시켜 표 또는 그래프나 수식으로 나타 낸 것을 **이산확률분포**라고 한다. 예를 들어 두개의 동전을 던지는 실험에서 앞면이 나오는 횟수를 X라고 하면 이때 X가 나타내는 값은 0, 1, 2이며 이 때 각 값에는 확률이 대응하므로 X는 이산확률변수이다. 이때의 대응관계를 표로 나타내면 다음과 같다.

[표 2-1] 앞면의 횟수 X의 확률분포표

X의 관찰값 x	0	1	2
확률 $P(X=x)$	1/4	1/2	1/4

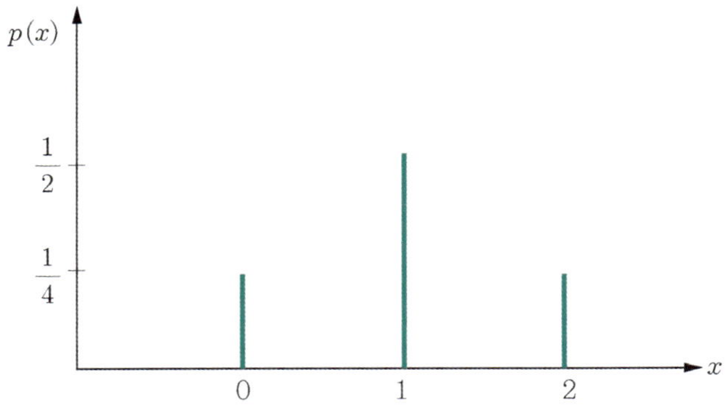

[그림 2-1] 앞면의 횟수 X의 확률분포

이산확률분포의 경우 막대의 높이는 확률을 나타내고 있으므로 이산확률분포를 나타내는 식 $P(X=x)=p(x)$을 **확률함수**(probability function)라고 한다. 이 막대의 높이가 확률이므로 0과 1사이의 값이며, 이들 막대의 높이를 모두 합하면 1이 된다.

예제 2.1

두개의 동전을 던지는 실험에서 앞면이 나오는 횟수를 X라 할 때
① 앞면의 횟수X가 꼭 한번 나올 확률을 구하라.
② 앞면의 횟수X가 한번보다 더 많이 나올 확률을 구하라.
③ 앞면의 횟수X가 적어도 한번 나올 확률을 구하라.
④ 앞면의 횟수X가 많아도 한번 나올 확률을 구하라.

풀이 확률분포표가 [표 2-1]에 주어져 있으므로 앞면이 나오는 횟수 X의 어떤 값에 대해서도 확률을 구할 수 있다.

① $P(X=1)=0.5$
② $P(X>1)=P(X=2)=0.25$
③ $P(X\geq 1)=1-P(X=0)=1-0.25=0.75$
④ $P(X\leq 1)=P(X=0)+P(X=1)=0.25+0.5=0.75$

(2) 연속확률분포

연속확률변수X는 소수점 아래 몇 자리까지라도 측정 가능하므로 어떤 정해진 하나의 값에 확률을 부여 할 수가 없다. 말하자면 키가 160cm이라고 해도 정확히 160.00⋯0⋯ cm일 확률은 거의 불가능하기 때문이다. 따라서 연속확률변수에서는 각 관찰 값들에 확률을 대응시킬 수가 없고 주어진 구간 안에 관찰 값이 속하는 확률을 다루어야 한다. 여기서는 확률분포의 모습을 나타내기 위하여 연속된 곡선 $f(x)$를 사용하게 되는데 이 곡선은 확률이 밀집되어 있는 상태를 보여주므로 **확률밀도함수**(probability density function)라고 부른다. 연속확률분포에서 가장 대표적인 것이 정규분포이다. 확률밀도함수 전체의 면적은 1이므로 주어진 구간 안에 관찰 값이 속하는 확률을 구하고자 하면 곡선 아래 일정한 구간에서의 면적을 구하면 된다.

예를 들어 어느 회사에서 매일 생산되는 생산량X(톤)는 연속확률변수이고 이의 확률밀

도 함수가 $f(x)$로 [그림 2-2]와 같다고 하자. 어느 날의 생산량이 10톤 이상 50톤 이하일 확률, 즉 $P(10 \le X \le 50)$을 구하고자 하면 색칠 된 부분의 넓이를 구하면 된다. 이 경우 전체의 면적은 1이 되어야 한다.

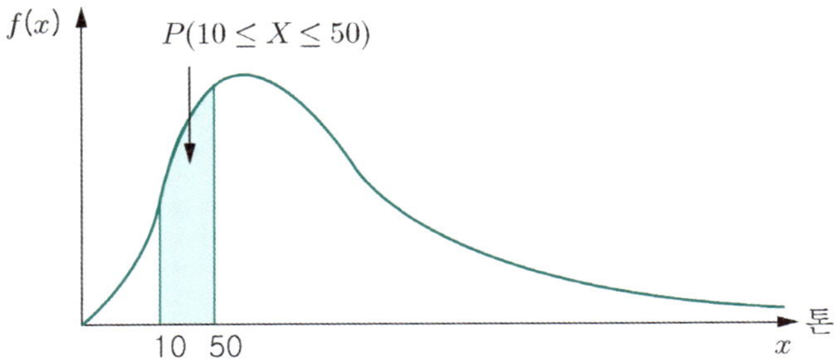

[그림 2-2] **생산량 X의 확률밀도함수**

확률분포의 형태를 나타내는 전형적인 모습은 다음과 같다.

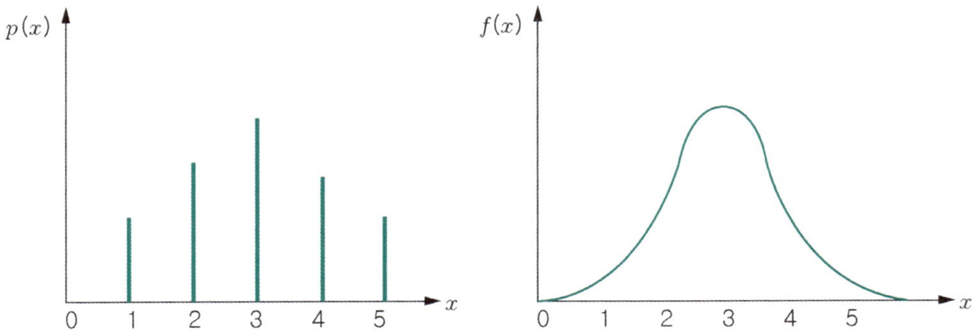

이산확률분포의 확률함수 연속확률분포의 확률밀도함수

[그림 2-3] **확률분포의 전형적인 모습**

4 모평균과 모분산

모집단의 특성을 나타내는 값을 모수라고 하는데 우리의 관심의 대상이 되는 대표적인 모수로는 모평균과 모분산이 있다. 모평균은 확률변수가 갖는 확률분포의 중심위치를 나타내는 측도이고 모분산은 분포의 흩어진 정도(산포도)를 나타내는 측도이다.

(1) 모평균

모평균을 구하는 기본적인 생각은 큰 확률과 결부 된 변수에는 큰 비중을 주고 작은 확률과 결부 된 변수에는 작은 비중을 주는 가중평균 방법이다. 이런 생각에서 **모평균**은 확률변수가 취할 수 있는 값에 그에 대응하는 확률을 곱한 후 이 곱들을 모두 더한 수치로 정의한다. 모평균을 **기댓값**(expectation)이라고도 하며 기호 $E(X)$ 또는 μ로 나타낸다.

모평균

$$\mu = E(X) = \begin{cases} \sum x\,p(x), & \text{이산확률변수인 경우} \\ \int_{-\infty}^{\infty} x\,f(x)dx, & \text{연속확률변수인 경우} \end{cases}$$

확률변수의 평균을 계산할 때 유용하게 사용되는 모평균의 성질을 소개한다.

모평균의 성질

a 와 b는 상수이고 X와 Y는 확률변수일 때

① $E(aX+b) = aE(X)+b$ ② $E(X+Y) = E(X)+E(Y)$

예제 2.2

주사위를 한번 던질 때 나오는 눈의 수 X의 기댓값을 구하여라.

풀이 주사위를 던질 때 나오는 눈의 수 X의 확률분포표는 다음과 같다.

〈표 2-2〉 주사위 눈의 수 X 의 확률분포표

X의 관찰값 x	1	2	3	4	5	6
$P(X=x)$	1/6	1/6	1/6	1/6	1/6	1/6

정의에 의하여 X의 기댓값을 구하면 다음과 같다.

$$1 \times \frac{1}{6} + 2 \times \frac{1}{6} + \cdots + 6 \times \frac{1}{6} = 3.5$$

여기서 기댓값 3.5는 확률변수 X의 관찰 가능한 값이 아니다. 이 값의 의미는 동일한 조건에서 주사위를 던지는 실험을 무한히 반복했을 때 관찰되는 X값들의 산술평균이 3.5에 접근해 가는 것이 기대된다는 것이다. X의 확률분포에 대한 중심위치가 3.5라는 의미이기도 하다. 모평균의 식은 물리학에서는 무게의 중심에 해당한다. 확률분포의 모양을 균일한 무게로 된 모형을 만든다면 모평균을 중심으로 무게가 좌우로 평형을 이루게 된다는 것이다.

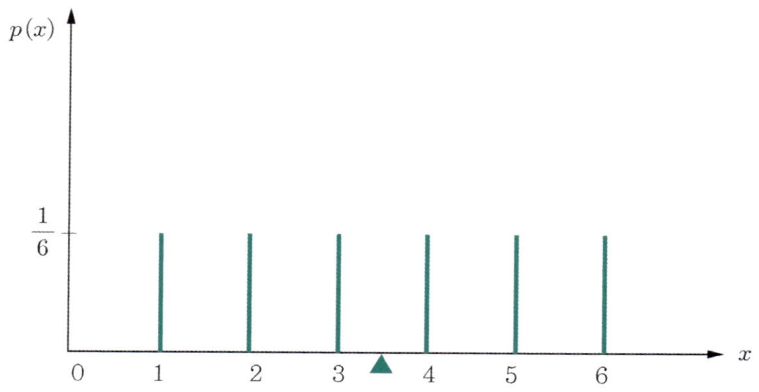

[그림 2-4] 주사위 눈의 수 X의 확률분포

예제 2.3

생활 속에서 기댓값을 응용해 보자.
주택복권판매로 조성된 자금은 서민의 임대주택의 건설과 주거안정 지원 사업 등에 쓰이게 된다. 복권은 1조부터 6조까지가 있고, 각 조별로 50만매씩 발행되므로 1회에 총 300만매가 발행되고 1장에 1000원이므로 액수로는 총 30억원이 발행된다. 복권 당첨 등수에 따른 당첨매수와 당첨금은 [표 2-3]과 같다. 어떤 사람이 1000원을 주고 주택복권 1매를 구입했을 경우 얼마를 당첨금으로 받을 수 있다고 기대 할 수 있는가?

풀이 각 등수별 당첨금을 확률변수 X라 하고 그의 당첨확률을 [표 2-3]에 정리하였다. 당첨금의 기댓값을 구하기 위하여 당첨금확률변수 X가 취하는 값에 그에 대응하는 확률을 곱한 후 이 곱들을 모두 더하면 500원이 됨을 볼 수 있다([표2-3]참조).

〈표 2-3〉 주택복권 당첨 등수에 따른 당첨 매수와 당첨금

등수	당첨금 x ①	당첨매수	당첨확률 $P(x)$ ②	$x\ P(x)$ ①×②
1등	3억원	1장	1/300만	100원
2등	6천만원	2장	2/300만	40원
행운상	2백만원	5장	5/300만	3원
3등	2천만원	1장	1/300만	7원
4등	만원	3천장	3천/300만	10원
5등	2천원	6만장	6만/300만	40원
6등	천원	90만장	90만/300만	300원
꽝	0	2,036,991장	2,036,991/300만	0원
합계	15억원	300만장	1	500원

어느 개인으로 봤을 때 1,000원을 주고 주택복권 1장을 샀을 때 그 사람에게 평균적으로 지불될 금액은 500원이므로 500원만 회수하게 되는 것이고 500원은 국가 주택건설 사업에 협조 한 것이 된다. 복권회사로서는 복권 총 발행액은 30억 원인데 당첨금으로 지불해야 하는 금액은 15억 원이므로 만일 복권이 모두 팔린다면 주택복권 수익금은 15억 원이 된다. 당첨율은 32%라고 말하고 있으나 확률의 구성을 보면 1등 당첨확률은 0.0000003이며, 액수가 큰 1등부터 3등까지 모두 합쳐도 당첨될 확률은 0.000003에 불과하며 6등일 확률이 30%이다. 당첨확률과 수학적 기댓값만으로 따져보면 복권을 살 마음은 생기지 않을 것이다. 그러나 한편 매주 당첨자가 나오는 것도 현실이니까 단돈 1000원으로 큰 꿈을 이룰 수 있겠다는 복권 구입자의 입장에서는 또 다른 의미의 만족을 느끼는 효용가치가 있는 것도 사실이다. 도박은 따는 사람이 있으면 반드시 잃는 사람이 있어 합이 영이 되는 게임, 소위 제로섬게임(zero-sum game)이지만 복권은 그렇지 않고 구매자도 복권회사도 이득이 있으므로 모두가 이기는 윈윈게임(win-win game)인 셈이다.

(2) 모분산

모평균μ는 확률분포의 중심 위치를 나타내는 측도이므로 확률분포의 흩어진 정도를 결정하는 X와 μ의 편차를 생각해보자. 그러나 편차$(X-\mu)$의 기댓값은

$$E(X-\mu) = E(X) - \mu = \mu - \mu = 0$$

이 되어버리므로 의미가 없어 편차를 제곱한 것의 기댓값 $E(X-\mu)^2$을 **모분산**(variance)으로 정의하여 기호로는 $Var(X)$ 또는 간단히 σ^2으로 나타낸다. 기댓값의 단위는 주어진 단위와 같지만 분산은 편차의 제곱이므로 단위도 제곱이 되어 의미가 없다. 따라서 단위를 맞추기 위해서 분산에 제곱근을 취하는데 이것이 **표준편차**(standard deviation)이다. 표준편차는 $Sd(X)$또는 간단히 σ로 표시한다.

모분산과 모표준편차

① $\sigma^2 = Var(X) = E[(X-\mu)^2]$ ② $\sigma = Sd(X) = \sqrt{Var(X)}$

확률변수의 분산을 계산할 때 유용하게 사용되는 모분산의 성질을 소개한다.

모분산의 성질

상수 a, b $(b \neq 0)$에 대해 다음이 성립한다.

① $Var(a) = 0$ ② $Var(X+b) = Var(X)$

③ $Var(aX) = a^2 Var(X)$

예제 2.4

앞의 예제 2-2에서 주사위를 던질 때 나오는 눈의 수 X의 분산을 구해보라.

풀이 $Var(X) = E[(X-\mu)^2]$

$$= \sum_{i=1}^{6}(x-\mu)^2 p(x)$$

$$= (1-3.5)^2 \times \frac{1}{6} + (2-3.5)^2 \times \frac{1}{6} + \cdots + (6-3.5)^2 \times \frac{1}{6}$$

$$= 2.9$$

5 정규분포

정규분포(normal distribution)는 통계학에서 나오는 여러 확률분포 중에서 가장 대표적인 분포이다. '정규' 라는 이름이 붙여질 정도로 통계적 추론의 중추적인 역할을 하고 있는데 그 이유는 정규분포가 실제자료의 분포를 잘 설명하고 있기 때문이다. 생물학이나 심리학의 어떤 변수라도 근사적으로 이 분포를 따른다는 사실이 알려졌고 1889년 갈톤(F. Galton)에 의해 처음 정규분포로 불리게 되었다. 정규분포는 가우스(Gauss)가 물리학 실험을 할 때 따르는 계측오차에 대한 확률분포로 유도하기도 하여 가우스분포라고도 부른다. 참고로 정규분포의 확률밀도함수의 식은 다음과 같다.

$$f(x) = \frac{1}{\sqrt{2\pi}\,\sigma} e^{-\frac{(x-\mu)^2}{2\sigma^2}}, \quad -\infty < x < \infty.$$

위의 식을 보면 정규분포는 μ와 σ 이외에는 모두 상수이므로 이 두 요인에 의하여 $f(x)$ 값이 결정이 된다. 따라서 확률변수 X가 정규분포를 따른다는 것을 기호로 나타낼 때 정규 Normal의 N을 따서 $X \sim N(\mu, \sigma^2)$ 으로 나타낸다. 또한 $f(x)$의 그래프를 그려보면 μ 를 중심으로 좌우대칭인 종모양의 형태이어서 μ 는 평균이 된다. 또한 모분산을 계산해보면 σ^2 이 된다. 즉, μ는 정규분포의 평균이고 σ 는 표준편차이다.

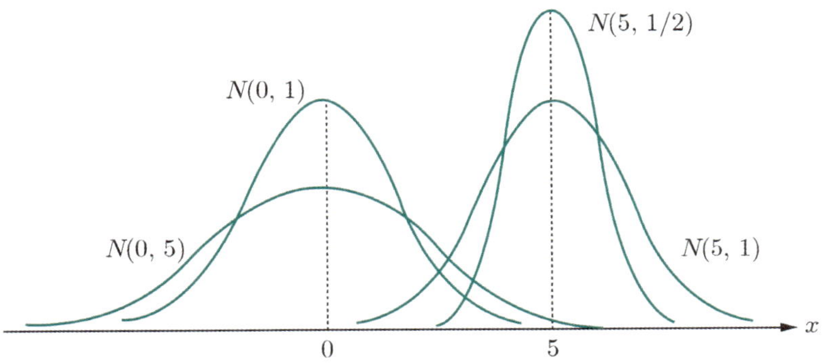

[그림 2-5] 여러 가지 정규분포

이제 이들 모수의 값이 주어지면 어떤 구간에 대해서도 정규분포의 확률을 계산할 수 있게 된다. 평균에서 ±1표준편차 이내의 확률만이 아니라 ±2, ±3표준편차 이내의 확률을 구하여 보았다.

$$P(\mu - \sigma < X < \mu + \sigma) = 0.6826$$

$$P(\mu - 2\sigma < X < \mu + 2\sigma) = 0.9544$$

$$P(\mu - 3\sigma < X < \mu + 3\sigma) = 0.9974$$

확률변수 X가 정규분포를 하면 그 값이 평균에서 $\pm 3\sigma$ 안에 있을 확률은 거의 1에 가깝다.

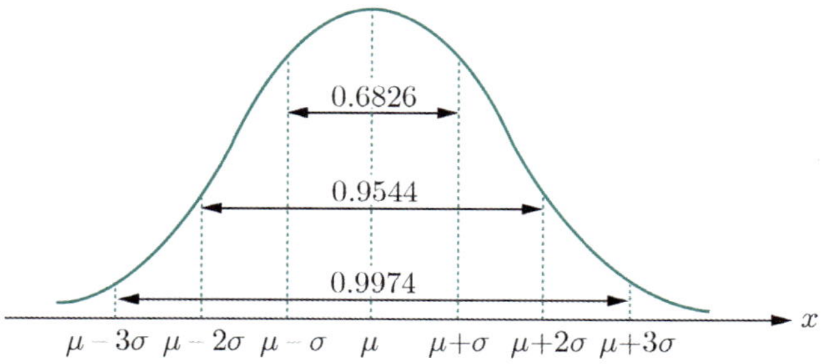

[그림 2-6] **정규분포의 확률밀도곡선**

6시그마는 미국에서 각광받는 품질관리법으로 모토로라에 근무하던 해리(M. Harry)에 의해 1987년 창안됐다. 정규분포에서 $P(\mu - 6\sigma < X < \mu + 6\sigma) = 0.999997$ 이므로 6시그마(σ) 품질수준이란 100만개 중 평균 3개 정도만 불량이 발생할 정도로 품질수준을 높인다는 것을 의미한다. 6시그마는 실제업무상 실현될 수 있는 가장 낮은 수준의 에러로 평가받고 있는데 이 통계적 기법과 품질개선운동이 결합해 탄생한 것이 6시그마 운동이다.

(1) 표준정규분포

확률변수에서 평균을 빼고 표준편차로 나누는 것을 표준화한다고 말하고 표준화된 확률변수는 Z라는 기호를 사용한다. 표준화된 확률변수 Z는 평균이 0이고 분산이 1이 됨은 평균과 분산의 성질로부터 쉽게 확인할 수 있다. 일반 정규분포를 표준화하는 것도 이와 같은 방법을 취하며 표준화된 정규분포를 **표준정규분포**(standard normal distribution)라고 하는데 기호는 $Z \sim N(0, 1)$로 표기한다.

확률변수 X의 표준화

$$Z = \frac{X - \mu}{\sigma}$$

부록의 표2는 표준정규분포에 대해 z값의 왼쪽부분의 면적 $P(Z \le z)$를 제시하고 있다. 이 표를 이용하여 표준정규분포에서 두 점 a와 b 사이의 확률을 구할 수 있는데 이때 다음의 성질이 매우 유용하다.

표준정규분포의 기본 성질

① $P(Z \le 0) = 0.5$
② $P(a \le Z \le b) = P(Z \le b) - P(Z < a)$
③ $P(Z \le -z) = 1 - P(Z < z)$
④ $P(Z \ge z) = P(Z \le -z) = 1 - P(Z < z)$

예제 2.5

확률변수 Z가 표준정규분포 $N(0,1)$을 따를 때 $P(Z \ge 2.1)$을 구하라.

풀이

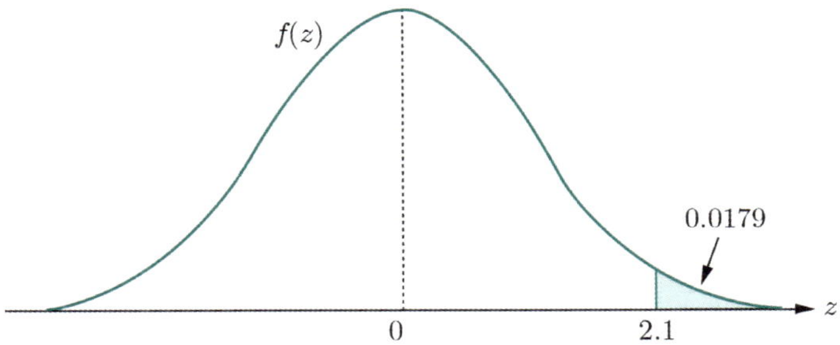

[그림 2-7] **표준정규분포곡선**

$P(Z > 2.1)$는 $z = 2.1$의 오른쪽 부분의 빗금 친 부분의 면적으로써 이것은 전체 면적 1에서 $z = 2.1$의 왼쪽 부분의 면적을 뺀 것과 같다.

$$P(Z \ge 2.1) = 1 - P(Z < 2.1) = 1 - 0.9821 = 0.0179$$

예제 2.6

표준정규분포에서 다음의 확률을 구하여라.

① $P(Z \le -1.5)$ ② $P(1.19 < Z < 2.12)$ ③ $P(-1.5 < Z < 2.31)$

풀이 ① 표준정규분포는 평균 0을 중심으로 좌우대칭이므로 표준정규 확률표에서 해당하는 확률을 읽어 다음과 같이 구한다.

$$\begin{aligned} P(Z \le -1.5) &= P(Z \ge 1.5) \\ &= 1 - P(Z < 1.5) \\ &= 1 - 0.9332 = 0.0668 \end{aligned}$$

② 확률 $P(1.19 < Z < 2.12)$은 표준정규분포에서 두 점 $z = 1.19$ 와 $z = 2.12$ 사이의 면적과 같다. 따라서 $z = 1.19$ 까지의 면적이 0.8830이고 $z = 2.12$ 까지의 면적이 0.9830이므로,

$$\begin{aligned} P(1.19 < Z < 2.12) &= P(Z < 2.12) - P(Z \le 1.19) \\ &= 0.9830 - 0.8830 = 0.10 \end{aligned}$$

③ 확률 $P(-1.5 < Z < 2.31)$은 앞의 결과를 이용하여 다음과 같이 구한다.

$$\begin{aligned} P(-1.5 < Z < 2.31) &= P(Z < 2.31) - P(Z \le -1.5) \\ &= 0.9896 - 0.0668 \\ &= 0.9228 \end{aligned}$$

예제 2.7

이번에는 역으로 표준정규분포에서 상위 2.5%되는 점 z를 찾아보자.
즉, $P\{Z > z\} = 0.025$가 되는 값 z 을 찾아라.

풀이 표준정규분포의 오른쪽 꼬리부분 면적이 0.025되는 점 z 값을 구하는 문제이므로 z의 왼쪽부분의 면적이 0.975가 되어야 한다. 표로부터 이에 대응하는 z 값은 $z = 1.96$임을 알 수 있다.

◆ z_α값

$Z \sim N(0,1)$일 때 $P(Z > z_\alpha) = \alpha$를 만족하는 z_α값을 표준정규분포의 $100(1-\alpha)\%$ 백분위수라 한다. 다음은 통계적 추론에서 일반적으로 많이 쓰이는 백분위수이다.

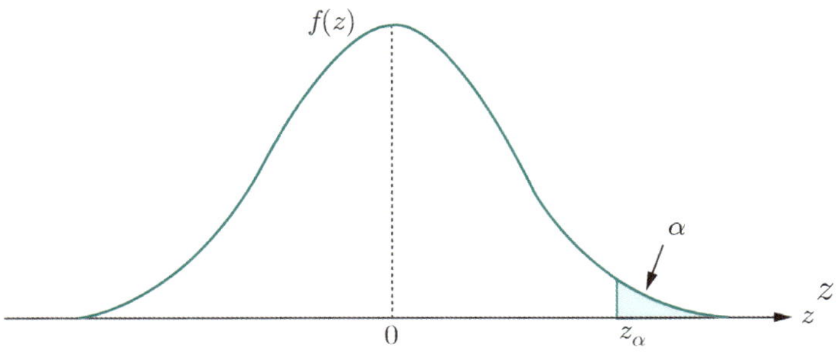

[그림 2-8] 표준정규분포곡선과 z_α

$$z_{0.025} = 1.96, \quad z_{0.05} = 1.65, \quad z_{0.10} = 1.28$$

부록의 표 2에서는 표준정규분포에서의 확률만을 다루고 있으므로 일반적인 정규분포의 확률은 부록의 표에서는 구할 수 없지만 정규분포를 표준화하면 이를 해결할 수 있다.

정규분포의 표준화 : $X \sim N(\mu, \sigma^2)$일 때

$$P(a < X < b) = P\left(\frac{a-\mu}{\sigma} < \frac{X-\mu}{\sigma} < \frac{b-\mu}{\sigma}\right)$$
$$= P\left(\frac{a-\mu}{\sigma} < Z < \frac{b-\mu}{\sigma}\right)$$

예제 2.8

확률변수 X 가 평균이 40이고 표준편차가 5인 정규분포를 따를 때, $P(32 < X < 42)$을 계산하여라.

풀이 $X \sim N(40, 5^2)$이다.

$$P(32 < X < 42) = P\left(\frac{32-40}{5} < Z < \frac{42-40}{5}\right) = P(-1.60 < Z < 0.40)$$
$$= P(Z < 0.40) - P(Z < -1.60) = 0.6554 - 0.0548$$
$$= 0.6006$$

예제 2.9

어느 해의 수능모의시험에서 응시자의 점수는 평균 250점, 표준편차가 40점인 정규분포를 따르는 것을 알았다. 임의로 선택한 한 응시자의 점수가 300점에서 330점 사이일 확률을 계산하여라.

풀이 X를 어떤 응시자의 점수라 하면, $X \sim N(250, 40^2)$이다. 구하는 확률은

$$P(300 < X < 330) = P\left(\frac{300-250}{40} < Z < \frac{330-250}{40}\right)$$
$$= P(1.25 < Z < 2.0) = 0.9772 - 0.8944 = 0.0828$$

예제 2.10

어느 초등학교 전교생의 I.Q.를 측정한 결과 평균 $\mu = 100$, 표준편차 $\sigma = 10$인 정규분포이었다.

① I.Q.가 100에서 110사이의 학생의 비율은 얼마나 될까?

② 상위 10%인 학생의 I.Q.는 얼마나 될까?

풀이 학생들의 I.Q를 확률변수 X라고 하면, $X \sim N(100, 10^2)$이다.

① $P(100 \le X \le 110) = P\left(\frac{100-100}{10} \le \frac{X-100}{10} \le \frac{110-100}{10}\right)$

$$= (0 \le Z \le 1) = 0.3413$$

② 이 문제는 $P(X \ge c) = 0.1$에서 c를 찾는 것이다. 표준 정규분포에서 상위 10%에 해당하는 점이 $z_{0.1} = 1.28$이므로 이때의 점수를 알기 위해서 z 값을 다시 X로 환원시켜야 한다.

$$P(X \ge c) = P\left(Z \ge \frac{c-100}{10}\right) = 0.1$$

여기서 $\frac{c-100}{10} = 1.28$이어야 하므로 $c = 112.8$을 얻는다. 따라서 I.Q가 112.8보다 높은 학생은 상위 10%에 든다.

(2) 정규분포의 응용 예–품질관리도

정규분포의 응용 예를 기업의 품질관리에서 찾아보자. 공장에서 생산되는 제품의 특성값이 안정된 공정일 때에 정규분포를 따른다면 그 분포는 평균과 분산에 의하여 결정된다. 정규분포의 경우에 평균을 중심으로 표준편차의 3배 이상 떨어져서 특성값이 나타날 확률은 0.0027 정도이다. 따라서 1만회에 27회 밖에 일어나지 않는 이런 값을 얻을 경우는 공정에 이상이 있다고 판단하여 작업을 중단하고 어떠한 이상 요인이 발생하였는지 점검에 들어간다. 이것이 관리도법의 기본 생각이다. 관리도는 분포의 평균 μ를 중심선으로 아래와 위에 표준편차 σ의 3배만큼 떨어진 지점에 관리한계선을 설정한다. 관리한계선이 정해지면 일정한 시간에 특성값의 평균이 관리한계선 안에 있는지 확인한다. 이때 평균이 관리한계선 안에 있으면 평균은 관리가 잘되고 있다고 판단하고 그렇지 않으면 관리가 부실한 것으로 판단한다. 평균이 관리되고 있지 않다고 판단 될 때에는 그 원인을 찾아 대책을 세워야 한다.

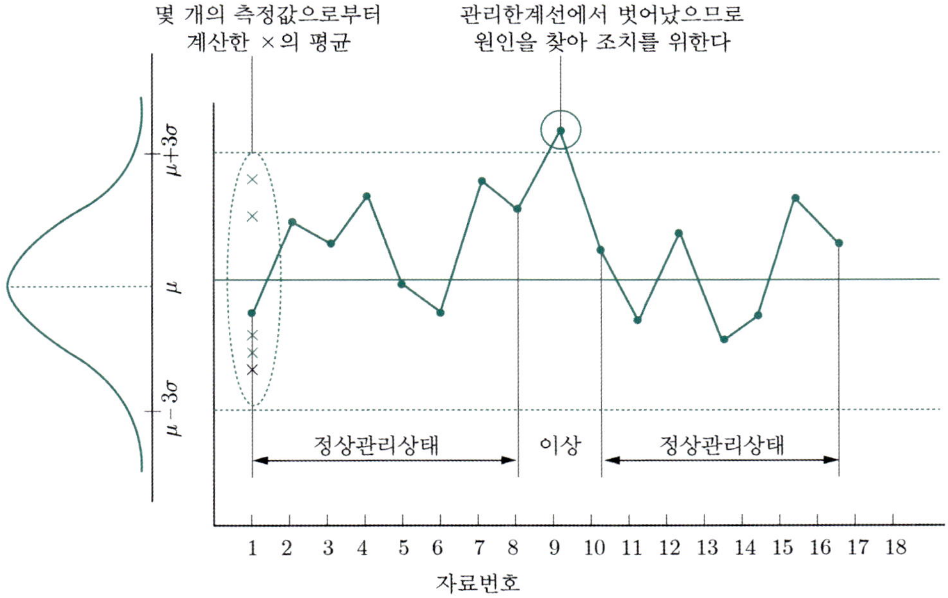

[그림 2–9] 품질관리도

연습문제

1. 오늘 하루 동안의 생활 중에서 통계적인 생각이나 행동을 했던 것을 적어보시오.

2. 모수와 통계량, 통계치를 정의하고 이들 간의 차이를 예를 들어 설명하시오.

3. 수학과에서는 학과 행사를 위하여 행운권 100장을 발매한 후 임의로 추첨하여 1등 1명에게 10,000원, 2등 3명에게 5,000원, 3등 10명에게 1,000원의 상금을 지급한다고 한다. 확률변수 X를 '행운권상금액'이라 하자.

(1) X 의 확률분포표를 만들어 보시오.

(2) X 의 기댓값을 구하시오.

(3) 상금액이 5000원 이상이 될 확률을 구하시오.

4. 어느 빙과류 대리점의 매출액은 맑은 날씨에는 하루 500만원, 흐리면 200만원, 비가오면 100만원의 수입을 예상하고 있다. 한편 날씨가 맑을 확률은 0.6, 흐릴 확률은 0.3, 비가 올 확률은 0.1이라 한다.

(1) 기대매출액은 얼마인가?

(2) 여름철 매출은 평소의 3배가 된다면 여름철 기대매출액 얼마인가?

(3) 여름철 매출액의 분산은 평소의 몇 배가 되겠는가?

5. 40명이 수강하는 실용통계학과목의 중간고사 성적이 평균이 80점이고 분산이 16점인 정규분포를 따른다고 한다.

(1) 90점 이상인 학생에게 A학점을 준다면 A학점을 받을 확률은 얼마인가?

(2) 전체의 10%에게 A학점을 준다면 A학점을 받을 최저 점수는 얼마인가?

6. 35명의 신입사원을 대상으로 치른 영어시험의 성적분포가 평균 70점, 표준편차가 10점인 정규분포를 이루었다. 70점이상~80점미만의 사람은 A부서에 배치할 계획이다. 약 몇 명이 A부서에 배치되겠는가?

7. 확률변수 X의 평균이 μ 분산이 σ^2일 때, 새로운 확률변수 $Y = \frac{X-\mu}{\sigma}$의 평균과 분산을 계산해보시오.

03

모집단으로부터 자료 얻기

1. 표본조사
2. 연구방법
3. 설문지 작성법
4. 표본추출법

3 모집단으로부터 자료 얻기

1 표본조사

우리가 가지고 있는 자료가 모집단을 제대로 반영한 올바른 자료가 아닌 경우에는 어떠한 세련된 고급의 통계분석방법을 취하더라도 의미가 없다. 먹을 수 없는 상한 생선에 갖은 고급 양념으로 요리를 해도 먹을 수 없는 것과 같다. 여기서는 좋은 자료를 얻기 위한 표본조사는 어떻게 해야 하는 지에 대한 기본을 설명하고자 한다. 표본조사란 모집단의 모수를 추론할 목적으로 모집단으로부터 모집단을 대표하는 일부분(표본)을 추출하여 필요한 자료를 구하는 모든 과정을 말한다. 통계분석에서 수행되는 기본적 단계는 [그림 3-1]과 같다. 즉 연구목적이 정해지면 그 연구대상이 되는 모집단을 설정하고, 설정된 모집단 중에서 표본을 얻은 다음 통계분석적인 방법으로 표본에 포함되어있는 정보를 취하고 그 정보를 이용하여 모집단의 특성을 추론한다.

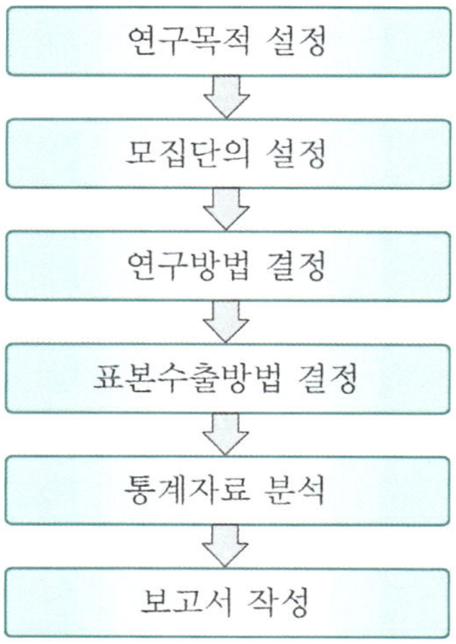

[그림 3-1] 통계분석의 기본적 단계

표본으로 얻어진 구체적인 관측 값이 일반적으로 우리가 말하는 자료(data)이다. 정확한 추론을 위해서는 무엇보다도 통계자료분석에서 사용될 자료가 모집단을 잘 대표하느냐 못하느냐가 핵심이 된다.

이 장에서는 표본을 얻기 위하여 실험을 할 것인지, 관찰만 할 것인지 혹은 개별면접을 할 것인지 등의 연구방법에 관한 것과 또한 표본추출을 하는 데에 있어 완전히 임의로 할 것인지 아니면 층을 나누어 할 것인지와 같은 표본추출방법에 대하여 살펴보고자 한다.

(1) 전수조사와 표본조사

일반적으로 통계조사는 **전수조사**(complete survey)와 **표본조사**(sample survey)로 구분된다. 전수조사는 모집단에 관한 어떤 지식이나 특성을 얻기 위하여 모집단내의 모든 단위들을 하나도 빠짐없이 모두 조사하는 방법을 말한다. 전수조사의 대표적인 예는 5년마다 한 번 씩 정부에서 실시하는 '인구주택 총 조사'이다. '인구주택 총 조사'는 우리나라의 인구와 주택의 총수는 물론 교육정도, 혼인상태, 거처의 종류, 사용 방의 수 등 개별특성까지 파악하여 각종 경제·사회 발전계획의 수립 및 평가, 학술연구, 민간부문의 경영계획수립에의 활용 등을 위해 실시하는 전국규모의 통계조사이다.

표본조사는 모집단으로부터 일부 표본을 추출하고 조사하여 그 결과를 바탕으로 모집단에 대한 특성을 추론하는 통계조사방법이다. 마치 끓고 있는 국의 맛을 보고 싶을 때 냄비 속에 있는 국을 충분히 잘 저었다면 한 숟가락만 떠서 맛을 봐도 충분히 국의 맛을 알 수 있는 것과 같은 이치이다. 즉, 표본조사는 표본이 모집단을 잘 대표하고 있을 때에 효과적인 결과를 얻을 수 있다. 현실적으로 집단내의 모든 단위들을 조사한다는 것은 불가능한 일이므로 대부분의 통계조사는 표본조사를 통해 행해진다.

모수의 참값과 표본조사에서 추정된 값과의 차이를 **오차**(error)라고 하는데 오차가 발생하는 요인에 따라 표본오차와 비 표본오차로 나누어진다. **표본오차**는 모집단 중에서 일부를 추출하여 조사한 자료를 근거로 모수를 추론하는 과정에서 생기는 오차이다. 표본조사를 실시하면 필연적으로 표본오차가 따르기 마련이지만 표본의 크기가 증가하면 감소하게 된다. 한편 통계조사를 계획하는 과정이나 자료를 집계하는 과정 또는 자료를 분석하는 과정과 같은 작업과정에서 사람의 부주의나 실수 등으로 인해 생기는 오차를 **비 표본오차**라고 한다. 따라서 전수조사를 하는 경우에는 표본오차는 발생하지 않으며 비 표본오차만 발생하겠다.

(2) 표본조사의 장점

전수조사에 비해 표본조사가 갖는 주요 장점은 다음과 같다. 첫째 모집단 전체를 조사하는 것보다 일부 표본을 조사하는 것이므로 비용과 시간이 적게 들어 경제적이다. 둘째 정해진 짧은 시간 내에 신속하게 필요한 정보를 얻을 수 있다. 셋째 전수조사의 경우에는 대량의 자료를 처리하는 과정에서 조사와 관리부실에 따른 착오가 생기기 쉽고, 또한 조사원들 간의 차이에서 발생하는 비 표본오차가 커지기 쉽지만, 표본조사에서는 이러한 오차의 기회를 줄이게 되어 보다 정확한 결과를 얻을 수 있다. 넷째 조사대상의 규모가 그다지 크지 않으므로 많은 항목에 대해 보다 깊이 있는 조사를 할 수 있다. 다섯째 전수조사가 불가능한 경우에 가능하다. 예를 들어 모집단의 크기가 무한히 큰 경우나 파괴실험의 경우와 같이 조사로 인하여 대상의 성격과 형질이 변형되어지는 경우에 표본조사는 유용하다.

이와 같이 전수조사에 비해 표본조사가 여러 가지 장점을 갖고 있기는 하지만 그러나 표본이 모집단을 제대로 대표하고 있지 못할 때에는 추론의 결과가 빗나가게 되는 단점도 있다. 전수조사든 표본조사든 통계자료의 질에 따라 분석결과가 좌우된다고 할 수 있으므로 통계분석의 질적 향상을 높이기 위해서는 무엇보다 좋은 통계자료를 수집하는 것이 가장 중요한 첫 번째 과제라 하겠다.

2 연구방법

자연과학과 사회과학은 그의 지향하는 연구목적이나 실험여건 등이 다르기 때문에 표본을 추출하는 과정에서 방법상에 차이가 나지만 일반적으로 사용되는 연구방법은 실험, 관찰, 조사, 내용분석으로 나누어진다.

(1) 실험

실험이란 실험대상이 되는 집단에 특정한 실험조건을 부여한 후에 가해진 변수가 다른 변수에 어떤 영향을 미치는지 나타나는 결과를 알아보는 연구방법이다. 특정 실험조건을 부여하는 것을 **처리**라고 하며, 이때 영향을 주는 변수를 **독립변수(설명변수)**, 처리에 대하여 반응을 보이고 결과를 나타내는 변수를 **종속변수(반응변수)**라 한다. 연구대상을 두 개의 집단으로 나누어 어떤 처리에 대한 영향을 알아보고자 할 경우, 처리를 가한 집단을 **실험집단**이라고 하고 처리는 하지 않되 다른 모든 조건은 실험집단과 동일하게 취급하는 집단을

통제집단이라고 한다. 실험집단과 통제집단 두 그룹간의 비교에는 실험이 어느 한 쪽에 유리하게 편향되지 않고 공정하게 시행될 수 있는 실험방법이 모색되어져야 한다.

■ 반응편향과 관측편향

예를 들어 새로운 감기약이 개발되었을 때 그 약이 과연 효과가 있는지 알고 싶은 경우를 생각해 보자. 새로운 약을 투여 받은 환자는 자기가 먹은 약이 새롭게 개발된 좋은 약이란 사실을 알기 때문에 그 심리적인 효과로 빠른 쾌유를 보일 수도 있다. 반대로 아무런 약을 투여 받지 못한 환자는 아직 약조차 먹지 못했다는 사실에 위축되어 더 고통을 느낄 수도 있으므로 이 환자에게는 새로 개발된 약과 같은 모양이나 아무 효과가 없는 가짜 약(위약, placebo)을 투여하여 치료에 영향을 미칠 수 있는 환자의 심리적 효과를 차단할 필요가 있다. 어떤 환자들은 이와 같은 처리에도 긍정적인 반응을 보이는데 이를 위약효과라고 한다. 따라서 환자그룹을 두 그룹으로 무작위로 나누어 한 그룹에는 새로운 약을 투여하고 다른 그룹에는 가짜 약을 투여하면 반응을 나타내는 쪽의 편향인 **반응편향**을 없앨 수 있을 것이다.

또 하나의 편향은 관측하는 측에서 생기는 **관측편향**이다. 즉 환자들을 관찰하는 의사의 입장에서도 환자가 진짜 약을 복용하였는지 가짜 약을 복용하였는지를 사전에 알고 있다면 의사의 판정에 주관이 개입되어 치료결과의 측정에 영향을 미칠 수가 있다. 진짜 약을 먹은 감기환자의 상태가 사실은 호전되지 않았음에도 불구하고 경미하지만 차도를 보이고 있다고 판정할 수도 있다는 것이다. 따라서 의사도 사전에 환자가 무슨 약을 복용하였는지 몰라야 감기약 치료효과에 대한 객관적 분석이 가능할 것이다. 이러한 실험에서 실험대상자에게 어떤 처리가 가해졌는지 모르게 실험하는 것을 **단일눈가림실험**이라고 하고 관찰자에게도 모르게 하는 실험을 **이중눈가림실험**이라 한다.

실험은 계획적으로 설계된 조건 하에서 환경조건을 인위적으로 관리할 수 있는 것이 특징이므로 생물학이나 물리학과 같은 자연과학에서는 중요한 연구수단이 되고 있다. 이에 비해 사회과학에서는 실험환경을 통제하는 일이나 환경조건을 관리하는 일이 그렇게 쉬운 일이 아니다. 그러나 오늘날은 사회현상에 대해서도 자연과학의 실험과 같이 어떤 조건을 인위적으로 설정하고 그 결과를 살피는 실험 방식이 일반화 되고 있다. 예를 들어 조건이 유사한 두 지역을 선정하여 한쪽에 어떤 새로운 정책이나 특수한 선전방법을 시행하여 그 결과를 다른 쪽과 대조해 보는 것도 넓은 의미에서는 실험이라고 할 수 있다.

(2) 관찰

관찰이란 관심 있는 현상이나 사람에 대해 연구자가 직접 보고 듣고 관찰하여 결과를 측정만 할뿐 대상자의 반응에는 어떤 영향도 주려는 의도가 없는 연구방법이다. 예를 들어 미술치료를 통해 자폐아동의 태도가 변하는지, 침팬지가 야생에서 어떻게 행동하는지 그 과정을 단지 관찰하여 자료만 수집하는 것이다. 관찰의 목적은 집단의 상황을 표현하는데 있다. 관찰연구의 실례를 들어보자. 한 때 미국에서 전기 송전선이 소아 백혈병의 원인이라는 주장이 제기된 적이 있었다. 이 주장에 대한 진위를 확인하기 위해 어린이들을 직접 자장에 노출시키는 실험은 할 수 없으므로 이미 백혈병에 걸린 어린이 638명과 정상의 어린이 620명의 성장환경을 비교하는 대대적인 관측연구가 이루어졌다. 5년의 시간과 5억 달러의 경비를 들여 어린이의 방과 가족의 방, 거실… 등에서 자장의 세기를 측정하고 어린이를 임신하였을 때 엄마가 생활했던 곳… 등을 세밀하게 관찰한 결과 '소아백혈병과 자장 사이에 직접적인 관계가 있다는 증거는 없다' 라는 결론이 내려졌던 관찰연구사례가 있다.

관찰하는 방법으로서는 조사원이 직접 관찰해서 필요한 정보를 얻기도 하지만 계측기와 같은 기계장치로 자동 측정하여 자료를 얻기도 한다. 그 대표적인 예로서 텔레비전 시청률이 있다. 우리나라에서는 AGB닐슨미디어리서치와 TNS미디어 코리아라는 두 회사에서 시청률조사를 실시하고 있다. 두 회사 모두 전국으로부터 표본으로 선정한 약1,500세대의 텔레비전에 미리 피플미터(people meter)라는 시청률 측정기를 부착해 두어 각 세대가 스위치를 켜고 끄고 채널 교환을 하면 자동적으로 기록되게 되어 있다. 각 표본세대로 부터 조사된 결과는 모뎀을 통해 본사의 컴퓨터로 송신되고 본사 컴퓨터에서는 각 세대로부터의 데이터를 첨단기법을 통해 분류함으로서 신속하게 시청률을 집계할 수 있게 된다.

(3) 조사

조사는 연구대상이 되는 집단을 조사자가 직접 체계적으로 조사하여 자료를 수집하는 연구방법이다. 이 연구방법은 정치, 행정, 산업, 교육 등 사회과학 분야에서 광범위하게 활용되고 있다. 조사에서 대상이 되는 내용은 사람들의 가치관, 생각, 행동, 정치, 교육, 사회적 쟁점에 대한 인식 등 추상적 개념인 경우가 많다. 이러한 추상적 개념을 경험적으로 측정할 수 있는 구체적 지표로 바꾸어 표현하기 위하여서는 제1장에서 이미 설명한 바와 같이 조작적정의가 필요하다. 즉 복잡한 사회현상의 추상적 개념들에 대해 조작적 정의를 내려줌으로써 계량화한 변수들 간의 관계를 깊이 있게 파악할 수 있고 이를 통해 사회현상에 대한 일반 법칙을 발견할 수 있게 되는 것이 조사연구의 큰 강점이라 하겠다.

조사에서 사용되는 자료수집방법으로는 면접조사, 전화조사, 우편조사, 집단조사, 인터넷조사 등이 있다. 각 자료수집방법에 따라 응답가능한 질문의 형태, 응답률, 조사절차, 조사비용 등 필요한 인적 물적 자원 면에서 각각의 장단점이 있다. 따라서 각 방법들의 장단점을 충분히 이해하고 조사목적 및 주제, 시간과 비용, 조사인력 등을 검토하여 적합한 자료수집 방법을 결정하도록 해야 한다. 때로는 서로 다른 조사방법들을 결합하여 조사의 효과를 올릴 수도 있다. 자료수집방법에 따라 설문지의 형태와 설명정도가 달라지므로 자료수집방법의 결정은 특별히 신중해야한다.

① 면접조사

조사원이 사전에 표본추출로 선정한 가구나 기업체 등을 직접 방문하여 조사하는 방법이다. 이 방법은 사회조사와 마케팅 조사 전반에서 보편적으로 널리 사용되고 있다. 조사원과 응답자가 특정 장소에서 만나 조사가 진행되므로 응답자가 심리적으로 안정된 상태에서 답할 수 있어 비교적 복잡한 내용의 질문지도 잘 소화해 낼 수 있는 장점이 있다. 또한 질문내용을 응답자가 이해하도록 설명해 줄 수 있기 때문에 신뢰성 있는 대답을 얻을 수 있고 따라서 응답자가 교육수준이 낮은 경우에도 조사가 가능하다. 그 밖에 응답자의 답변뿐만 아니라 표정관찰과 같은 시각적 정보수집이 가능하고, 응답자의 협조를 얻는데 효과적이며 다른 조사에 비해 응답률이 높은 점 등 면접조사는 많은 장점을 갖고 있다.

이와 같이 면접조사에는 비교적 많은 장점이 있지만 단점 역시 없지 않다. 우편조사 등에 비해 인력과 비용, 시간이 훨씬 많이 소요되며 대답하기 곤란하거나 민감한 질문에 대해서는 답변을 받기 어려운 점이 있다. 면접원의 훈련정도나 기술여하에 따라 조사결과의 성패가 좌우될 수 있다는 점도 염두에 두어야 한다.

② 전화조사

조사자가 직접 응답자를 만나는 대신 전화를 이용하여 조사하는 방법이다. 90년대 후반부터 선거와 관련된 여론조사에서 본격적으로 사용되면서 일반화된 방법이다. 전화조사의 가장 큰 장점은 전화번호부를 이용하여 쉽게 무작위추출이 가능하므로 간편하고 긴급하게 조사를 실시할 수 있다는 점이다. 면접조사에 비하면 시간과 비용도 적게 든다. 조사하기 어려운 사람에게도 접근하기 쉬우며 제한된 장소에서 실행 가능하여 면접원에 대한 감독과 자료관리가 쉽다.

전화조사는 간편하고 경제적 이점 등으로 자주 사용되고 있으나 적지 않은 문제점이 지적되면서 논란을 빚기도 한다. 가장 큰 문제점으로 지적되는 것은 표본추출에 편차가 있을 수 있다는 점이다. 그 이유는 전화번호부에 등재를 하지 않는 사람들이 늘어나기 시작하면서 전화번호부가 전화번호의 절반도 대표하지 못하고 있어 표본의 대표성이 낮고, 응답자도 임의로 선정된 표본인지 확인할 길이 없으며, 낮 시간에는 주로 주부나 노인, 자영업자 등에 한정될 소지가 있다. 마지못해 답하는 경우에는 조사결과의 타당성이 문제되며 또한 시간적 제약을 받기 때문에 복잡하거나 개인적으로 민감한 사안의 질문에는 적합한 조사방법이 될 수 없다. 또 쉽게 전화가 끊길 수 있어 새로운 무응답의 유형이 문제로 제기되고 있다.

③ 우편조사

우편조사는 선정된 응답 대상자들에게 설문지를 우송하고 기록케 한 후 우편으로 회수하여 분석하는 조사방법이다. 우편조사의 가장 큰 장점은 최소의 비용과 노력으로 광범위한 지역을 조사 할 수 있다는 점이다. 또한 전화나 개별면담으로 접근이 어려운 사람에게도 조사가 가능하다. 응답자가 충분한 시간을 갖고 익명성을 근거로 솔직하게 답변할 수 있는 점 또한 장점이다. 한편 우편조사의 가장 큰 문제점은 회수율이 낮고 회수하기 까지 시간이 많이 걸리는 점이다. 면접조사의 회수율은 95%까지 가능하나 우편조사의 경우 통상 20~40% 정도에 불과하다. 응답자가 목적하는 조사대상 여부를 확인할 수 없고 주위 사람의 의견이 반영될 염려가 있으며 응답자가 보충설명을 듣거나 질문을 할 수 없어 문항에 대한 오해의 우려가 있는 것도 우편조사가 갖는 단점이라 할 수 있다.

④ 집단조사

집단조사는 일정한 장소에 응답자를 모아 놓고 질문지를 나누어 준 후 기입하도록 하는 조사방법이다. 주로 기존의 조직체를 대상으로 그 구성원들로부터 자료를 얻고자 하는 것이므로 먼저 조직체의 협력을 필요로 한다. 조사자가 응답자들과 직접 대화할 수 있어 질문지에 대한 오해를 줄일 수 있고 응답자들의 태도를 관찰 할 수 있는 등 면접조사의 장점을 최대한 살리면서도 응답조건을 동등하게 할 수 있고 비용과 시간을 크게 절약할 수 있는 점 등은 집단조사만이 갖는 장점이라 할 수 있다. 그러나 응답자를 한 곳에 모으는 일이 쉬운 일이 아니며 응답자가 옆 사람으로부터 영향을 받을 소지가 많고 개인별 차이가 무시되는 등 조사의 신뢰성이 떨어질 수 있다. 조사표에 기입이 잘못된 경우 수정이 어려운 것도 집단조사의 또 다른 단점이라 하겠다.

⑤ 인터넷 조사

인터넷 조사는 최근 인터넷의 폭발적인 보급으로 널리 이용되고 있는데 조사자가 인터넷에 설문을 게시하고 응답자가 인터넷상의 설문에 응답하면 그 내용이 조사기관의 서버 컴퓨터에 전달되어 체계적으로 기록되도록 하는 방식을 말한다. 이 조사의 가장 큰 특징은 국제비교조사도 할 수 있을 정도로 시간과 공간의 제약이 적다는 점이다. 짧은 시간에 많은 자료를 확보할 수 있으면서도 자료를 처리하는 시간이 단축되므로 비용이 적게 들며 비 표본오차를 줄일 수 있는 장점이 있다. 단점은 모집단에 대한 정보를 확보하기 어렵고 응답자도 전산망을 이용하는 사람에 국한하므로 대표성에 문제가 있는 점이다. 최근에는 인터넷조사의 남발로 양질의 조사를 구별하는 것조차 그렇게 간단한 문제가 아니다.

(4) 내용분석

내용분석이란 이미 수집된 자료나 이용 가능한 상태로 존재하는 자료를 분석하는 것을 말한다. 연구대상이 다양하여 신문, 잡지, 영화, TV, 라디오의 내용은 물론 전기, 만화, 노래, 신화 등까지도 분석하는데, 내용자체뿐만 아니라 메시지에 담고 있는 규범, 태도, 개념도 연구대상으로 하고 있다. 예를 들면 선전문이나 선거 연설문등에 나타난 특정 단어나 기호들을 조사·집계해서 정치적 색채 등을 알아보기도 한다.

내용분석연구는 20세기 초에 개발되기 시작하여 역사는 비교적 짧은 편이다. 이후 1930년대 중반부터 1950년대 중반에 걸쳐 과학적인 연구방법으로 크게 발달하였고 1950년대 이후로는 내용분석방법을 사용한 논문이 꾸준히 증가하였으며 근래에는 컴퓨터의 발달과 함께 연구가 더욱 활성화되고 있다. 내용분석연구의 가장 큰 장점은 조사대상에 대한 직접적인 접근이 어렵고 주어진 자료가 문헌적일 때 유용하다는 점이다. 반면 내용분석연구의 가장 중요한 핵심은 자료의 질적인 측면을 얼마나 객관적으로 정확히 분석해 낼 수 있는가 하는 점이다.

3 설문지 작성법

설문지를 사용하는 가장 큰 목적은 모든 응답자들에게 동일한 형식으로 질문함으로써 측정의 오류를 최소화 하는데 있다. 즉 조사를 표준화함으로써 조사결과의 비교 가능성을 높이자는 것이다. 설문지 설계의 핵심은 설문지를 사용해서 얻어진 자료에 신뢰성이 있느냐하는 것이다. 그러나 사회조사에서는 가치관과 같은 내면의 세계를 조사하는 경우가 많아 설문의 형식에 따라서 조사결과가 다르게 나올 수가 있다.

좋은 설문지를 만들기 위해서는 작성과정에 지켜야 할 원칙이 있다. 이 원칙을 충분히 알고 문항을 만들어 응답자들로부터 가능한 풍부하고 또 정확한 정보를 얻어내는 일이 바람직하다. 한편 응답자 역시 원칙에서 벗어난 질문, 즉 질문자의 편견이나 유도성 여부를 꼼꼼히 따져 설문조사가 자칫 질문자의 의도대로 진행되지 않도록 주의할 필요가 있다. 실제로 조사과정에서 설문지 작성의 오류에 의해 본래의 조사목적을 제대로 달성하지 못하는 경우가 종종 있다.

(1) 설문지 작성의 기본 원칙

① 쉬운 단어로 간결해야 한다.

질문은 핵심적인 단어만을 사용한 단순하고 명확하게 정리된 문장이어야 한다. 응답자에게 친숙하지 않는 전문용어는 사용하지 않는 것이 좋다. 덧붙이는 설명 등으로 질문이 길어지면 오히려 혼란을 일으킬 수가 있으므로 단어의 중복 사용도 피해야 한다.

② 형용사와 부사의 사용이 신중해야 한다.

'취업하려고 하는 곳에 대해 잘 알고 있습니까?'의 '잘'과 같은 부사나 그밖에 '자주, 가끔, 보통'과 같은 단어들이 곧잘 사용되는데 이런 용어들을 응답자들이 어떻게 받아들일지에 대해 꼼꼼히 검토할 필요가 있다. 또 '최근에 북한 주민에 대해서 얼마나 관심이 있습니까?' 라고 물을 때 '최근'은 지금부터 한 달 동안의 기간인지 일 년 동안인지 분명치 않다. 이와 같이 과거의 경험 등을 묻는 질문에서는 시점이나 시간에 관한 내용을 명확히 해 주어야 한다.

③ 질문내용이 분명해야 한다.

용어선택에 있어서 개념상의 오해를 일으키지 않도록 일상의 언어를 사용하고 표현방식도 분명해야 한다. 예를 들어 '학교생활에 만족하십니까?' 라는 질문에 대해 응답자는 다양한 학교생활 가운데 어떤 부분을 답해야 할지 망설일 수도 있다. 이와 같이 개념적인 조사 항목에 대해서는 응답자가 자신 있게 대답을 할 수 있도록 질문의 요지를 명확히 해주어야 한다.

④ 가치중립적인 질문을 해야 한다.

어떤 특정한 답을 유도하는 질문은 피하고 중립적인 질문이 되어야 한다. 편견이나 조사자의 가치가 개입되지 않도록 양쪽의 응답이 모두 제시되어 있어야 한다. 예를 들어 '중학생의 알바는 곤란하다고 생각하십니까?'라는 질문은 '중학생의 알바에 대해서 어떻게 생각하십니까?' 또는 '중학생의 알바는 교육목적상 의미가 있다고 생각하는 사람도 있고 여러 이유로 곤란하다고 생각하는 사람이 있습니다. 귀하는 어떻게 생각하십니까?' 라는 형태로 바꾸어 주는 것이 좋다.

⑤ 가정을 전제한 질문은 피해야 한다.

가정을 두고 하는 질문은 피하고 정확한 정보를 먼저 제시해 준 다음에 질문을 해야 한다. '우리 대학의 중장기 발전계획에 대하여 어떻게 생각하십니까?' 라는 질문은 학교 중장기 발전계획에 대해 이미 알고 있다는 가정 하에 묻고 있는 것인데 만일 응답자가 그 발전계획에 대하여 알지 못하고 있다면 적당한 대답에 그칠 것이므로 의미 없는 설문조사가 될 것이다.

⑥ 질문은 예의 바르게 한다.

응답자의 자존심을 상하게 하는 단어나 표현방식 또는 단도직입적인 질문은 피하도록 한다. 그리고 부정적인 내용을 직접 묻기 보다는 긍정적 측면을 먼저 질문한 후 '그러면 ~에 대하여 좋아하지 않는 점은 무엇입니까?' 라고 우회적으로 부정적인 면을 묻는 것이 바람직하다. 그러나 경어나 정중한 표현을 너무 많이 사용하여도 오히려 질문이 부자연스러워질 수 있으므로 지나침이 없도록 주의한다.

(2) 질문의 배열

질문의 배열순서에 따라서도 조사결과는 크게 영향을 받을 수가 있으므로 질문의 순서 역시 설문지 작성에서 중요한 요인이 될 수 있다. 응답자가 거부감 없이 협조적으로 나올 수 있게 하는 질문 배열상의 몇 가지 유의점을 제시해본다.

① 응답자가 쉽게 답할 수 있고 흥미와 관심을 유발할 수 있는 질문부터 시작한다.

② 응답자가 민감하게 반응할 수 있는 질문은 위치선정에 특히 주의하여야 한다. 그런 문항은 평범한 질문 속에 끼워 넣거나 아니면 맨 마지막에 배치하는 것도 방법이다.

③ 인적사항에 대한 질문은 가능한 뒤에 배열한다. 성별, 나이, 본적, 교육수준, 소속, 직업, 수입 등과 같은 사생활에 관련된 질문을 먼저 하게 되면 개인의 신분이 노출될까 염려되어 다음 질문에 대해 소극적인 태도로 나올 수도 있다.

④ 질문들끼리의 관계도 고려되어야 한다. 앞에서 나온 질문이 다음 질문내용에 곧 영향을 미칠 수 있는 경우에는 두 질문 사이에 간격을 떼어놓는 것이 좋다.

4 표본추출법

표본추출법은 크게 확률표본추출법과 비확률표본추출법으로 나눌 수 있다. 모집단으로부터 표본을 추출할 때 가장 먼저 생각해야 할 점은 무엇보다 모집단을 잘 대표할 수 있는 즉, 표본이 모집단의 축소판이 될 수 있는 그런 표본을 추출하는 일이다. 이와 같은 표본을 얻으려면 모집단의 모든 원소가 표본으로 뽑힐 확률이 동일하도록 객관적이며 공정한 표본추출이 되어져야 한다. 이러한 추출방법을 **확률표본추출법** 또는 **임의추출법**이라 부르고, 확률표본추출법으로 추출된 표본을 **확률표본** 또는 **임의표본**이라고 한다. 예를 들어 남녀고용평등법을 입안하기 위한 여론조사를 할 경우라면 표본은 전국의 성인 남녀를 대상으로 골고루 추출되어야 한다. 이는 대한민국 성인이면 누구나 표본에 추출될 확률이 동일하여야 함을 의미한다. 대표적인 확률표본추출법으로는 단순임의추출법, 층화임의추출법, 계통추출법, 집락추출법 등이 있다.

확률추출법과는 달리 조사자의 주관적인 판단으로 표본을 추출하는 방법을 **비확률표본추출법** 또는 **유의추출법**이라고 하고 이렇게 추출된 표본을 **비확률표본** 또는 **유의표본**이라 한다. 비확률표본추출법으로는 보행자 조사법, 판단추출법, 눈덩이 추출법, 할당추출법 등이 있다.

(1) 확률표본추출법

① 단순임의추출법

모집단을 구성하는 모든 원소가 동일한 확률로 뽑힐 수 있도록 임의로 표본을 추출하는 방법을 **단순임의추출법**(simple random sampling)이라 한다. 이 방법은 가장 기본적이고 다른 방법의 이론적 근거가 되는 추출법으로 숫자가 적혀있는 구슬을 뽑거나 난수표를 이용하는 등 조사자의 주관이 철저히 배제된 표본추출방식이다. 특히 난수표를 이용하는 방법이 좀 더 체계적이고 편리한데 **난수표**(random number table)란 0부터 9까지의 숫자들이 동일한 확률 1/10을 가지면서 어떠한 주기나 패턴 없이 무질서하게 나타나도록 한 난수들의 집합을 말한다. 이 추출방법은 모집단의 성격이 비슷하고 단일 특성이며 모집단의 크기가 작을 때 효과적이다. 엑셀프로그램 등을 이용하여 간단히 단순임의표본을 추출할 수도 있다.

부록의 난수표를 이용하여 임의로 추출하는 방법을 알아두자. 예를 들어 70명으로 구성된 모집단으로부터 5명을 표본으로 추출하기 위해 단순임의추출법을 쓴다면, 모집단의 원소에 01번부터 70번까지 고유번호를 부여한 뒤 먼저 난수표의 시발점(행과 열)을 임의로 결정한다. 난수의 시발점으로 32행 2열을 선택했다고 하자. 32행 2열에서 옆으로 두 자리씩 읽어 가면서 뽑히는 난수를 선택한다고 하면 다음과 같다.

69, 88, 46, 27, 97, 56, 17, 08, 63, 24 …

이중에서 70을 넘는 숫자와 중복되는 숫자를 버리고 5개의 숫자를 얻으면 다음과 같은 난수를 얻을 수 있다.

69, 46, 27, 56, 17

그러면 모집단에서 사전에 부여받은 고유번호 가운데 69, 46, 27, 56, 17번 사람이 선택되는 것이다.

단순임의추출법

모집단으로부터 표본을 뽑을 경우 모든 가능한 원소가 동일하게 선출 될 확률을 갖는 표본추출 방법이다.

② 층화임의추출법

모집단을 우선 동질의 성질을 가진 것끼리 몇 개의 층으로 분류하고, 그 다음 각 층에서 표본을 단순임의추출법으로 추출하는 방법이 **층화임의추출법**(stratified random samping)이다. 이 방법은 단순임의추출법보다 한 단계 발전된 추출법이라 할 수 있다.

표본추출을 하다 보면 모집단에 대한 사전정보를 알게 되는 경우가 종종 있다. 이러한 경우에 알게 된 사전정보를 이용하면 훨씬 효율적인 표본을 얻을 수가 있다. 예를 들어 어느 도시에 있는 슈퍼마켓의 평균매출액을 추정하는 경우를 보자. 조사를 하면서 그 도시의 슈퍼마켓은 크기가 대부분 중간 혹은 작은 규모이고 아주 큰 것은 몇 개 되지 않는다는 사실을 알았다. 이때 단순임의추출법으로 추출로 하게 되면 중간크기 이하의 슈퍼마켓들이 선택 될 가능성이 커서 평균매출액 추정에 영향을 주는 큰 슈퍼는 제외될 확률이 크다. 이렇게 되면 평균매출액이 과소추정될 가능성이 크므로 이를 피하기 위해 우선 슈퍼마켓을 대·중·소 세 개의 층으로 분류하고 다음 각 층에서 그 비율에 맞게 추출하면 훨씬 합리적으로 표본을 추출해 낼 수 있다.

층화란 이렇게 모집단이 갖고 있는 추가정보 혹은 사전정보를 이용하여 층으로 분류하는 절차를 말한다. 때로는 조사목적으로부터 이루어지는 본질적인 층화가 있다. 예를 들어

업종별로 임금통계를 내기 위해 사업소를 제과업, 의류업, 외식산업 등으로 분류하는 것을 말한다. 또한 조사와 관리 면에서 편의상 이루어지는 층화가 있다. 예를 들어 행정부에서 조사 할 경우 관할구역으로 분류하여 조사하는 방식이다.

층을 나누는 기본 원리는 층 내부적으로는 동질적으로 하되 층간에서는 이질성을 크게 하는 데에 있다. 층화임의추출법의 장점은 각 층별로 추정값을 계산할 수 있고, 표본이 모든 층에 분포됨으로써 모집단을 대표하는 표본이 추출될 가능성이 높다는 점이다. 다만 단점이라면 층을 나누는데 별도의 경비가 드는 문제이다.

층화임의추출법

모집단을 서로 겹치지 않는 몇 개의 층으로 나눈 다음, 각 층 내에서 단순임의추출법으로 확률표본을 뽑아 이것들을 모아서 처음 모집단의 표본으로 하는 추출방법이다.

③ 계통추출법

앞에서 다룬 난수표를 이용한 단순임의추출법은 이론적으로는 매우 우수한 표본추출의 방법이지만 모집단과 표본이 클 때에는 반복적으로 수행하기가 번거롭고 지루한 일이다. 이러한 문제점을 해소 할 수 있는 방법이 계통추출법이다. **계통추출법**(systematic sampling)은 모집단이 무작위로 배열되어 있을 때 표본을 시간적으로나 공간적으로 일정한 간격을 두고 계통적으로 추출하는 것으로 방법이 간편하여 널리 이용되고 있다. 또 이 방법은 모집단 전체에서 골고루 표본을 추출할 수 있는 장점도 있다. 모집단과 표본의 크기를 각각 N과 n이라 할 때 $k=N/n$을 추출간격이라 하면 계통추출법은 모집단의 처음 k개의 추출단위에서 임의로 하나를 추출하고, 그로부터 k번째마다 원소를 추출해 나가는 방법이다. 첫 번째 추출단위는 임의로 추출되지만 표본의 나머지는 앞의 과정에 의하여 결정된다.

예를 들어 1,000명 중 20명을 표본으로 추출할 때 계통추출법을 사용한다면 추출간격 $k=1000/20=50$이므로 난수표에서 번호 하나만 선택한다. 만일 임의로 선택된 번호가 20번이라면 나머지 표본은 70, 120, 170,…이 된다. 이 방법은 모집단에 모든 난수를 할당하지 않아도 되는 장점이 있다. 그러나 여기서 유의할 것은 모집단이 무작위로 배열되어 있지 않고 주기성이 존재할 때 주기적 영향에 의해 불합리한 방법이 될 수도 있다는 점이다. 예를 들면, 가나다… 순으로 정리된 전화번호부나 주민등록표, 학생등록명부와 같은 경우에 계통추출방법을 적용하면 단순임의추출법에 매우 가깝게 접근시킬 수 있다. 그러나 야

구선수의 이름이 적혀 있는 장부에서 7번째 열마다 투수의 이름이 적혀있다고 할 때 7번째 열만을 추출하는 계통추출을 하게 되면 투수만을 선택한 표본이 되어 모집단을 대표하지 못하는 결과를 나타내게 된다. 계통추출법은 그 밖의 다른 추출법과 병행해서 사용할 수도 있다. 예를 들어 층화추출을 하는 경우에 각 층 내에서 단순확률추출을 하는 대신 계통추출을 하면 층화계통추출이 된다.

계통추출법

표본을 미리 정해진 틀에 따라 뽑는 방법으로, 임의의 출발점 이후 k번째 간격으로 뽑아 표본으로 선택하는 방법이다.

④ 집락추출법

지금까지 몇 가지 추출법에 대해 설명하였다. 모집단의 크기가 그다지 크지 않은 경우에 이러한 추출법들은 별 어려움 없이 사용할 수 있으나 모집단의 크기가 큰 경우에는 표본추출이 간단하지 않다. 모집단이 커서 조사단위가 널리 흩어져 있게 되면 조사하는데 많은 비용과 어려움이 따른다. 이와 같은 어려움을 해결하기 위해 조사 집단에서 집락을 추출단위로 하는 것이다. **집락추출법**(cluster sampling)은 먼저 서로 인접한 기본단위들로 구성된 집락을 만들어 두고 그 집락들 중에서 몇 개의 집락을 임의 추출한 다음 추출된 집락 내의 일부 또는 전체를 조사하는 방법이다. 집락추출법에서는 층화임의추출법과는 달리 집락들 사이에 이질성이 적어야 한다. 그래야만 추출된 집락이 모집단을 제대로 대표할 수 있어 올바른 추정이 가능하다.

예를 들어보자. 제품이 10개씩 포장되어 밀봉된 상자가 3,000개 있다고 하자. 불량품을 조사하기 위해 100개의 제품을 조사하고자 할 경우, 100개의 상자를 뜯어서 각 상자마다 1개씩의 제품을 조사한다면 취급하기가 복잡하고 낭비가 크므로 가능한 적은 수의 상자를 조사하기를 원할 것이다. 이때 3,000개의 상자 중 10개의 상자만을 임의로 추출하여 각 상자에 들어 있는 제품들을 모두 조사하면 100개의 제품을 조사하는 것이 된다. 이 경우에 각 상자는 집락에 해당되고 선택된 집락 속에 있는 모든 제품이 표본에 포함된다.

집락추출법에 대한 또 다른 예를 들어보자. 만일 특정지역에서 재배한 과일의 당도를 조사고자 한다면 각 과수원을 집락으로 할 수 있다. 집락 간에는 과일이라는 동질성을 갖게 되며 집락내부는 사과, 배… 등으로 이질적 성격을 갖는다. 이와 같이 각 집락 간에는 가능한 한 동질적이고 집락 내부는 이질적일 때 정확도는 높아질 수 있다.

여기서 설명한 방법이 1단계 집락추출법이다. 집락추출법에서 2단계 또는 그 이상의 다단계 추출에 의해 표본을 추출하는 방법을 다단계 집락추출법이라 한다.

(예) 어느 도시의 20개의 고등학교 중에서 5개의 고등학교를 뽑아 표본을 구성하는 것 – 1단계 집락추출

(예) 어느 도시의 20개의 고등학교 중에서 5개의 고등학교를 뽑고, 그 다음 뽑힌 고등학교 1학년 중에서 3개반을 뽑아 학생을 구성하는 것 – 2단계 집락추출

집락이 도, 군, 면(시, 구, 동)등의 지역단위인 경우의 집락추출법은 지역추출법이라고도 부른다.

집락추출법

집락추출법은 모집단을 집락이라 부르는 몇 개의 부분 집단으로 분류하고 그 집락들 가운데서 몇 개의 집락을 임의 추출하여 추출된 집락을 전수조사하거나 그 집락에서만 표본을 추출하는 방법이다.

(2) 비확률표본추출법

확률표본추출로 수행하기가 적합하지 않거나 비경제적이고 시간이 많이 소요되는 경우, 전문가의 판단에 따라 모집단을 대표할 만하다고 판단되는 표본을 추출하는 방식이 비확률표본추출법이다.

① 보행자 조사법

길가는 보행자를 대상으로 조사하는 표본추출법이다. 조사자가 가장 쉽게 얻을 수 있는 대상을 선택하여 표본으로 이용하는 방식이므로 시간이나 비용 면에서 가장 경제적이기는 하지만 연구자들이 얻고자 하는 결과를 일반화시킬 수 없다는 사실을 유념해야 한다.

예를 들어 복잡한 거리를 걸어가는 보행자 중에서 임의로 표본을 선정하여 인터뷰를 한다 할 경우 그렇게 간단한 일이 아님은 쉽게 이해가 될 것이다. 아주 급하게 걷고 있는 사람은 보행을 방해할 엄두가 나지 않아 아무래도 한가하고 편안해 보이는 사람에게만 접근하게 되기 마련이다. 그러나 급하게 걷는 사람들과 한가한 사람들의 의견이나 생각은 얼마든

지 다를 수 있다. 이런 경우 다소나마 기계적으로 표본을 추출하기 위한 방법을 궁리해 볼 수 있다. 예를 들면 길모퉁이에 서서 다섯 번째 오는 사람, 또는 조사 3분 지난 후 모퉁이를 도는 사람 등으로 정하여 접근해 보는 방법이다. 이러한 방법은 비과학적인 방법이고 이렇게 해서 얻어진 결과들은 표본오차가 매우 크지만 확률추출법에 기초한 조사연구를 하기 위한 비공식 수준의 사전지식으로는 사용할 수 있다.

② 판단추출법

모집단의 특성에 대하여 전문지식이 풍부한 사람의 판단에 의해 표본을 추출하는 방식이다. 이 방법도 오차가 발생할 가능성은 있지만 모집단에 대한 전문지식이 받쳐주므로 어느 정도 오차를 줄일 수 있다. 예를 들면 연구자가 청소년 관련 문제에 관한 정보에 관심을 갖고 있다고 하자. 연구자는 이 문제에 관한 특별한 지식을 갖고 있다고 생각되는 사람들을 주요 응답자로 선정하여 면접조사를 할 것이다. 이들 응답자 중에는 사회봉사 기관의 책임자, 변호사 그리고 교육자와 같은 사람들이 다수 포함될 수 있다. 이렇게 얻어진 응답결과는 청소년문제와 관련된 대규모 연구의 참고자료로 사용될 수 있을 것이다.

③ 눈덩이 추출법

눈덩이 추출법은 응답자들의 신원을 확인하여 접촉하는 것이 곤란한 경우에 특히 유용한 방법이다. 일단 소수의 적절한 응답자들의 신원이 확인되고 면접조사가 실시되면 그들에게 응답자로서의 자격이 있을 것으로 생각되는 또 다른 사람들의 신원확인을 요청하는 것이다. 예를 들어 연구자가 약물사용자들을 면접조사 할 필요가 있는 연구를 한다고 해보자. 일반적으로 그런 부류의 응답자들을 찾거나 신원을 쉽게 확인하기란 매우 어렵다. 이때 연구자는 개인적인 조사방법을 통해 우선 소수의 약물 사용자들의 신원을 확인하고 면접을 한 다음 이들 최초의 응답자에 의지하여 다른 약물 사용자에 접근함으로서 새로운 응답자를 구할 수 있는데 이런 방식이 눈덩이 추출법이다.

④ 할당추출법

조사목적과 관련된 특정한 변수들에 관해 전체 모집단의 구성 비율이 표본에 반영되도록 할당한 다음, 동일한 속성 내에서의 표본추출은 전적으로 조사원의 판단에 맡기는 방법이다. 예를 들어 연구자가 대규모 모집단으로부터 특별히 연령의 관점에서 표본을 추출하는데 관심을 갖고 있다고 가정해 보자. 그런데 전체 인구 중 80%가 성인이고 20%가 미성년자라고 하면 연구자는 표본이 모집단과 같은 연령별 비율이 반영되도록 만들 것이다. 이 방법은 겉보기에 층화임의추출법과 유사한 것으로 보일 수 있다. 그러나 각 부분집단에서 할당된 표본을 선정할 때 임의로 추출하지 않고 조사원의 판단으로 추출하는 것이며 조사원의 책무는 성인 80%, 미성년자 20%의 비율에 의해 배분된 표본을 구하는 것이다. 할당추출법은 조사원의 주관이 개입될 여지가 많으므로 과학적인 조사방법으로서는 한계가 있다.

확률표본추출방법	비확률표본추출방법
무작위적 표본추출	인위적 표본추출
모수추정에 편의 없음	모수추정에 편의 존재 가능
표본분석결과의 일반화 가능	표본분석결과의 일반화 제약
표본오차의 추정 가능	표본오차 추정 불가능
시간과 비용 많이 소요	시간과 비용 절약

연습문제

1. 자신이 일상생활에서 사용하는 통계의 예를 세 가지 들어 보시오. 또한 그 통계자료는 어떻게 수집 된 것인지 조사해보시오.

2. 많은 나라에서 약 10년 마다 한번 씩 인구에 대한 전수조사를 시행한다. 왜 이때는 전수조사를 시행하는가? 전수 조사가 표본 조사보다 유리한 점은 무엇인가?

3. 비표본 오차란 무엇인가? 비표본 오차를 없애는 방법이 있는지 말해 보시오.

4. 실험, 조사, 관측연구 중에서 다음 질문에 가장 좋은 방법은 무엇인가? 그리고 선택한 이유를 설명하시오.

(1) 국민들은 일반적으로 지금 국가에서 진행되는 여러 일들에 대해 만족하는가?

(2) 대학생들은 토익공부를 강의실에서 보다 온라인 강의에서 더 잘 배우는가?

(3) 여러분의 선생님은 강의실에서 학생들에게 질문을 한 후 얼마나 오래 기다리는가?

5. 집락추출법으로 표본을 추출하여

(1) 모수를 추정할 수 있는 예를 주위에서 찾아보시오.

(2) 이 경우 왜 집락추출을 사용해야 하는지를 설명해 보시오.

6. 사회현상을 연구할 때 왜 조사연구를 과신해서도 안 되고 경시해서도 안 되는 지를 적어 보시오.

04

국가통계 바로알기

1. 국가통계란 무엇인가?
2. 국가통계제도
3. 국가통계의 종류

4 국가통계 바로알기

1 국가통계란 무엇인가?

정부가 조사하여 정부와 일반 이용자에게 제공하는 통계를 **국가통계**(national statistics) 또는 정부통계라고 한다. 정부는 국가의 운영을 합리적이고 체계적으로 수행하기위하여 국가통계를 이용하여 복잡하고 방대한 실태를 파악하고 이를 기초로 정책을 수립하고 시행한다. 따라서 통계는 중앙정부나 지방자치단체의 각종 정책입안의 바로미터가 된다. 물론 기업도 마찬가지이다. 이처럼 국가통계는 국민들의 생활에 직접적인 영향을 미치므로 그 중요성은 실로 막대하다. 어떤 문제는 실상을 제대로 파악한 통계자료만으로도 해결책이 나올 수 있으므로 국가적 의사결정을 둘러싼 갈등을 줄이기 위해서 객관적이고 과학적인 통계는 필수적이다. 국가통계의 중요성은 흔히 나침반에 비유되기도 한다. 사막이나 바다에서 길을 잃고 방황할 때 나침반이 있으면 방향을 잡을 수 있는 것처럼 국가통계는 올바른 정책방향 수립에 중요한 기준이 되고 있다. 이렇듯 정확한 국가통계의 작성은 올바른 정책을 수립하는 데 있어서 없어서는 안 될 핵심사항이며 동시에 국가가 해야 할 기본적 기능의 하나이기도 하다. 국가통계의 이용자는 정부기관이외에도 기업, 연구소, 개인 등 매우 다양하다. 더구나 최근 경제, 사회적 상황의 급격한 변화와 함께 사회 각 부문에서 차지하는 통계의 역할이 한층 중요해지면서 국가통계의 이용자는 더욱 증가하고 있는 추세이다. 오늘날은 좋은 정보가 곧 국가자원이 되는 시대로서 양질의 통계를 갖는 나라가 통계 선진국이라 할 수 있는데 우리나라는 아직 통계 선진국이라고는 할 수 없다.

국가통계는 여러 국제기구들, 예를 들면 국제연합(UN), 국제노동기구(ILO), 경제협력개발기구(OECD), 국제통화기금(IMF), 세계보건기구(WHO) 등에도 제공되고 있다. 이들 국제기구에 제공된 각 나라 별 통계자료는 국가 간의 비교에 이용되는데 각 나라마다 기준이 다르면 비교에 혼란을 일으키게 된다. 통계자료에서 기준이라는 것이 얼마나 중요한지 과거 논란이 되었던 예를 하나 들어 보자.

2005년 10월 주요 일간지에 우리나라 전체 세수에서 재산관련세가 차지하는 비중이 OECD 30개 회원국 중 두 번째로 높고 OECD 평균 5.6%의 두 배가 넘는다는 기사가 실렸다. 신문에서는 이 보도와 함께 'OECD 재산세 2위로도 모자란다는 정부'라는 제목의 사설에서 우리나라는 재산세는 2위이고 경제성장률에선 아시아 꼴찌라고 꼬집으면서 정부의 지나친 세금 짜내기는 결국 투자와 소비를 위축시켜 불황이 오래가게 하는 요인이 되므로 돈 쓸 곳부터 찾지 말고 투자와 소비를 활성화하는 성장정책으로 국민의 납세 기반을 확충하는 것이 옳다는 내용을 실었다. 이에 대해 국정홍보처에서는 'OECD 2위 재산세보도, 단순비교 독자 현혹'이라는 제목으로 위 보도는 명백한 오보이며 통계자료를 자기주장의 합리화 근거로 삼았다고 반박을 하였다. 반박의 근거로 나라마다 재산관련 세금과 연계된 사회적 특성이 다르고 재산관련 세금에 포함시키는 조세항목이 다른데 OECD보고서는 이러한 점들이 전혀 고려되지 않은 통계라는 것이다.

OECD국가별 전체 세수 중 재산관련세 비중

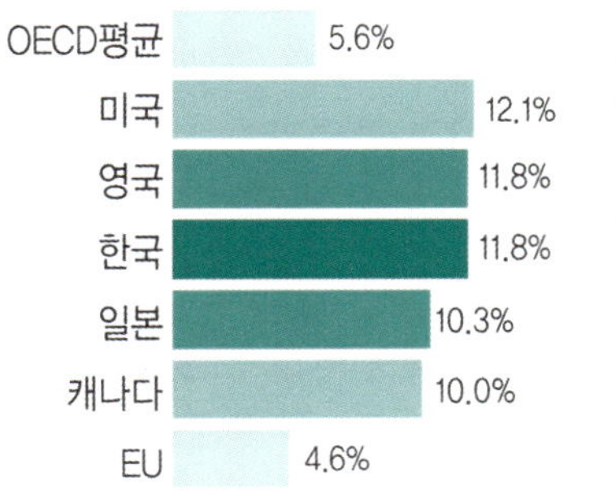

• 2003년 기준 자료=OECD

국정홍보처의 설명처럼 각 나라마다 통계작성기준이 달라 통계자료를 서로 단순 비교하는 것이 부적절하다고 한다면 일반인들로서는 OECD에서 제공하는 통계자료를 어떻게 보아야 하는지, 또한 인용되고 있는 여러 통계자료들에 현혹당하고 있는 것은 아닌지 하는 어려움을 느끼게 된다.

사회가 복잡해짐에 따라 통계의 대상은 급속히 확대되는 반면 새로운 이론개발이나 작성방법, 활용 방안 등에 대한 개발은 미처 이를 따라가지 못하고 있다. 앞에서 언급한 것과 같은 국가 간의 통계작성기준의 차이에서 오는 문제를 국제적 공조를 통하여 해결하고자 설립된 것이 국제통계기구(ISI)다. 국제통계기구에서는 시간, 장소 또는 국가 간의 비교가 가능하도록 통계를 작성하고 이용 할 때에도 시간적 또는 공간적 일관성을 위해 표준화된 통계기준을 마련하고 있다. 각 국가에서는 해당 통계에 대한 국제기준을 충실하게 지켜 통계이용자들이 별 어려움 없이 이용하고 활용 할 수 있도록 해 줄 필요가 있다. 국제통계기구는 1887년부터 2년마다 세계를 돌며 국제대회를 개최하는데 이 자리에는 통계학자를 비롯한 정부 및 국제기구 통계업무 종사자들이 모여 통계기준의 통일성을 높이고 조사기법을 향상시키는 일을 해오고 있다. 2001년에는 서울에서 제53회 세계통계대회가 개최된 바 있다.

2 국가통계제도

국가가 통계작성을 위해 설정하는 제도를 통계제도라 한다. 통계제도에는 집중형 통계제도와 분산형 통계제도가 있다. **집중형 통계제도**는 하나의 통계작성 기관에서 그 국가가 필요로 하는 모든 통계를 작성하는 제도로 캐나다, 스웨덴, 네델란드, 인도네시아 등이 이 제도를 채택하고 있다. **분산형 통계제도**는 통계활동을 여러 기관에 분산시켜 각 기관에서 그 기관 업무와 관련된 통계를 작성하는 제도로 미국, 영국, 프랑스, 일본, 대만 등에서 채택하고 있다. 어느 쪽의 통계제도를 채택할 것인지는 해당국의 정치적 상황이나 경제발전과정 및 통계인력 등에 의하여 결정되며 이들 두 제도 간에는 서로 장단점이 있는데 집중형 통계제도의 장점과 단점은 분산형 통계제도의 단점과 장점으로 보면 되겠다.

▪ 집중형 통계제도의 장점

① 통계작성 기관에서 작성하므로 정치적으로 중립이 가능하여 통계의 객관성을 확보할 수 있다.
② 통계기술의 축적이 용이하여 체계적인 통계발전이 가능하다.
③ 통계가 중복으로 작성되는 것을 방지할 수 있다.
④ 통계 상호간의 연계가 용이하여 통계업무의 효율적 활용이 가능하다.
⑤ 이용자가 여러 기관의 통계자료를 한 기관에서 볼 수 있다.
⑥ 짧은 기간에 저렴한 비용으로 통계를 생산할 수 있다.
⑦ 숙련된 인력과 자원이 부족한 국가에서 자원의 집중적 이용이 가능하다.

▪ 집중형 통계제도의 단점

① 해당부서에서 통계작성을 직접 하지 않으므로 각 분야의 전문지식의 활용이 어렵다.
② 행정정책과 긴밀하게 연계된 통계를 만드는 것이 곤란하다.

위의 같은 두 통계제도가 갖는 각각의 장·단점을 고려하여 특정의 통계제도를 고집하지 않고 유연한 입장을 취하는 국가들도 있다. 즉 기본적으로는 어느 한쪽 유형의 통계제도를 취하되 다른 쪽 통계제도의 장점도 일부 채택하는 방식이다. 예를 들면 분산형 통계제도의 단점을 보완하기 위해 특정기관으로 하여금 각 통계작성 기관의 통계업무를 종합적으로 조정하는 기능을 수행하도록 하는 것이다.

우리나라는 미국과 일본의 영향을 받아 분산형 통계제도로 출발했으나 미국이나 일본보다 집중형 성격이 다소 강하다고 할 수 있다. 현재 우리나라의 정부통계기관으로는 국가통계행정을 종합 관장하는 통계청이 있으며, 이와는 별도로 농림부, 노동부, 보건복지부 및 환경부 등의 중앙행정 관서에서도 고유 업무와 관련된 통계를 작성하고 있다.

우리나라 통계법에 의해 공식적인 승인을 받고 있는 국가통계는 1975년에는 282종에 불과하였으나 그 후 급격히 증가하여 2014년 1월 현재 총 921종으로 3.3배 증가하였다. 부문별로 살펴보면 보건 · 사회 · 복지(192종)부문이 가장 높은 비중을 차지하고 있으며, 다음은 경기 · 기업경영(82종)부문이고 이어서 농림 · 수산(53종) 교육 · 문화 · 과학(48종) 교통 · 정보통신(48종) 고용 · 임금(37종)의 순이다. 작성기관 별로는 정부기관에 의한 통계가 759종(통계청은 58종)이고 지정기관에서 작성하는 통계가 162종이다.

3 국가통계의 종류

(1) 인구통계

인구통계란 일정 지역 안에 살고 있는 사람들에 대한 구조와 분포, 성장 등을 파악하여 작성하는 자료를 말한다. 인구조사는 국세(國勢)조사라고 할 정도로 인구통계는 한 나라의 국력을 상징하며 또한 정부정책을 올바르게 세우고 추진해 나가는데 없어서는 안 될 국가의 가장 기본적인 통계라 할 수 있다.

우리나라에서는 호구조사 등의 명칭으로 고대 삼국시대 이전부터 인구조사가 실시되어 온 사실이 기록으로 전해지고 있다. 「한서(漢書)」에는 한사군시대(BC.108~82)의 호구 수에 대한 기록이 실려 있고 통일신라시대에는 3년마다 촌락단위로 인구와 경작지 뿐만아니라 가축 등을 조사한 기록이 있으며, 고려시대와 조선시대에도 매 3년마다 호구조사를 실시한 기록물이 남아 있다. 근대적 의미의 인구조사는 일본 통치시대인 1925년에 최초로 실시되었는데 이 조사의 주된 목적은 일제가 식민지통치를 위한 자료를 구하기 위해서였다. 1925년 제1회 조사 이래 인구조사는 거의 매 5년마다 시행되어 왔으며 1960년부터는 주택 총 조사와 병행하여 인구조사가 실시되었으며 마침내 조사명칭도 1990년부터는 **인구주택 총 조사**로 일원화되었다. 인구주택 총 조사는 전국의 모든 인구와 가구, 주택을 대상으로 하기 때문에 조사 결과를 집계하는데 상당한 시간이 소요되는 대규모 정부사업이다.

인구조사의 실시기법과 결과의 정확성 등은 한 나라의 통계수준을 가늠해볼 수 있는 주요 척도가 되고 있다. UN에서는 국가 간 자료의 비교성을 높이기 위하여 조사방법, 조사주기, 조사항목 등에 대한 기준을 마련하여 각 국가에서 이 기준을 적용하도록 권고하고 있다. 대부분의 선진국에서는 일정기간마다 인구조사가 행하여지고 있으나 후진국에서는 인구조사를 하지 않는 경우도 있다. 따라서 세계의 총인구는 추정에 의한 숫자인 셈이다.

인구는 출생·사망·이동의 세 요인에 따라 규모와 구조가 끊임없이 변동하는 특징을 갖는다. 이렇게 끊임없이 변동하는 인구를 어떤 정지된 시점에서 관찰하는 것을 **인구정태통계**라고 하며 이를 대표하는 것이 인구 총 조사(인구센서스)이다. 이 조사에서는 인구의 규모, 구조 및 분포와 이들 인구의 사회, 경제적 특성을 파악한다. 이에 반해 정지된 어느 시점이 아닌 일정한 기간 내에 발생하는 변동 요인을 파악하는 통계를 **인구동태통계**라고 한다. 인구동태통계에는 총인구 규모의 변동 요인인 출생·사망통계, 인구 이동통계, 혼인·이혼 통계 등이 있다. 현재 우리나라 총인구 규모를 나타내는 자료로는 인구 총 조사, 인구추계, 주민등록이 있다. 이들 3종의 통계자료는 작성내용이 각각 다르며 이용분야 역시 다르다.

인구 총 조사는 인구의 세부적인 특성을 실제 상주하는 곳에서 조사하기 때문에 인구의 규모뿐만 아니라 구조나 특성에 대해서도 많은 정보를 가지고 있다. 그러나 전국의 모든 조사대상에 대해 많은 항목을 일시에 조사해야 하기 때문에 조사에서 누락되는 인구가 생길 수 있다. 이 조사는 정보가 다양하다는 특성 때문에 국가와 지방자치단체에서 정책입안 및 평가의 기초자료로 활용하고 있다.

추계인구는 인구 총 조사 자료를 토대로 누락된 인구를 보완한 후 인구를 변동시키는 요인(출생·사망·인구이동)이 어떻게 변할 것이라는 가정 하에 매년 7월 1일을 기준으로 성 및 연령별로 추정한 인구이다. 혼인상태, 교육정도, 직업 등과 같은 인구특성은 알 수 없지만, 인구센서스의 누락인구를 보정한 자료이기 때문에 우리나라의 공식적인 인구 규모를 나타내는 자료로 사용된다.

주민등록 인구는 성별, 연령별 인구규모만 집계가 가능하다. 이 인구는 해외 취업자 및 유학생 등이 포함되어 있어 실제 우리나라에 거주하는 인구보다 더 많다. 학군이나 주택청약 등을 위한 주민등록 위장 전출입 등으로 실제 거주인구와 다르게 나타나기도 한다. 주민등록 자료는 주로 행정수요 파악, 선거인명부 작성 등 각종 행정적 목적으로 사용되고 있다.

(2) 고용통계

고용통계는 노동통계의 한 분야로서 '일자리'에 대한 통계이다. 고용통계 중에서도 우리가 가장 관심을 갖게 되는 항목은 취업자 수와 실업자 수에 관한 통계이다. 구조조정에 따른 조기퇴직과 청년실업은 우리의 현실적인 문제로서 다음과 같은 보도들을 대하며 사태의 심각성을 실감하게 된다. "연 평균 실업자 수는 4년 만에 최대를, 실업률은 3.7%를 기록했고 특히 15~29세의 청년층 실업률은 8%대에 달했다."

실업률은 경제활동인구 중에서 실업자가 차지하는 비율이다. 고용통계 중에서도 실업률 통계는 국민들의 가장 큰 관심사이지만 국민이 실제 피부로 느끼는 실업률과는 달리 현실을 정확히 반영하고 있지 못하다는 지적이 꾸준히 제기되고 있다. 따라서 실업률 통계를 정확히 알기 위하여서는 경제활동인구는 무엇이며 실업자에 대한 기준은 어떠한 것인지, 또 고용조사는 어떻게 이루어지는지 등에 대한 정확한 이해가 필요하다.

실업률

$$\text{실업률} = \frac{\text{실업자수}}{\text{경제활동 인구 수}} \times 100$$

- **노동가능인구** : 노동가능인구란 실질적으로 경제적 생산 활동에 참여할 수 있는 일정 연령 이상의 인구를 말한다. 나라마다 노동법, 의무교육 등 노동환경의 차이에 의해 달리 설정되고 있는데 우리나라는 15세 이상의 인구를 노동가능인구로 규정하고 있다. 노동 가능한 인구를 구체적인 활동 상태에 따라 취업자, 실업자, 비경제활동인구로 분류한다.
- **경제활동인구** : 노동가능인구 중에서 취업자와 실업자를 합하여 경제활동인구라 한다.
- **비경제활동인구** : 15세 이상 인구 중 취업자와 실업자를 제외한 나머지 인구로 조사대상주간 중 집안에서 가사나 육아를 도맡아 한 자, 학교에 다닌 학생, 일을 할 수 없는 연로자와 심신장애자, 자발적으로 자선사업 및 종교단체에 관여한 자, 구직단념자 등을 말한다.

■ **취업자**

- 조사 대상주간 중에 수입을 목적으로 1시간 이상 일한 사람
- 자기에게 직접 수입이 들어오지 않더라도 가구단위로 운영되는 사업체의 수입을 올리는데 기여한 가족 종사자로서 주당 18시간이상 일을 한사람 (무급 가족 종사자)
- 직업 또는 사업체를 가지고 있으나 조사 대상기간 중 일시적인 병, 일기불순, 휴

가나 연가, 노동쟁의 등의 이유로 일시 휴직한 사람.

■ **실업자**

- 조사 대상주간 중에 수입을 목적으로 하는 일에 전혀 종사하지 못한 사람.
- 구직활동 대상기간(1주간 또는 4주간)동안 적극적으로 구직활동을 한 사람.
- 즉시 취업이 가능한 사람.

위의 실업자 정의에서 세 가지 조건은 국제노동기구(ILO)에 따른 핵심적인 요소이다. 여기서 '적극적인 구직활동'이란 요건은 조사의 객관성을 확보하기 위한 것으로 외형적으로 드러나는 모든 종류의 구직활동 즉, 면접, 시험응시, 구직 사이트 등록, 친지나 친구에게 일자리 부탁 등의 형태를 말한다.

경제활동인구조사는 표본조사로 행해지며 전국의 약 33,000가구의 만 15세 이상 가구원을 대상으로 조사한다. 단, 현역군인 및 공익근무요원, 전투경찰, 교도소 수감자, 외국인 등은 조사에서 제외된다. 조사대상기간은 매월 15일이 포함된 한 주간(일요일~토요일)이며, 조사대상기간 동안의 활동 상태에 대해 그 다음 주에 조사하는 것으로 되어있다. 조사방법은 지방사무소의 조사담당직원이 소형컴퓨터인 PDA를 휴대하고 조사대상 가구를 방문하여 면접을 통해 직접 입력한다. 조사항목은 성별, 생년월일, 교육정도 등 기본적인 인적사항을 비롯하여 취업여부, 구직여부, 취업시간, 구직방법, 구직기간 등 35개이다. 일주일에 한 시간 이상 일한 사람을 취업자로 분류하는 것이 과연 현실적이냐 라는 비판이 있지만 고용통계 작성의 목적이 취업 시간의 많고 적음이 아니라 취업여부에 있으므로 한 시간 고용도 취업자로 분류되고 있다. ILO에서도 일자리 보유여부의 기준을 1시간 이상을 제시하고 있다.

■ 공식실업률과 체감실업률

현재 통계청이 매달 발표하고 있는 공식실업률은 국제노동기구(ILO)의 권고에 따른 것으로, '구직활동을 하였으나 지난 일주일 이내에 수입을 목적으로 한 시간이상 일을 하지 않은 자(실업자)'를 경제활동인구로 나눈 값이다. 따라서 통계상으로는 실업자로 잡히지 않지만 일반인은 대부분 실업자로 느끼는 사람들이 있을 수 있다. 이에 따라 공식실업률은 일반인들이 실생활에서 느끼는 체감실업률에 비하여 턱없이 낮을 수밖에 없다. 즉, 정부 공식통계는 일주일에 한 시간 이상만 일하면 무조건 취업자로 인정하고 있어 실은 실업상태지만 단 한 시간이라도 지방자치단체의 공공근로에 참여한 적이 있거나, 최저생활비에도 못 미치는 시간제 근로(아르바이트)를 하고 있는 사람, 급료 없이 일하는 무급 가족종사자 등 사실상 실업자나 다름없는 사람 모두가 취업자로 분류된다. 이와 같이 국제노동기구의 취업자 분류 기준이 느슨하기 때문에 실업률 통계가 현실을 반영하지 못하는 경우가 많다.

[표 4-1] 주요 국가의 노동력 정의 비교

	ILO	OECD	한국	미국	일본
대상연령	일정연령 이상인구	일정연령 이상인구	15세 이상	16세 이상	15세 이상
대상기간	1일 또는 1주간	1일 또는 1주간	1주간	1주간	1주간
취업자 기준	1시간이상	1시간이상	1시간이상	1시간이상	1시간이상
무급가족 종사자	1시간이상	1시간이상	18시간 이상	15시간 이상	1시간이상
구직활동 대상기간	1주간	4주간	1주간 및 4주간	4주간	1주간
표본규모	–	–	3,3000가구	60,000가구	40,000가구

반대로 최근 일주일 동안 구직활동을 한 경험이 없다면 비경제활동 인구로 분류된다. 그 동안 열심히 직장을 찾아 다녔더라도 일주일 전에 구직활동을 포기한 사람이나, 적극적으로 취업할 의사가 있는 유휴여성인력은 비경제활동인구로 분류되어 실업률 통계대상에서 원천적으로 제외되기 때문에 실업률이 실제보다 낮게 잡히는 것으로 지적되고 있다. 현재, 통계작성에서 실업자로 분류되지 않지만 일반인들에게는 실업자로 인식될 수 있는 유형으로는 구직 단념자, 불완전 취업자, 취업준비자 등이 있다. 구직단념자란 일하고 싶어 하는 가정주부나 학생 또는 구직 노력은 했지만 일자리를 찾을 수 없어 조사 기간 중 아예 구직활동을 포기해 비경제활동 인구로 포함된 사람들을 말한다. 이들은 취업가능성이 적어 적극적으로 구직활동을 하고 있지는 않지만 일자리가 생기면 언제라도 취업할 의사가 있는 사람들이다.

실업률 통계자료와 관련해서는 공식실업률과 체감실업률 간의 괴리로 인한 정부통계에 대한 불신 때문에 구직단념자와 임시·일용직 비율 등까지 감안한 체감실업률을 고용관련 보조지표와 함께 발표해야 한다는 목소리가 커지고 있다. 미국에서는 90년대 초반부터

15주 이상 장기실업자 비율을 보여주는 지표에서부터 시간제 근로자 등을 실업자 그룹에 포함시키는 지표까지 모두 여섯 단계의 실업률 보조지표를 발표하고 있다. 이러한 통계수치는 전체 실업자 가운데 장기실업자의 비율이 얼마인지, 국제노동기구(ILO)나 경제협력개발기구(OECD)의 정의에 의한 공식실업자는 아니더라도 사실상 실업상태에 있는 사람들이 얼마나 되는지 등을 구체적으로 알게 해 준다. 다양한 실업률 통계를 발표하는 나라에서는 이를 바탕으로 중장기적인 실업대책을 마련하고 있다. 우리나라도 체감실업률을 파악할 수 있는 다양한 보조지표를 개발하여 고용시장에 대한 각종 정보의 홍보에 활용할 필요가 있다.

(3) 물가통계

상품을 구입하거나 서비스를 제공 받는 대가로 지불하는 금액을 그 상품에 대한 가격 또는 요금이라고 한다. 우리는 생활 중에서 다양한 형태의 상품들과 서비스들을 이용하게 되는데 복수의 상품이나 서비스에 대해 일정한 기준으로 종합한 평균적인 가격수준을 **물가** 또는 **물가수준**이라 한다. 물가는 상품과 서비스에 대한 총체적인 가치를 측정한 것으로 화폐가치의 척도라는 또 다른 측면이 있다. 화폐의 가치란 상품을 살 수 있는 힘, 즉 구매력을 의미하는 것이므로 물가를 측정하는 것은 경제현상을 파악하는데 대단히 중요한 과제가 된다.

상품과 서비스는 지역, 품질, 생산자 등에 따라 매우 다양한 가격을 형성하며 시간의 흐름에 따라 가격변화의 차이도 다양하다. 따라서 전반적인 물가의 동향을 알기위해서는 개별상품의 가격변화를 종합하는 체계적인 방법이 필요하다. 물가가 올랐다고 할 때는 작년에 비해 몇 % 또는 지난달에 비해 몇 % 와 같이 어느 특정시점과 비교하게 된다. 이처럼 물가의 움직임을 보고자 할 때 비교의 기준이 되는 시점을 정하고, 그 때의 물가수준에 대한 상대적인 비례숫자로 나타내게 되는데 이를 **물가지수**라 한다. 그러므로 물가지수는 물가의 움직임을 개개인의 주관적 감각이 아닌 보다 객관적이고 과학적인 방법으로 종합한 숫자이기 때문에 물가의 종합적인 움직임을 재기 위한 체온계와 같은 역할을 하고 있다.

지수란 기준시점의 값을 100으로 하였을 때 비교시점의 값의 상대적인 크기를 말하므로 지수를 관측하는 경우에는 항상 기준시점이 언제인가를 확인해야 한다. 따라서 물가지수는 기준이 되는 해의 물가수준을 100으로 하고, 그 후의 물가를 종합지수의 형태로 나타낸 것이므로 물가의 변동 상황을 알려주는 척도가 될 뿐만 아니라 각종 정책의 지표로도 이용되고 있다. 현재 우리나라의 물가지수 작성 기준시점은 연도의 끝자리수가 0과 5인 해로서

5년마다 기준시점이 변하게 된다. 물가지수는 사용목적에 따라 여러 가지가 제안되는데, 우리 생활에 자주 이용되는 것으로는 생산자 물가지수와 소비자 물가지수가 있다. 이 두 가지 물가지수는 때로 서로 큰 차이를 보일 때가 있는데 이는 두 지수의 산출과정 및 목적이 다르기 때문이다.

생산자 물가지수는 전반적인 상품의 수급동향분석과 일반적인 물가수준을 측정하는 것으로 생산자가 판매하는 상품 중에서 규모가 큰 상품을 주 대상으로 하므로 기계류를 비롯하여 중화학 제품과 원자재, 자본재 등이 포함되고 각종 서비스 요금은 포함되지 않는다.

소비자 물가지수는 가계가 일반적으로 지출하는 상품의 가격변동을 측정하는 것으로 자본재 등은 포함되지 않는 대신 이발료, 교통요금, 학교납입금 등이 포함된다. 소비자물가지수는 일반국민들의 일상생활에 직접 영향을 주는 물가의 변동의 중요한 경제지표이므로 좀 더 자세한 설명이 필요할 것 같다.

■ **소비자물가지수**

소비자물가지수는 가계소비지출품목에 대한 가격변동률을 측정하는 것으로 임금인상률이라든가 학교 등록금인상률 등을 결정하는 기준이 된다. 정부에서는 경제기획원과 통계청에서 매월 서울 및 주요 도시의 소비자물가지수를 파악하여 발표하고 있다.

조사품목은 기준 년 월평균 소비 지출액에서 1/10,000 이상 지출하는 품목을 조사 대표품목으로 한다. 따라서 기준 년인 2010년도의 월 평균소비지출액 212만원의 1/10,000인 212원 이상이 매월 지출된 품목으로 선정되었는데 최종적으로 481개의 상품과 서비스품목이 그 조사대상이다. 소비지출이 아닌 토지, 주택 등의 부동산구입이나 주식매입 등의 투자지출은 대상품목에서 제외된다.

가격조사는 선정된 481개 품목에 대하여 매월 같은 조건으로 동일하게 조사한다. 대표조사품목(예: 라면)에서 실제 조사하는 제품(예: 컵라면, 봉지라면)은 시장 점유율이 높고 지속적으로 가격을 조사할 수 있는 것으로 선정한다. 농축산물의 경우는 상대적으로 변동이 많아 월 3회조사하고, 공업제품과 서비스는 월 1회 조사한다. 소비자 물가의 조사지역은 전국의 38개 도시이며, 조사대상처는 38개 도시별로 소비자 출입이 가장 많은 백화점, 할인점, 일반시장 등의 소매점포 및 서비스 업체를 대상으로 약 15,000개 점포를 표본으로 선정하여 조사하며 집세(전·월세)조사는 별도의 약 1만개 임대가구를 조사대상으로 하고 있다.

■ 물가지수 계산식

전체적인 물가변동을 측정하기 위하여 측정단위가 다른 품목들의 가격을 합계해야 하는데 가격을 단순히 합계하여 평균을 내는 것은 의미가 없고 수량을 감안해야한다. 거래량이 얼마 되지 않는 상품은 가격이 상승하였다 해도 거래량이 많은 상품의 가격에 변동이 없다면 전체 물가는 상승을 나타내지 않기 때문이다. 우리나라는 대부분의 국가들과 마찬가지로 기준 시 수량으로 물가지수를 산출하는 **라스파이레스 방법**(Laspeyres' Formula)을 이용한다. 2010년을 기준으로 한 2014년의 물가지수는 다음과 같다.

$$\text{2014년 물가지수} = \frac{(\text{2014년 가격} \times \text{2010년 수량})\text{합계}}{(\text{2010년 가격} \times \text{2010년 수량})\text{합계}} \times 100$$

그러나 이 방법은 수량을 기준시점에 고정하고 가격의 변화만을 고려하므로 가격과 수량의 관계를 무시하는 단점이 있다.

예제 4.1

다음의 두 개의 표를 보고 2010년도를 기준으로 라스파이레스 방법으로 물가지수를 구하여 비교해 보라.

풀이 ① 돼지고기 값은 일정한데 쇠고기 값이 2배로 오른 경우의 육류 물가지수

품목 / 연도	쇠고기		돼지고기	
	가격(원/kg)	소비량(kg)	가격(원/kg)	소비량(kg)
2010	20,000	1	10,000	8
2014	40,000	?	10,000	?

$$\frac{(40,000 \times 1) + (10,000 \times 8)}{(20,000 \times 1) + (10,000 \times 8)} \times 100 = 120(\%)$$

② 쇠고기 값은 일정한데 돼지고기값이 2배로 오른 경우의 육류 물가지수

품목 / 연도	쇠고기		돼지고기	
	가격(원/kg)	소비량(kg)	가격(원/kg)	소비량(kg)
2010	20,000	1	10,000	8
2014	20,000	?	20,000	?

$$\frac{(20,000 \times 1) + (20,000 \times 8)}{(20,000 \times 1) + (10,000 \times 8)} \times 100 = 180\ (\%)$$

위의 두 경우를 비교해 보자. 일반 소비자의 거래량을 보면 쇠고기보다 돼지고기가 훨씬 더 많다. 이 경우에 물가지수를 계산해보면 거래량이 많은 상품의 가격이 상승하면 거래량이 적은 상품의 가격에 변동이 없더라도 전체로서의 물가는 큰 상승을 나타내는 것을 알 수 있다.

■ **소비자 물가와 피부물가**

일반 국민들은 자신의 가계소비지출을 통하여 물가의 변동을 피부로 느끼게 된다. 이와 같이 국민들이 느끼는 물가를 **피부물가** 또는 **장바구니 물가**라고 한다. 소비자 물가지수는 소비지출 비중이 큰 481개 품목의 가격변동을 전국적으로 평균하여 작성하므로 대표성과 객관성을 지니고 있다. 그러나 일반 소비자들이 체감하기에는 가격이 안정적이거나 내리는 품목보다는 오르는 품목의 가격변화에 더 민감한 반응을 보이는 경향이 있고 또한 구입하는 품목이나 빈도가 각각 다르므로 소비자 물가지수와 체감 물가지수와의 사이에 괴리가 발생할 수밖에 없다. 이러한 차이를 설명하기 위하여 일반소비자들이 자주 구입하여 가격변동을 민감하게 느끼는 품목과 기본 생필품을 중심으로 142개 품목을 선정하여 생활물가지수를 보조지표로 발표하고 있다.

연습문제

1. 통계청 홈페이지에 들어가 우리나라 2004년 1월부터 최근까지의 월간출생률 자료를 찾고, 홈페이지에서 그 변동을 그래프로 출력해보시오.

2. 쌀과 옷 두 재화만 생산하는 한 나라의 경제 데이터가 아래 표와 같다고 하자. 2014년의 라스파이레스 물가지수를 구하라.

구분	쌀		옷	
	가격 (원)	생산량(가마)	가격 (원)	생산량 (벌)
2010년 (기준 년도)	10	150	12	50
2014년	12	200	15	100

3. 다음은 2003년 경제활동인구조사 결과자료 중 10세 단위의 연령계층별 자료이다. 각 연령계층별 경제활동참가율과 실업률을 구하시오.

(단위 : 천명)

연령	15세 이상 인구	취업자	실업자	비경제활동인구
15~19	3,165	272	37	2,856
20~29	7,203	4,335	345	2,523
30~39	8,516	6,186	181	2,149
40~49	7,843	6,031	128	1,684
50~59	4,694	3,173	66	1,455
60세 이상	5,918	2,142	20	3,756

05

자료를 정리하는 방법-기술통계학

1. 자료의 분류
2. 시각적으로 정리하기
3. 대푯값으로 정리하기
4. 자료의 표준화

5 자료를 정리하는 방법-기술통계학

1 자료의 분류

(1) 값의 형태에 따른 분류

모든 수집된 자료는 값의 형태에 따라 질적자료와 양적자료로 구분될 수 있다. 자료의 형태에 따라 도표나 그래프의 표현이 달라지고 통계분석방법이 달라지므로 이 둘을 구분하여 알아둘 필요가 있다.

① **질적자료** : 관측값을 수치가 아닌 기호나 문자로 나타낼 수 있는 자료로서, 연구대상의 특성이 범주로 구분되므로 **범주형 자료**라고도 한다. 남성과 여성으로 나뉘는 성별, 현장직, 영업직, 관리직등의 직종분류가 여기에 속한다. 질적자료를 다룰 때 남성은 1, 여성은 2와 같이 수치화하지만 이것은 개체의 속성과는 전혀 관계없으며 단지 편의상 정한 약속일 뿐이다. 이렇게 숫자로 부여하는 것을 **코딩**(coding)한다고 말한다.

② **양적자료** : 관측값을 수치로 나타낼 수 있는 자료로서 키, 몸무게, 나이, 성적 등이 이에 속한다. 양적자료는 자료 자체가 숫자로 표현되어 있으며 개체의 속성을 그대로 반영한다.

양적자료는 연속성 여부에 따라 다시 **연속형 자료**와 **이산형 자료**로 나누어진다.

① **연속형 자료** : 주어진 구간 안에서 어떠한 값이라도 가질 수 있는 자료를 말한다.

(예) 키, 몸무게, 시간과 같은 자료이다. 30분에서 60분 사이의 어떤 값이라고 한다면 42.6분도 있을 수 있으며 또한 42.6755분도 있을 수 있다. 이처럼 연속형 자료는 소수점 이하로 얼마든지 측정 할 수 있는 값이다.

② **이산형 자료** : 하나, 둘… 하고 셀 수 있는 값을 가지는 자료를 말한다. 즉, 인접한 두 개의 이산형 값 사이에는 다른 값이 존재하지 않는다.

(예) 가구 당 자동차 대수나 중소기업의 종업원 수 등은 1, 2, 3 등의 정수 값만이 있을 뿐 1.5 혹은 3.2 등의 값은 있을 수 없다.

(2) 측정수준에 따른 분류

우리가 연구할 개체들은 다양한 속성을 갖는다. 예를 들어 사람이라는 개체는 성별, 나이, 직업, 소득…이라는 속성을 갖고 기업은 매출액, 투자액, 종업원 수… 라는 속성을 갖는다. 이렇듯 다른 속성을 측정하기 위한 단위가 척도인데 척도는 명목척도, 서열척도, 등간척도, 비율척도 라는 4가지의 형태가 있다. 어떤 척도를 이용하여 자료를 측정할 것인가 하는 것은 통계분석에서 매우 중요하다. 측정된 자료의 수준에 따라 분석하는 방법이 달라지기 때문이다. 사용한 척도에 따라 자료는 명목자료, 서열자료, 등간자료, 비율자료로 구분된다. 여기서 명목자료와 서열자료는 질적자료에, 그리고 등간자료와 비율자료는 양적자료에 해당한다.

① **명목자료** : 질적인 차이로 사물을 구분해서 각 범주에 대해 임의로 숫자를 부여함으로써 만들어 지는 자료이다. 예를 들어 찬성은 1, 반대는 2 처럼 어떤 속성을 분류하기 위해 수치를 부여한 자료이다. 명목자료는 단지 구별을 하려는 것이지 양적인 표현을 하는 것이 아니므로 사칙연산이 불가능하며 응답자가 그 구분된 범주에 답한 횟수가 몇 회인가 하는 빈도로써 분석을 한다. 측정의 가장 낮은 수준이다.

② **서열자료** : 명목자료 다음 수준으로 대상을 어떤 특성에 따라 순위를 매기는 경우이다. 예를 들어 인기가요순위, 출생순위, 달리기 등수 등과 같이 상대적인 서열이 있는 자료이다. 서열이 있으므로 상대적인 비교는 가능하지만 어느 정도 더 나은지 또는 못한지에 대한 정보를 주는 것은 아니다. 수치들 사이의 간격이 일정하지 않으므로 자료를 서로 더하거나 빼는 것은 의미가 없다.

③ **등간자료** : 성적, 시험점수, 온도 등과 같이 서열이 있으면서 각 수치들 간의 간격이 같은 자료이다. 그런데 등간자료의 특징은 절대영점이 없다는 것이다. 예를 들어 통계학 성적이 0점이라고 해서 통계학에 대하여 아는 것이 하나도 없는 것을 의미하지는 않는다. 또한 온도가 0도라는 것은 얼음이 어는 온도를 정해 놓은 것이지 온도자체가 없는 것은 아니라는 것이다. 등간자료끼리의 덧셈과 뺄셈은 가능하지만 곱셈과 나눗셈은 할 수 없다.

④ **비율자료** : 등간자료의 특성을 모두 가지면서 절대영점 까지도 갖는 자료이다. 나이, 소득, 무게 등은 비율자료이다. 소득이 0원이면 벌이가 전혀 없는 것이고, 중량이 0g

이면 무게가 없음을 의미하며 몸무게가 80kg인 사람은 40Kg인 사람의 2배가 된다. 이처럼 비율자료는 곱셈과 나눗셈 까지도 가능한 자료 중에서 가장 높은 차원의 자료이다.

[표 5-1] 각 자료에 있는 정보 특성

특성 / 자료	범주구분	순위구분	등간성	절대영점	사칙연산
명목자료	가능	불가능	없음	없음	불가능
서열자료	가능	가능	없음	없음	불가능
등간자료	가능	가능	있음	없음	+, −
비율자료	가능	가능	있음	있음	+, −, ×, ÷

연구자의 목적에 따라 경우에 따라서는 자료를 변형하여 사용할 수도 있다. 등간자료나 비율자료는 범주의 구분이나 순위의 구분이 가능하므로 명목자료나 서열자료로 전환시킬 수 있다. 예를 들어 월수입은 원래 비율자료이지만 500만원 이상, 200만원 이상~500만원 미만, 200만원 미만으로 묶어서 상, 중, 하로 전환하여 범주화하면 명목자료나 서열자료가 된다. 사회과학에서 사용하는 자료는 명목자료나 서열자료인 경우가 많다. 사람들의 행동이나 태도를 알기위하여 질문지를 작성할 때 5점 척도나 7점 척도를 많이 사용하는데 이때는 임의로 등간척도임을 가정하여 등간자료로써 다룬다. 시험성적도 절대영점이 없으므로 원칙적으로 등간자료이지만 사칙연산을 행한다. 이처럼 통계분석에서 큰 무리가 없었다는 경험적인 증거가 있을 때에는 척도에 구애받지 않고 통계분석을 행한다.

2 시각적으로 정리하기

자료를 수집한 후 본격적인 통계분석에 들어가기에 앞서 여러 가지 방법으로 자료를 정리하게 된다. 예를 들면 다른 관측값보다 지나치게 크거나 작은 값인 **이상값**(outlier)이 있는지를 탐색하여보고 이상값이 있다면 그 원인을 규명하여 처리하던가 편집상의 오류 여부를 점검한다. 자료가 정리되면 이를 도표나 그래프로 표현해봄으로써 보다 많은 정보를 시각적으로 빠르고 명확하게 전달할 수 있고, 이러한 시각적 효과를 통해 전해지는 자료에 대한 포괄적 감각을 바탕으로 집단의 특성이나 성격을 쉽게 파악할 수 있게 된다. 여기서는 자료를 도표나 그래프로 표현하는 기법을 살펴본다.

모아진 자료가 남·여, 찬·반 또는 출신지의 구분과 같은 질적자료인 경우에는 각 범주별로 빈도를 보여주는 막대그래프나 원그래프가 편리하다. 한편, 모아진 자료가 연간매출액, 생산량, 연령 등과 같이 양적자료인 경우에는 히스토그램이나 원그래프가 적당하고 이 외에 누적도수분포표도 생각할 수 있다. 자료의 개수와 형태에 따라 가장 효과적인 도표나 그래프가 결정될 것이다.

(1) 질적자료의 경우

질적자료를 정리하고 표현하기 위해서는 주로 도수분포표를 작성하고 이를 막대그래프나 원그래프로 나타내어 시각적인 효과를 더한다.

① 도수분포표

질적자료의 경우에 자료 값이 반복해서 나타나므로 반복된 횟수를 셀 수 있는데, 이때 반복된 횟수를 **도수**(frequency)라 하며 이 도수를 전체 자료의 개수로 나눈 값을 상대도수라 한다. 도수분포표는 각 자료 값에 대하여 도수나 상대도수를 나열한 표이다.

예제 5.1

서울 시내 15개 학교의 고교 2년생 1,915명을 대상으로 가정생활, 학교생활, 교우관계 등에 관한 조사를 하였다. 조사 대상자의 9.4%는 가출한 경험이 있다고 응답했으며 [표 5-2]는 가출이유의 도수분포표이다.

[표 5-2] 가출 청소년들의 가출이유

가출 이유	도수	상대도수
부모와의 갈등	86	0.48
친구따라	37	0.21
개인적 고민	33	0.18
돈벌기 위해	6	0.03
기타	18	0.10
합계	180	1.0

② **막대그래프**

주어진 질적자료를 그래프로 정리하는 방법의 하나가 **막대그래프**(bar graph)이다. 막대그래프를 그리기 위해서 우선 [그림 5-1]에서처럼 가로축에 주어진 각 범주를 표시한다. 모든 범주는 같은 간격의 구간으로 표시해야만 한다. 각 범주들 사이는 적당한 거리를 두도록 하고 세로축은 도수나 상대도수를 표시한다. 각 범주에 대해 한 개씩의 막대로 표시한다.

[그림 5-1]에서 (가) 그래프는 상대도수를 1.0까지 표시하였고 (나)그래프는 0.5까지만 표시하였다.

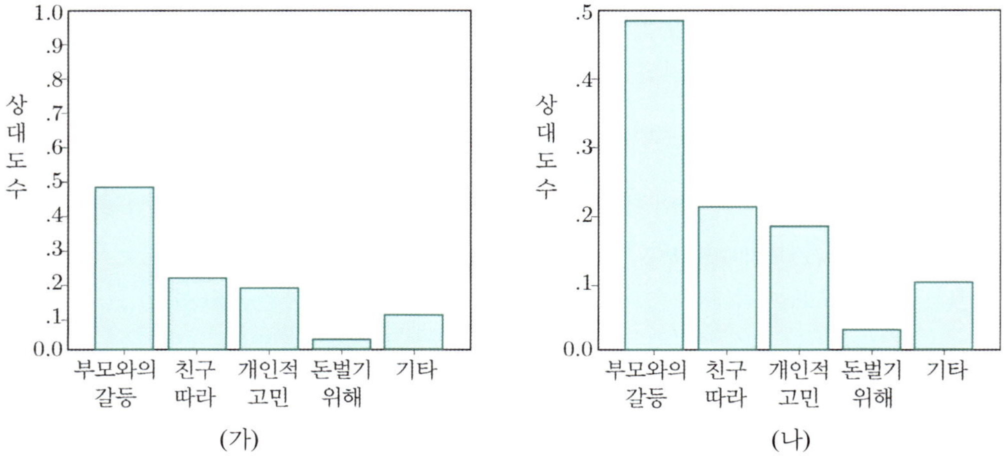

[그림 5-1] 상대도수 막대그래프

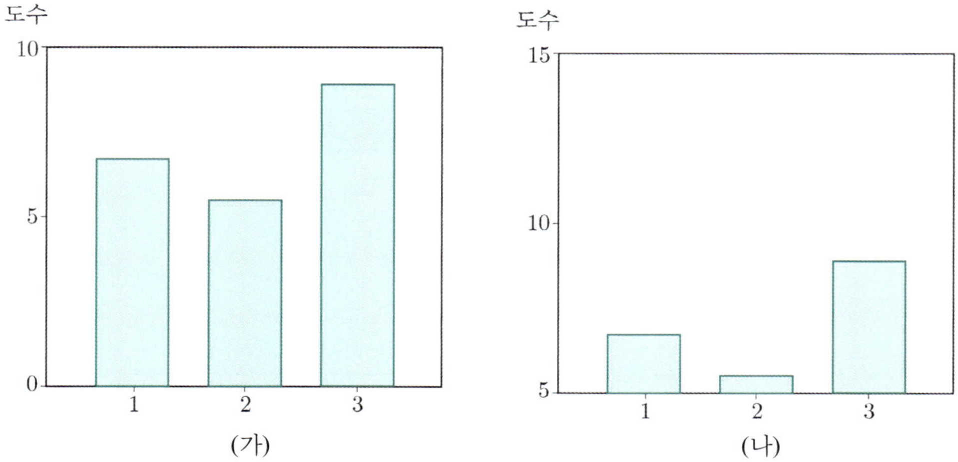

[그림 5-2] 그래프 표현의 시각적 오류

느낌상으로는 (가)의 그래프가 (나)에 비해 값들 간에 차이가 적은 것으로 생각되지만 실은 같은 내용이다. 이러한 착시현상은 세로축의 척도를 어디까지 표시하였느냐에 따라 생긴 결과로 이러한 표기상의 문제로 해석상 오류를 불러일으킬 수 있다는 사실에 주의해야 한다.

[그림 5-2]를 보면 도수를 0에서 시작한 (가)는 도수의 변화가 상대적으로 작게 느껴지지만 도수를 중간부터 시작한 (나)는 도수의 변화가 상대적으로 크게 느껴진다. 간혹 그래프 작성자가 자신이 주장하고자 하는 점을 강조하기 위하여 이러한 표현 방법을 적당히 조정하는 경향이 있는데 이로 인해 그래프 표현의 객관성을 떨어뜨리는 우를 범할 수 있다. 그래프를 그릴 때는 도수를 나타내는 범위를 0에서부터 시작해야 한다. 그래프는 시각적인 호소력이 크기 때문에 수치에 관한 분석능력이 높지 않은 일반인들에게는 매우 효과적인 표현방법이다. 그러나 그래프로 표현하는데 있어서 작성자가 고의나 실수로 잘못된 결론을 전달하는 경우가 종종 있으므로 특별히 이점을 유의해야 한다.

[그림5-3]은 2013년과 2023년의 예상되는 우리나라 대학의 입학정원수 대비 고등학교 졸업생 수의 비율을 지역별로 나타낸 것이다. 지역별 자료이므로 지도 위에 나타내었고 2013년과 2023년의 양자 간의 비교를 막대그래프로 병렬 비교하여 시각적 이해를 쉽게 하였다.

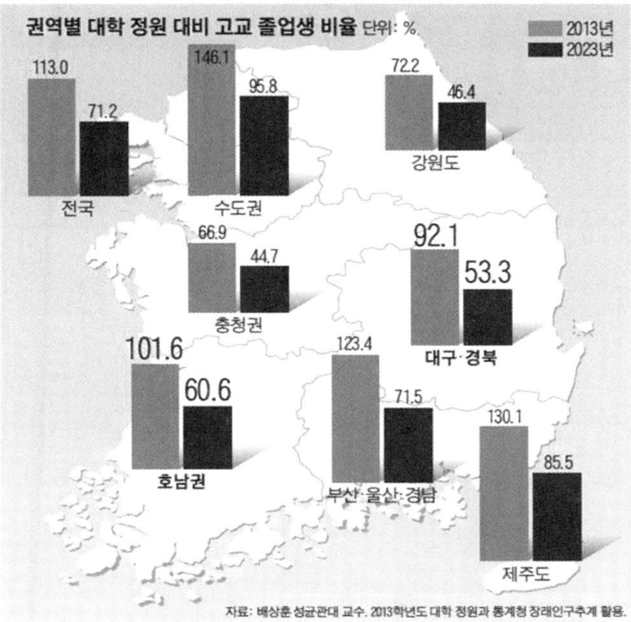

[그림 5-3] **권역별 대학정원대비 고교 졸업생 비율 (%)**

③ 원그래프

질적자료를 그래프로 표시하는 또 다른 방법으로 **원그래프**(pie chart)가 있다. 조사 결과를 원그래프로 표시하려면 중심각을 상대도수에 따라 분할하면 된다. 피자를 자르듯이 원을 해당하는 자료 값의 상대도수에 비례하여 몇 개의 조각으로 나누는 것이다.

[표 5-3] **원그래프를 그리기 위한 각도 계산**

범주	도수	상대도수	중심각
부모와의 갈등	86	0.48	$0.48 \times 360° = 172.8°$
친구따라	37	0.21	$0.21 \times 360° = 75.6°$
개인적 고민	33	0.18	$0.18 \times 360° = 64.8°$
돈벌기 위해	6	0.03	$0.03 \times 360° = 10.8°$
기타	18	0.10	$0.10 \times 360° = 36.0°$
합계	180	1.0	360°

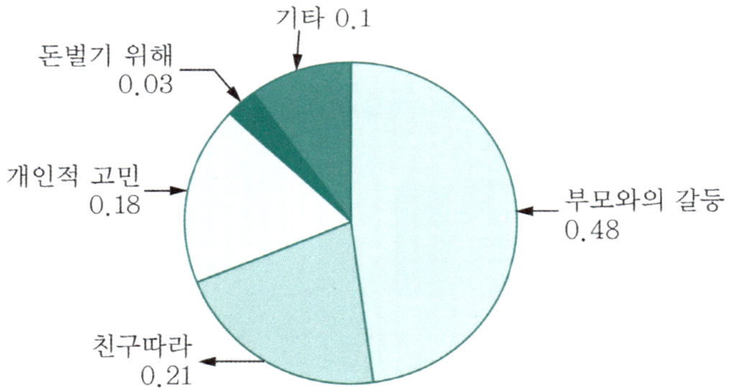

[그림 5-4] **청소년들의 가출 이유의 원그래프**

[그림 5-5]는 세계 스마트폰 시장의 점유률을 원그래프로 나타낸 것이다. 이처럼 원그래프를 사용하면 세계 스마트폰 시장의 판도를 한눈에 볼 수 있어 매우 편리하다. 전 세계의 스마트폰 구매자 3명 중 1명은 삼성스마트폰을 산다는 시장 정보가 쉽게 이해될 수 있다.

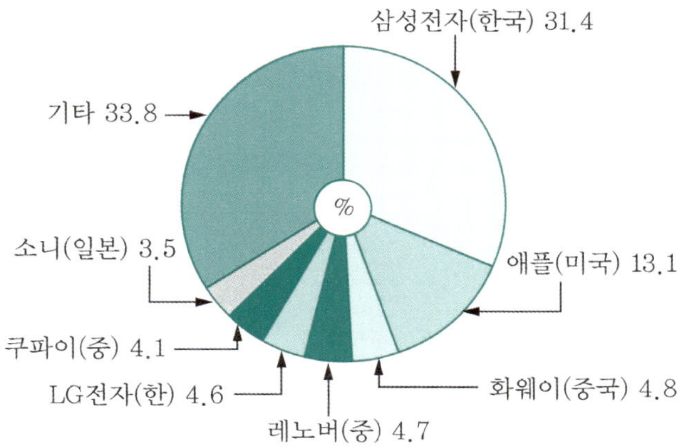

[그림 5-5] 세계 스마트폰 시장의 점유률

(2) 양적자료의 경우

양적자료는 수량으로 표현할 수 있는 값들이다. 양적자료의 경우도 질적자료와 같이 도수분포표를 구한 다음에 분포상태를 쉽게 알 수 있도록 그래프로 표현한다.

① 도수분포표

도수분포표를 작성하기 위해서는 다음의 작성요령을 따르면 간편하다.

도수분포표의 작성요령

① 자료의 최대값과 최소값을 찾는다.

② 자료의 크기에 따라 적절한 계급의 개수를 정한다.

계급의 수 $= \sqrt{n} \pm 3$

③ 계급의 폭을 정하여 준다.

$$\text{계급의 폭} \approx \frac{\text{최대값} - \text{최소값}}{\text{계급의 수}}$$

④ 첫 계급 하한은 최소값으로부터 최소단위의 반을 뺀 값으로 한다.

⑤ 각 계급값에 속하는 계급도수와 상대도수를 구한다.

상대도수 = 계급도수/ 총 도수

통계학수업을 듣는 학생 30명의 중간고사 성적이 [표 5-4]와 같다. 숫자로 무질서하게 나열되어 있는 이 상태에서는 자료의 특성을 파악하기가 어려우므로 도수분포표나 그래프로를 통해 성적분포를 한 눈에 알아볼 수 있도록 별도로 정리할 필요가 있다.

[표 5-4] 통계학 중간고사 성적

75	52	75	80	96	65	79	71	87	93	95
69	69	72	81	61	76	86	79	68	50	92
83	83	84	77	64	71	87	72	92	57	98

예제 5.2

위의 [표 5-4]에 있는 통계학 성적을 도수분포표의 형태로 바꾸어보라.

풀이 ① 주어진 자료의 최소값은 50, 최대값은 98이다.

② 계급의 수를 5로 하자.

③ 근사적 계급의 폭 = $\frac{98-50}{5}$ = 9.6 이므로 계급의 폭은 10 으로 정하자.

④ 첫 번째 계급의 하한 값은 50-0.5 = 49.5가 된다.

⑤ 각 계급값에 속하는 관측 값의 개수를 세어 적는다.

[표 5-5] 통계학 중간고사 성적에 대한 도수분포표

계급 경계값	도수	상대도수	백분위
49.5이상 59.5미만	3	3/30 = 0.1	0.1 × 100 = 10%
59.5이상 69.5미만	5	5/30 = 0.17	0.17 × 100 = 17%
69.5이상 79.5미만	9	9/30 = 0.3	0.3 × 100 = 30%
79.5이상 89.5미만	7	7/30 = 0.23	0.23 × 100 = 23%
89.5이상 99.5미만	6	6/30 = 0.2	0.2 × 100 = 20%
합계	30	1.0	100%

② 히스토그램

양적자료를 도수분포표로 정리 요약한 다음 막대그래프로 그려놓은 것을 **히스토그램**

(histogram)이라 한다. 히스토그램은 가로축에 각 계급을, 세로축에 도수, 상대도수 혹은 백분위를 나타내는 그래프이다. 질적자료의 막대그래프와 다른 점은 막대들이 계급경계에서 서로 연결되어 있다는 점이다.

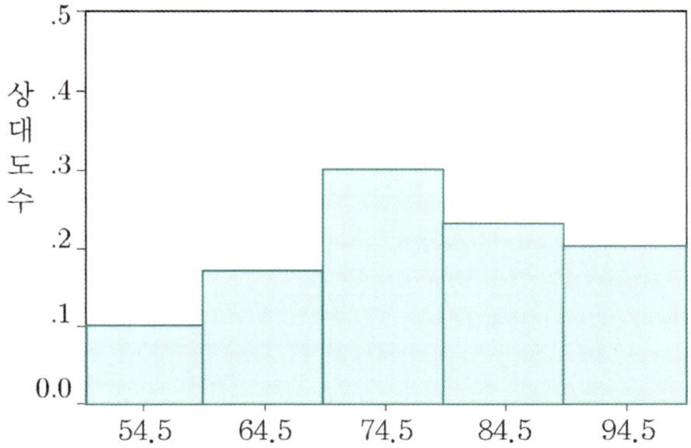

[그림 5-6] **통계학 중간고사 성적에 대한 상대도수 히스토그램**

때로는 자료들이 광범위하게 분포되어 있으면서 그 중 어느 특정한 부분에 집중적으로 분포되어 있는 경우가 있는데 이때에도 동일하게 간격을 표시한다는 것은 오히려 불편할 수가 있다. 이때는 많이 집중되어 있는 구간의 간격은 세분화 하고 그렇지 않은 구간은 간격을 넓게 표시하는 것이 편리하다. 예를 들어 연령에 따른 소득조사와 같은 정부보고서는 이런 식으로 구간 간격을 서로 다르게 잡는 것이 많다. 계급 간격이 일정하지 않을 때에는 상대도수가 면적과 일치하도록 하는 상대도수 막대그래프를 작성하면 편리하다. 이때에는 각 구간의 사각형의 넓이가 그 구간의 상대도수와 같아지도록 하기 위하여

$$\text{사각형의높이} = \frac{\text{계급의 상대도수}}{\text{계급간격}}$$

로 사각형의 높이를 정한다. 이와 같이 높이 보다 면적으로 나타내려는 이유는 우리의 눈이 본능적으로 높이의 비교보다는 넓이의 비교를 선호하는 경향이 있기 때문이다.

예제 5.3

학생생활연구소에서 조사한 학생들의 한 달 용돈은 [표 5-6]과 같다. 용돈의 히스토그램을 그려보아라.

풀이 이 표에서는 계급간격이 일정하지 않을 뿐만 아니라 마지막 구간의 상한 값이 표시되지 않은 점에 주의해야 한다. 여기서는 마지막 계급의 상대도수가 작기 때문에 바로 앞의 구간 간격과 동일하게 잡아서 히스토그램을 얻었다.

[표 5-6] 학생들의 한 달 용돈

(단위:만원)

용돈	상대도수
0~10	12.0
10~12	7.0
12~14	9.0
14~16	10.0
16~18	11.0
18~20	11.0
20~25	24.0
25~35	12.5
35 이상	3.5
총계	100.0

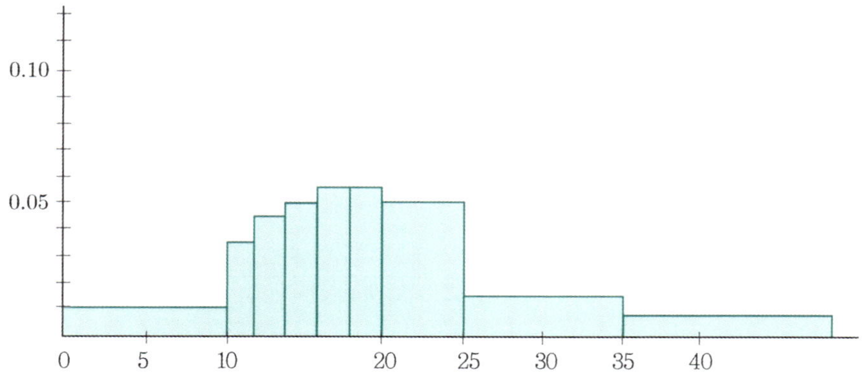

[그림 5-7] 용돈의 상대도수 히스토그램의 올바른 그림

③ 꺾은선그래프(도수다각형)

꺾은선그래프는 양적자료를 그림으로 나타낼 수 있는 또 다른 방법이다. 히스토그램에서 각 직사각형의 윗변의 중점을 차례로 선분으로 연결하여 얻은 그래프를 꺾은선그래프라고 한다. 꺾은선 그래프는 도수다각형이라고도 하는데 이를 이용하면 분포의 모양에 따

라 자료의 대칭성이나 자료전체의 특징을 알 수 있고, 또한 두 개 이상의 자료에 대해서도 분포를 쉽게 비교할 수 있어 편리하다.

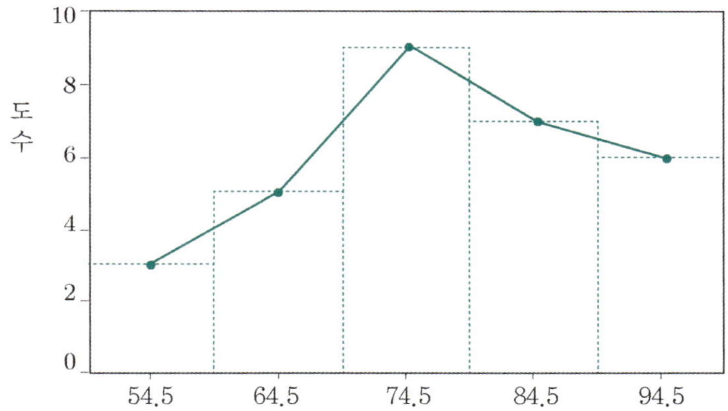

[그림 5-8] **중간고사 성적에 대한 도수다각형**

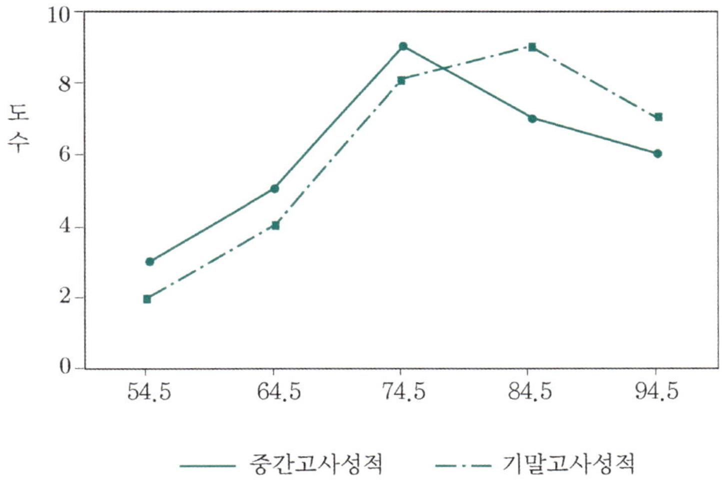

[그림 5-9] **중간고사 성적과 기말고사 성적 비교**

꺾은선그래프는 연속적인 자료, 즉, 일별 기온의 변화, 월별 판매량, 연도별 출산율과 같이 시간의 흐름에 따라 관측되는 시계열자료를 나타낼 때 주로 많이 사용된다. 시계열자료는 특히 경제관련 자료에서 많이 볼 수 있는데 이와 같이 일정한 간격의 시간 변화에 따라 시계열자료가 어떻게 변화하는지를 분석하거나 예측하는 방법을 시계열분석이라고 한다.

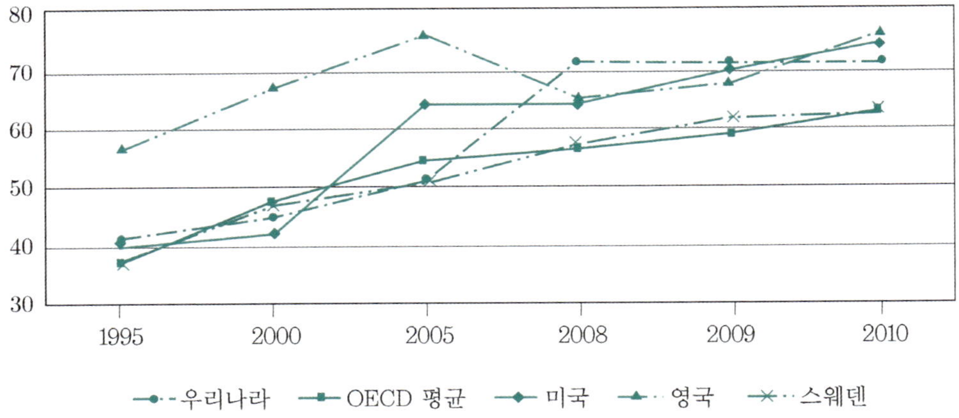

[그림 5-10] OECD 고등교육 입학률의 시계열 그래프(1995~2010)

④ 줄기-잎 그림

히스토그램을 그리기 위해서는 도수분포표를 따로 작성해야만 한다. 이러한 불편을 없애고 표와 그림을 동시에 볼 수 있는 방법이 터키(Tukey)에 의해 1977년에 제안된 **줄기-잎 그림(stem and leaf plot)**이다. 각 자료에서 줄기부분을 선택하고 줄기를 제외한 부분을 잎으로 정한다. 줄기는 보통 한 자리나 두 자리 수로 한다. 줄기-잎 그림을 완성한 다음 90도 회전을 해보면 분포의 형태를 파악할 수 있다.

줄기-잎 그림 작성순서

① 각 자료를 줄기와 잎으로 나눈다.
② 줄기를 크기 순으로 정렬한 뒤 오른쪽에 수직선을 긋는다.
③ 각 자료의 잎의 값을 해당 줄기 값의 오른쪽에 가로로 적는다.
④ 각 줄기별 잎에 있는 수치들을 다시 크기 순으로 정렬한다.

예제 5.4

[표 5-4]의 통계학 중간고사 성적에 대해 줄기-잎 그림을 그려라.

풀이

5 | 2 ← 52에 대한 잎
6 |
7 | 5 ← 75에 대한 잎
8 |
9 |

성적자료의 첫 자리는 줄기로 하고 나머지 한 자리는 잎으로 하여 줄기 값의 크기에 따라 세로로 나열한 다음 수직선을 긋고 각 줄기에 해당되는 잎의 값을 가로로 적으면 된다.

5 | 2 0 7
6 | 5 9 1 8 4
7 | 5 9 1 2 6 9 7 1 2
8 | 0 7 1 6 3 4 7
9 | 6 3 5 2 2 8

[그림 5-11] 중간고사 성적의 줄기-잎 그림

5 | 0 2 7
6 | 1 4 5 8 9
7 | 1 1 2 2 5 6 7 9 9
8 | 0 1 3 4 6 7 7
9 | 2 2 3 5 6 8

[그림 5-12] 오름차순으로 정렬된 줄기-잎 그림

완성된 줄기－잎 그림을 시계 반대방향으로 그려보면 [그림 5-6]의 히스토그램과 모양이 거의 같음을 알 수 있다.

줄기－잎 그림의 장점은 자료의 수가 적을 때 자료의 분포를 빠른 시간 내에 쉽게 작성 할 수 있다는 점이다. 중앙값 및 사분위수를 구하고자 할 때 히스토그램에서는 어느 구간 안에 있는지만 대략적으로 파악할 수 있지만 줄기-잎 그림을 통해서는 직접 구할 수 있으므로 줄기－잎 그림이 히스토그램에 비해 정보손실이 적다고 할 수 있다. 그러나 구간의 폭을 임의로 정할 수 없다는 단점이 있다.

⑤ 점도표

자료가 별로 많지 않을 때는 자료 요약에 **점도표**(dot chart)를 사용한다. 점도표는 모든 자료를 그대로 수직선 위에 점으로 나타내므로 빠른 시간 내에 그릴 수 있고 자료의 분포 상태나 이상치 등을 쉽게 파악할 수 있다.

예제 5.5

다음의 자료를 점도표로 나타내어라.

4, 6, 8, 5, 4, 3, 3, 4, 7, 1, 3, 6, 13, 3, 2, 3

풀이

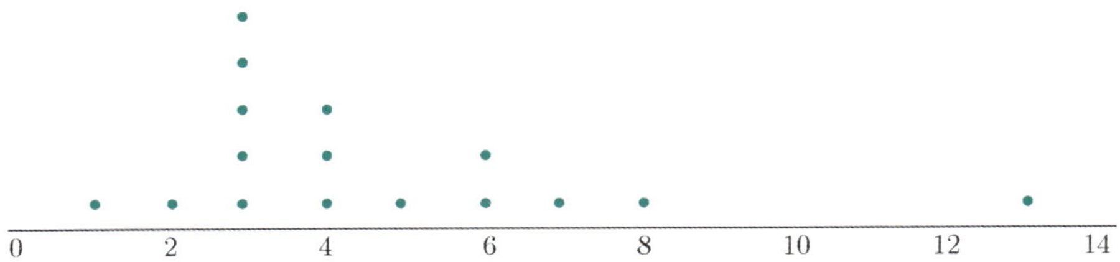

[그림 5-13] 점도표

덧붙여 자료를 표나 그래프와 같이 시각적으로 요약할 때 필요한 유의사항을 몇 가지 일러둔다.

① 그래프에 적절한 제목을 붙인다.
② 자료의 출처, 표본의 크기, 수집방법에 대한 사항을 명시한다.
③ 축 제목을 명확히 달아야 한다.
④ 도수, 비율, 퍼센트 등이 0에서 시작하는지를 점검한다.
⑤ 축이 연속적으로 이어지는지 혹은 끊기는지 점검한다.
⑥ 변수의 측정단위가 요약되어 있어야 한다.

3 대푯값으로 정리하기

앞에서 도수분포표와 그래프에 의한 자료의 정리를 알아보았다. 자료를 그래프로 나타내면 전체적인 모습을 통해 직관적으로 파악하기는 좋으나 자료집단의 특성과 성격을 분명하게 알 수는 없다. 좀 더 자료를 객관적으로 요약하여 나타내기 위해서는 자료의 특성을 수리적으로 표현할 필요가 있다. 이와 같이 자료들이 어느 위치에 밀집되어 있고, 어떻게 흩어져 있는지, 즉 자료의 중심과 퍼짐정도를 파악하는 것을 자료의 요약이라 한다. 자료의 특성을 실질적인 측도로 나타내는 특성치들에 대하여 알아보자.

(1) 중심을 나타내는 특성치

자료가 어떤 값을 중심으로 분포되어 있는가를 나타내는 중심위치와 관련된 측도로는 (산술)평균이 가장 많이 쓰이고 있으나 기하평균, 가중평균, 중앙값, 최빈값, 백분위수 등도 중심을 나타내는 대푯값들이다.

① 산술평균

중심위치를 나타내는 대푯값 중에 가장 중요하고 많이 사용되는 것이 산술평균이며, 일반적으로 평균이라고 하면 산술평균을 의미한다. 주어진 자료를 $x_1, x_2, \cdots, x_n$ 이라고 하면 **산술평균**(arithmetic mean) $\overline{x}$ 는 다음과 같다.

$$\overline{x} = \frac{x_1 + x_2 + \cdots + x_n}{n} = \frac{1}{n}\sum_{i=1}^{n} x_i$$

예제 5.6

저소득층을 위한 임대아파트에 입주한 8세대의 수입의 월 평균액이 240만원 이상이나 된다고 비난을 받았다. 조사한 결과 최근 음식점으로 성공하여 월 900만원의 수입이 있는 세대가 한 세대있었고 나머지 7세대의 수입은

150, 145, 157, 120, 135, 172, 165 (만원)

으로 평균 149만원에 지나지 않았다. 이 경우 입주한 8세대의 산술평균을 구하여 보라.

풀이 8세대의 산술평균 $\overline{x}$ 는

$$\overline{x} = \frac{150+145+157+120+135+172+165+900}{8}$$

$$= 243(\text{만원})$$

비난받아야 할 세대는 한 세대뿐이며 나머지 7세대는 부당한 비난을 받은 셈이다. 이

러한 경우 산술평균은 대푯값으로 부적당하다. 이와 같이 산술평균은 자료 중에 매우 크거나 매우 작은 값들 즉, 이상값에 의해 영향을 받는다는 것이 단점이다. 따라서 자료의 분포가 극도로 비대칭인 경우 산술평균은 중심위치 측도로서 부적당하다.

② **기하평균**

물가상승률이나 실업률과 같이 자료가 비율인 경우에는 기하평균이 합리적이다. 관측한 자료값 $x_1, x_2, \cdots, x_n$에 대해 **기하평균**(geometric mean) g는 다음과 같이 정의한다.

$$g = \sqrt[n]{x_1 \times \cdots \times x_n}$$

기하평균은 비율자료가 아니더라도 매우 큰 수가 뒤섞인 자료에서는 산술평균보다 안정된 값을 얻을 수 있다.

어느 회사의 연매출이 이듬해에 2배가 증가하고, 그 다음 해는 전년도에 비해 8배 증가하면 2년 만에 16배가 증가한 셈이 되는데 이 경우 연매출이 연평균 몇 배가 증가했다고 할 수 있을까? 산술평균으로 하면 1년에 평균 (2+8)/2=5배가 증가한 것이 되어 2년 뒤에는 25배 증가한 것이 된다. 그러나 기하평균으로 계산하면 매년 $\sqrt{2 \times 8} = 4$배가 증가하여 2년 뒤에는 16배가 증가한 것이 되어 기하평균이 더 설득력을 얻게 된다.

예제 5.7

어느 대학의 최근 3년간 등록금 상승률이 6%, 4%, 9% 일 때 이 대학의 연평균 등록금 상승률을 구하라.

풀이 비율에 관한 자료이므로 기하평균으로 구해보도록 하자.

$$\sqrt[3]{6 \times 4 \times 9} = \sqrt[3]{216} = 6\ (\%)$$

따라서 이 대학의 최근 3년간 연평균 등록금 상승률은 6%이다.

예제 5.8

예제 5-6의 임대아파트 입주자의 소득에 관한 자료에서 기하평균을 구해보라.

풀이 기하평균 = $\sqrt[8]{150 \times 145 \times 157 \times 120 \times 135 \times 172 \times 165 \times 900}$

$= 185.6$(만원)

예제 5-6에서 구한 산술평균 값 243만원 보다 여기서 구한 기하평균 값185.6만원이 큰 수가 섞여있는 이 집단을 대표하는 평균값으로 더 안정된 값임을 확인할 수 있다.

③ 가중평균

가중평균(weighted mean)은 조사대상의 중요도에 따라 각 측정값에 일정한 가중값을 곱하여 평균을 구하는 것으로 고등학교나 대학교에서 학생들의 성적평점을 계산할 때 많이 쓰인다. 가중값 $a_1, a_2, \cdots, a_n$ 을 갖는 측정값 $x_1, x_2, \cdots, x_n$ 의 가중평균 w 은 다음 식으로 표시된다.

$$w = \frac{a_1 x_1 + \cdots + a_n x_n}{a_1 + \cdots + a_n} = \frac{\sum_{i=1}^{n} a_i x_i}{\sum_{i=1}^{n} a_i}$$

여기서 가중값 $a_1, a_2, \cdots, a_n$ 은 음이 아닌 실수이다.

예제 5.9

어느 학생의 학기말 성적이 다음의 표와 같을 때 성적의 평균을 가중평균과 산술평균으로 구하라.

[표 5-7] **학기말 성적표**

과 목	주당시간수	학점	성적	환산점수
영어	2	2	B	3
통계학	2	2	A	4
보건학	1	1	C	2
경제학	3	3	A	4

풀이 ① 산술평균은 네 과목 성적의 합을 과목 수로 나누면 된다.

산술평균$= \dfrac{3+4+2+4}{4} = 3.25$

② 가중평균은 주당 시간 수에 따라 높은 학점을 주는 성적체제를 반영하여 학점을 가중치로 두고 평균을 구하는 것이다.

$$\text{가중평균} = \frac{2\times 3 + 2\times 4 + 1\times 2 + 3\times 4}{2+2+1+3} = 3.5$$

여기서 각 점수에 대한 가중값은 $\frac{2}{8}, \frac{2}{8}, \frac{1}{8}, \frac{3}{8}$ (모두 합하면 1) 이다.

자료의 평균들

주어진 자료 $x_1, x_2, \cdots, x_n$ 에 대하여

산술평균 : $\bar{x} = \dfrac{x_1 + x_2 + \cdots + x_n}{n}$

기하평균 : $g = \sqrt[n]{x_1 \times \cdots \times x_n}$

가중평균 : $w = \dfrac{a_1 x_1 + \cdots + a_n x_n}{a_1 + \cdots + a_n}$, $a_1, a_2, \cdots, a_n$ 은 가중값

④ 중앙값

중앙값(median)은 자료를 크기순으로 나열하였을 때 중앙에 놓이는 값을 말한다. 자료의 수를 n 이라 할 때, n 이 홀수이면 $(n+1)/2$번째의 자료 값이 중앙값이고, n 이 짝수이면 $n/2$번째와 그 다음 값의 산술평균이 중앙값이다.

예제 5.10

예제 5-6의 임대아파트에 입주한 8세대의 수입의 중앙값을 구하여 산술평균과 비교하라.

풀이 8세대의 월 수입액을 크기 순서로 나열하면

120, 135, 145, 150, 157, 165, 172, 900

이다. 8세대 짝수이므로 네 번째와 다섯 번째 값인 150과 157의 평균을 구하면 153.5(만원)이 중앙값이 된다. 따라서 이 경우에는 산술평균으로 구한 값 243만원 보다 중앙값이 대푯값으로 더 의미가 있다.

소득에 관한 통계와 같이 경제에 관계되는 자료에서는 이와 같이 비대칭형태의 자료가 많으므로 중앙값을 대푯값으로 하는 경우가 많다. 그러나 중앙값으로는 모집단을 추론하기 어렵기 때문에 어느 정도 대칭이 되면 평균을 사용하는 것이 좋다.

⑤ 최빈값

최빈값(mode)은 전체 자료 중에서 가장 빈번히 나타나는 값을 말한다. 의류업계에서 기성복의 치수나 신발제조업계에서 신발의 치수를 정할 때 대푯값으로 이용하고 있다. 도수분포표에서 최빈값을 찾을 때는 가장 도수가 많은 계급의 계급값으로 정한다.

예제 5.11

수강인원이 같은 교양수업 10과목을 선정하여 어느 날 각 과목마다 지각한 학생 수를 조사하여 기록한 것이다. 최빈값을 구하라.

3, 2, 4, 2, 3, 3, 7, 1, 2, 5

풀이 2와 3의 빈도수는 3이로 공동으로 가장 자주 나오는 값이다. 따라서 최빈값은 2와 3이다.

분포의 형태에 따라 중심위치를 나타내는 대푯값들의 상대적 위치를 살펴보면 [그림 5-13]과 같다.

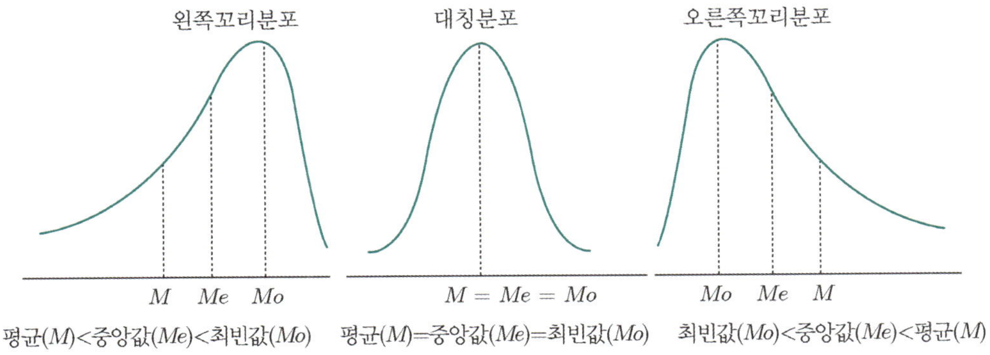

[그림 5-14] 분포형태에 따른 중심성향을 나타내는 대푯값들의 위치

분포가 대칭인 경우에 대해서는 평균, 중앙값, 최빈값은 모두 같고 분포의 중간에 있다. 중앙값은 언제나 평균과 최빈값 사이에 위치하여 극단적으로 크거나 작은 값 값에 영향을 거의 받지 않지만 평균은 크게 영향을 받는다.

⑥ 사분위수와 백분위수

자료의 크기가 큰 경우에는 중앙값의 개념을 확대해서 크기 순서에 따라 늘어놓은 자료를 4등분하는 수 값을 사용하는 데 이 값을 **사분위수**라 한다. 이 개념을 더 확대해서 100등분했을 때를 **백분위수**라고 한다. 사분위수와 중앙값은 다음과 같은 백분위수에 해당한다. 제1사분위수를 아래 사분위값, 제3사분위수를 위 사분위값 이라고도 한다.

제1사분위수 $Q_1 =$ 제25백분위수

제2사분위수 $Q_2 =$ 제50백분위수 $=$ 중앙값

제3사분위수 $Q_3 =$ 제75백분위수

다음은 도수분포표가 주어져있을 때 여러 가지 자료의 대푯값을 구해보는 방법을 구체적인 예를 통하여 살펴보자.

예제 5.12

통계학 중간고사 성적에 대해 처음부터 도수분포표가 주어져 있는 경우에 산술평균, 중앙값과 최빈값을 구해보자.

[표 5-8] **통계학 중간고사 성적에 대한 도수분포표**

계 급	계급값	도수	누적도수	계급값 x 도수
49.5 ~ 59.5	54.5	3	3	163.5
59.5 ~ 69.5	64.5	5	8	322.5
69.5 ~ 79.5	74.5	9	17	670.5
79.5 ~ 89.5	84.5	7	24	591.5
89.5 ~ 99.5	94.5	6	30	567
합계		30		2315

풀이 (1) 산술평균을 구해보자.

먼저 각 계급구간에서 가운데 값인 계급값을 구하여 도수와 곱을 한 다음 합계를

구한다. 그 합계를 표본의 크기로 나누어 산술평균

$$\text{산술평균} = \frac{2315}{30} = 77.2$$

를 얻는다.

(2) 중앙값을 구해보자.

중앙값은 크기순으로 배열할 때 가운데 위치하는 값이므로 30/2=15 번째에 위치하게 된다. 세 번째 계급의 누적도수가 17이므로 15번째 자료는 계급 69.5 ~ 79.5에 속함을 알 수 있다. 계급 69.5 ~ 79.5는 9~17번째까지의 9개의 자료를 포함하고 있고 15번째 자료는 이 중에 7번째에 해당된다. 이 계급에 속한 9개의 자료들이 일정한 간격으로 분포되어 있다고 생각하면 7번째 자료는 $(79.5\text{-}69.5) \times \frac{7}{9} \approx 7.8$ 만큼 69.5에서 떨어져 있다고 생각할 수 있다. 따라서 중앙값은 69.5+7.8=77.3이 된다.

(3) 최빈값을 구해보자.

가장 도수가 많은 최빈계급은 69.5 ~ 79.5이므로 최빈값은 이 계급의 계급값인 74.5이다.

(2) 변동을 나타내는 특성치

대푯값은 자료의 분포로부터 중심이라고 생각되는 값을 하나 끄집어 낸 것에 불과하며 자료가 그 주변에 얼마나 넓게 퍼져있는지 하는 자료의 분포에 대한 정보는 주지 못한다. 분포의 특징을 좀 더 명확히 설명하기 위해서는 자료가 퍼져있는 상태에도 주목해야 한다. 예를 들어 소득의 분포라고 할 때 두 나라의 평균소득이 같다고 해서 두 나라가 부의 배분이 같은 나라라고 말할 수는 없는 것이다. 어쩌면 두 나라가 고루 잘사는 나라 일 수도 있겠고 아니면 빈부의 격차가 큰 나라 일 수도 있다. 일상적인 예를 하나 더 들어 버스 운행상태를 생각해 보자. 학교까지 가는데 두 종류의 버스를 이용할 수 있다 하자. 이때 어떤 버스를 이용할지 결정하는 데에 버스 도착시간의 평균값만으로는 충분한 정보가 되지 못한다. 만일 항상 2분 늦든지 2분 빨리 오든지 하는 버스가 하나 있고 또 다른 버스는 항상 10분 늦든지 10분 빨리 오든지 한다면 버스를 결정하는데 평균값보다도 퍼져있는 변동정도를 아는 것이 훨씬 중요한 정보가 될 것이다.

이렇듯 중심으로부터 자료들이 퍼져있는 변동의 정도를 나타내는 특성치가 중요한데 이를 하나의 수로 나타낸 값을 **산포도**(散布度,measure of dispersion)라 한다. 산포도로서는 범위, 사분위 범위, 분산, 표준편차 등이 있다.

① 범위와 사분위범위

범위(range)는 산포도 중 가장 쉽게 구할 수 있는 것으로서 자료 값들 중에서 가장 큰 값에서 가장 작은 값을 뺀 값을 말한다. 이 값은 계산이 간단하다는 장점은 있지만 최대값과 최소값 만을 사용하므로 자료 전체의 정보를 제대로 반영하지 못하는 단점이 있다.

사분위 범위는 제3사분위수에서 제1사분위수를 뺀 값으로 이 값의 의미는 자료의 중심부에 있는 50%의 자료값에 대한 범위를 말하는 것이다. 범위는 극단적인 관측값에 크게 영향을 받게 되지만 사분위 범위는 그렇지 않다.

자료의 범위와 사분위범위

범위 $R=$ 최대값 $-$ 최소값

사분위범위 $IQR = Q_3 - Q_1$

② 분산과 표준편차

퍼짐과 변동의 정도를 나타내는 데에 가장 많이 쓰이는 것이 분산과 표준편차이다. 이것은 중심측도로 가장 많이 사용되는 산술평균을 자료의 기준으로 삼아 퍼짐의 변동을 측정하는 측도로서 고안된 것이다. 자료 $x_1, x_2, \cdots, x_n$의 평균을 $\overline{x}$ 라고 할 때 각 자료 x_i 와 평균 $\overline{x}$ 과의 차이 $(x_i - \overline{x})$를 **편차**(deviation)라고 한다. 그런데 이 편차들을 모두 더하면 0이 되어 변동의 측도가 될 수 없으므로 제곱을 만들어 합을 구한 다음에 $n-1$로 나누어 자료의 분산으로 정의하여 사용한다.

$$\textbf{자료의 분산 } s^2 = \frac{1}{n-1}\sum_{i=1}^{n}(x_i - \overline{x})^2$$

분산은 각 편차들을 제곱하여 구한 것이므로 음의 값을 가질 수 없으며 값이 클수록 산포도가 크다는 것을 의미하게 된다. 그러나 분산은 편차에 제곱을 취했기 때문에 단위가 원 자료 단위의 제곱이 되어 의미가 없다. 이러한 문제점을 보완하여 원 자료와 같은 측정 단위를 갖게 하기 위하여 분산값의 양의 제곱근을 취하여 사용하는데 이를 자료의 **표준편**

차(standard deviation)라고 한다.

자료의 분산과 표준편차

① 자료의 분산 $s^2 = \frac{1}{n-1}\sum_{i=1}^{n}(x_i - \bar{x})^2$ ② 자료의 표준편차 $s = \sqrt{s^2}$

■ **표준편차의 특징**

① 표준편차의 값이 '작다'라는 의미는 그 집단의 자료들이 산술평균을 중심으로 밀집되어있음을 뜻하고 '크다'라는 의미는 그 집단의 자료들이 산술평균으로부터 떨어져있다는 뜻이다.

② 표준편차는 범위와는 달리 그룹에 있는 숫자를 모두 사용하기 때문에 그룹이 가진 정보를 충분히 활용하게 된다.

③ 표준편차도 평균과 마찬가지로 이상값에 의하여 영향을 받는다. 사분위수 범위는 중앙값과 마찬가지로 이상값에 의하여 크게 영향을 받지 않는다.

예제 5.13

다음의 점수는 통계학 수강생 중 9명의 중간고사 성적이다.

75 80 66 53 76 73 85 88 79

① 평균과 표준편차를 구하라.
② 사분위수를 구하여라.
③ 85점은 사분위수와 관련해서 어느 위치에 있는가?
④ 사분위범위를 구하여라.

풀이 ① 평균 $\bar{x} = \frac{1}{9}(75+80+66+53+76+73+85+88+79) = 75$

분산 $s^2 = \frac{1}{9-1}\{(75-75)^2 + (80-75)^2 + \cdots + (79-75)^2\} = 110$

표준편차 $s = \sqrt{110} = 10.5$

② 증가하는 순서로 점수를 나열하면 다음과 같다.

53 66 73 75 76 79 80 85 88

자료의 개수는 9개이므로 중앙값은 5번째 값으로 $Q_2 = 76$이다. Q_1은 중앙값 Q_2보다 작은 4개의 값의 중앙값인 (66+73)/2 =69.5이다. Q_3의 값은 Q_2보다 큰 4개의 값의 중앙값인 (80+85)/2 = 82.5이다. 따라서 $Q_1 = 69.5$, $Q_2 = 76$, $Q_3 = 82.5$이다.

③ 85점에 대한 해석은 상위 25%의 점수대에 있다는 것을 의미한다.

④ 사분위수 범위 $\mathrm{IQR} = Q_3 - Q_1 = 82.5 - 69.5 = 13$

③ 상자그림

자료의 중심위치와 산포도를 동시에 나타내는 아주 유용한 도형으로 상자그림이 있다. **상자그림**(box plot)은 중앙값, 사분위수, 최대값과 최소값 등의 정보를 그림으로 나타내는 방법이다. 상자그림을 통해 이상값(outlier)이 있는지의 여부도 판정할 수 있다. 이상값이란 대부분의 값들과는 동떨어지게 아주 작거나 아주 큰 값을 말한다. 이상값을 찾아내려면 이상값 판정의 기준이 되는 경계점을 결정해야 한다. 일반적으로 상자그림에서 이상값을 찾을 때는 사분위수 범위를 기초로 상자 양끝에서 사분위수 범위의 1.5배 보다 바깥에 놓인 값들을 이상값으로 분류한다. 상자그림을 그리는 방법은 아래와 같다.

상자그림을 그리는 방법

① 제1사분위수 Q_1과 제3사분위수 Q_3사이에 상자 형태를 그린다.

② 중앙값 위치에 내부 직선을 그린다.

③ 안쪽 울타리 $Q_1 - 1.5(Q_3 - Q_1)$ 와 바깥쪽 울타리는 $Q_3 + 1.5(Q_3 - Q_1)$를 정한다.

④ 안쪽 울타리 내에서 최소값을, 바깥쪽 울타리 내에서 최대값을 찾아 상자까지 실선으로 연결한다.

⑤ 실선 부분을 벗어나는 값을 이상값으로 판정하고 그들은 $\times$로 표시한다.

직사각형으로 된 상자의 너비는 가운데 50%를 나타내는 범위가 된다. 상자그림을 이용하면 자료 분포의 대칭성, 중심위치, 퍼짐정도 등을 시각적으로 잘 알아 볼 수 있다. 상자그림은 여러 개의 표본을 시각적으로 비교하는데도 아주 효과적인 방법이다.

예제 5.14

대학생 20명의 한 달 용돈에 대한 자료에서 중앙값이 35만원, 제1사분위수 Q_1이 25만원, 제3사분위수 Q_3가 49만원, 최소값이 17만원이고 용돈을 많이 쓰는 사람으로서는 68만원인 사람과 88만원을 쓰는 사람이 한명씩 있다. 이에 대한 상자수염 그림을 그려라.

풀이 ① 제1사분위수 Q_1의 값을 한 변으로, 제3사분위수 Q_3의 값을 한 변으로 하는 직사각형을 그린다. 이 직사각형을 상자라 한다.

② 중앙값 Q_2의 위치에 수직선을 상자 안에 그린다.

③ 안쪽 울타리는 $Q_1 - 1.5(Q_3 - Q_1) = 25 - 36 = -11$,
바깥쪽 울타리는 $Q_3 + 1.5(Q_3 - Q_1) = 49 + 36 = 85$.

④ 안쪽울타리 안에 있는 자료의 최소값 17과 바깥쪽 울타리 안에 있는 자료의 최대값 68을 나타내는 점들과 상자를 잇는 선분을 그린다.

⑤ 한 달 용돈을 88만원 쓰는 학생은 바깥쪽 울타리를 벗어나는 값이므로 이상점으로 판정되며 이 값은 ×로 표해 둔다.

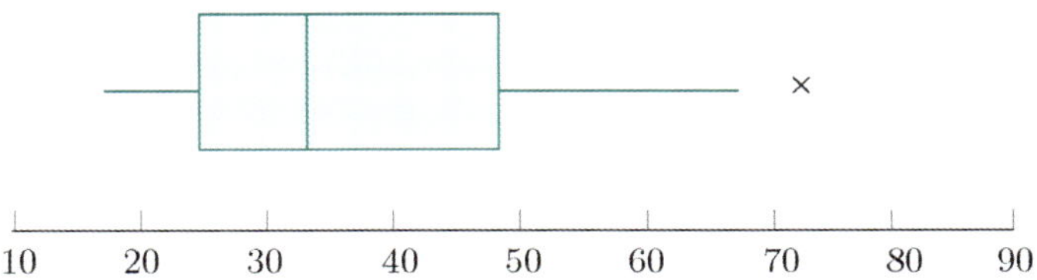

[그림 5-15] 이상값이 있는 상자그림

상자그림에서 이상값으로 판정된 점수들에 대하여는 특별한 주의를 기울여 자료 분석을 해야 한다. 이상값의 원인들을 찾아보고 설명하기 위해서는 자료의 배경에 대한 정보가 필요하다. 이상값을 자료에서 제거한 후 분석을 하는 것이 유리할 때가 많다.

4 자료의 표준화

(1) 상대적 위치

두 개 이상의 이질적인 집단에서 나온 관측 값을 비교할 때 그 관측 값 자체만으로, 즉 절대적인 값으로 비교하는 것은 의미가 없는 경우가 많다. 예를 들어 국민 1인당 GNP가 5만불에 가까운 미국에서 연소득이 2만불인 사람과 국민 1인당 GNP가 만불 정도인 말레이지아에서 연소득 2만불인 사람 중 누가 더 부요하게 사는 지를 비교할 경우 절대적인 연소득만으로 비교하여 두 사람이 같은 정도의 부를 누린다고는 말할 수 없다는 것이다. 이 경우에는 각 사람이 속해있는 나라의 평균소득과 표준편차를 고려하여 각자 자기나라에서의 상대적 생활수준을 고려하는 것이 합리적일 것이다.

이를 위하여 주어진 자료에서 평균을 빼고 표준편차로 나누는 작업을 하는데 그때의 자료를 **표준화된 자료**(standardized data)라고 부른다. 이와 같이 자료를 표준화시키는 이유는 서로 다른 집단의 자료에 대한 상대적 위치를 나타내기 위한 측도로 평균 0이고 분산 1인 동일한 측도를 만들어 같은 잣대 속에서 평가하기 위함이다.

자료의 표준화

$$\text{표준화된 자료} = \frac{\text{관측값} - \text{평균}}{\text{표준편차}}$$

예제 5.15

이번 중간고사에서 K양의 성적은 통계학 81점, 영어 92점, 경제학 85점을 각각 받았다. 세 과목 중 성적이 가장 좋은 것은 어느 과목인가? 영어성적이 가장 우수하다고 할 수 있는가? K양이 수강한 과목의 반 전체의 성적은 다음과 같다.

[표 5-9] K양이 수강한 과목의 반별성적

반 성적 \ 과목	통계학	영어	경제학
평균	61	75	57
표준편차	8	15	12

풀이 각 과목의 평균과 표준편차의 차이가 크고 과목마다 특성이 다르므로 절대적인 성적으로 직접 비교하는 것보다 상대적 성적으로 비교하는 것이 더 타당한 경우이다. K양이 취득한 성적을 표준화된 성적으로 나타내보자.

표준화된 통계학 성적: $\frac{81-61}{8}=2.5$

표준화된 영어 성적: $\frac{92-75}{15}=1.13$

표준화된 경제학 성적: $\frac{85-57}{12}=2.33$

그러므로 통계학이 다른 과목보다 상대적으로 더 좋은 성적을 받았고, 영어는 다른 과목에 비하여 성적이 좋지 않음을 알 수 있다.

(2) 통계적 거리

일상생활에서 거리라고 하는 것은 두 지점 사이의 길이를 의미하고 있다. 예를 들면 서울대전 사이의 거리는 150km인데 서울과 춘천사이는 90km이므로 서울은 대전보다 춘천에 더 가깝다고 말한다. 하지만 아래의 그림에서와 같이 어떤 사람이 두 지점 A와 B를 갈 경우에 두 지형의 경사가 다르다고 해보자. B지점까지 가는 데는 산의 경사가 급한 힘든 산길이 있기 때문에 여행자로서는 긴 여행으로 느껴질 것이고, 반대로 A지점은 거리는 멀어도 완만한 곳이어서 그렇게 멀게 느껴지지는 않을 것이다. 이처럼 경사가 차이 나는 곳이라면 여행자는 "경사의 급함"의 정도를 고려하게 할 것이다.

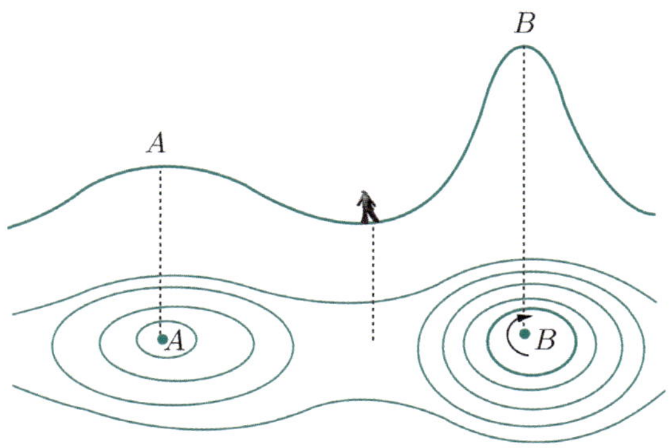

통계학에서의 거리는 경사를 무시한 직선거리의 개념이 아니고 변화가 심한 정도에 따라 가중치를 두도록 하는 것이다. 이 그림에서 보면 A가 B보다도 직선길이가 길기는 하지

만 변동이 더 심하여 즉, 표준편차가 더 커서 B보다는 오히려 더 가깝게 느껴진다. 통계적 거리에서는 가중치를 두는 방법으로 직선거리를 표준편차로 나눔으로서 표준편차가 크면 거리가 짧아지도록 한다. 직선거리를 표준편차로 나누어 준 통계적 거리가 바로 표준화된 자료가 된다. 구체적으로 예를 들어보자.

예제 5.16

다음의 [표 5-10]은 정상인 그룹 G_1과 정신병 환자그룹 G_2에 대한 어떤 검사를 한 결과이다. 새 환자 B씨가 찾아와서 이 검사를 받았을 때 18이라는 검사 결과가 나왔다고 한다. 이 때 B씨는 정상인 그룹에 속한다고 생각되는가, 아니면 정신병 환자그룹에 속한다고 생각 되는가?

[표 5-10] **정상인과 정신병 환자의 검사표**

정상인 사람 그룹 G_1	22	20	23	23	17	24	23	18	22	19	평균 21.1	표준편차 2.42
정신병 환자 그룹 G_2	24	19	11	6	9	10	3	15	14	20	13.1	6.57

풀이 정상인과 정신병 환자의 검사값을 점도표로 그려 보았다.

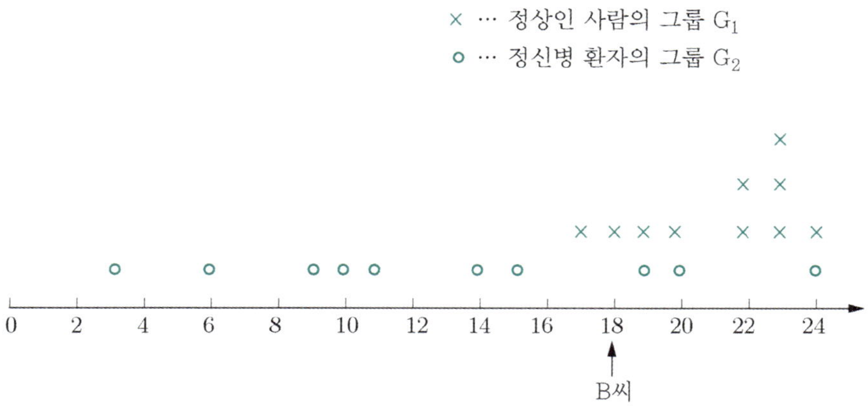

[그림 5-16] **정상인과 정신병환자 검사값의 점도표**

위의 그림에서 보면 18이라는 값을 가진 B씨는 어느 쪽 그룹에 속한다고 단정적으로 말할 수가 없다. B씨의 값과 각 그룹의 평균과의 직선거리를 측정해 보자.

B씨 값과 그룹 G_1 의 평균과의 거리는 $|18-21.1| = 3.1$

B씨 값과 그룹 G_2 의 평균과의 거리는 $|18-13.1| = 4.9$

으로 B씨는 그룹 G_1 과의 거리가 그룹 G_2 보다고 짧아서 정상인 그룹 G_1 에 속한다고 보여진다. 그러나 두 그룹은 표준편차가 다르므로 표준편차도 고려하여 기준을 만든 통계적거리를 구해보자.

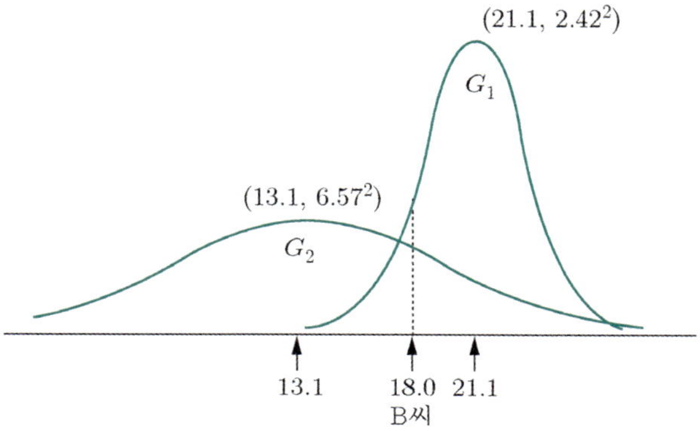

[그림 5-17] **정상인과 정신병환자 검사값의 분포**

B씨의 검사값과 그룹 G_1 과의 통계적 거리는

$$\frac{|18-21.1|}{2.42} = 1.28$$

B씨의 검사값과 그룹 G_2 과의 통계적 거리는

$$\frac{|18-13.1|}{6.57} = 0.75$$

이다. 따라서 B씨는 그룹 G_1 에 비해 그룹 G_2 에 보다 가깝기 때문에 정신병환자 그룹 G_2 에 속한다고 생각된다.

여기서 구한 통계적거리가 바로 표준화된 자료값이다.

위의 예제처럼 두 개의 그룹 G_1 과 G_2 에서 표본이 측정되어 있다고 하자. 그런데 하나의 새로운 측정치가 주어졌을 때 그 측정값이 G_1 과 G_2 중에 어느 그룹에 속하는 지를 판별하는 것을 **판별분석**이라고 한다. 통계자료 분석법중의 하나인 '판별분석'에서 판별에 사용하는 기준이 통계적 거리이다.

연습문제

1. 어느 회사의 제품 중에서 임의로 추출한 8개의 중량이 각각 다음과 같다. 이 자료의 대푯값을 구하고 자료를 설명하시오.

(단위 : g)

142	138	140	143
135	141	175	138

2. 다음과 같은 자료가 있는데, 세 나라의 가중평균(3개국 전체의 한 사람당 평균소득)을 구하면 어느 나라 소득에 가까운 값이 나올까 예상해보시오. 실제로 가중평균을 구해보시오.

국가	평균소득 ($)	인구
A	10,000	200,000,000
B	6,000	40,000,000
C	8,000	60,000,000

3. A아파트에 어떠한 직종을 가진 사람들이 얼마나 살고 있는지를 알기위하여 세대주들의 직업을 조사하여 보니 다음과 같았다.

[표 5-11] A아파트에 사는 세대주들의 직업

101호 사무직	201호 전문직	301호 상업	401호 사무직
102호 전문직	202호 전문직	302호 상업	402호 상업
103호 전문직	203호 상업	303호 상업	403호 사무직
104호 전문직	204호 노동	304호 전문직	404호 상업
105호 사무직	205호 상업	305호 상업	405호 노동

(1) 세대주들의 직업의 도수분포표와 상대 도수분포표를 구하시오.

(2) 세대주들의 직업의 도수와 상대도수를 각각 막대그래프로 그리시오.

(3) A아파트 세대주들의 직업의 원그래프를 그리시오.

06

다변량 자료 다루기

1. 이변량 자료의 표현방법
2. 관계의 표현
3. 다변량자료의 표현방법
4. 다변량 분석방법의 소개

6 다변량 자료 다루기

앞장에서는 변수가 하나인 경우에 자료를 정리하고 표현하는 방법에 대하여 설명하였다. 그러나 자연현상이나 사회현상에는 두 가지 이상의 변수가 서로 관련이 있는 경우가 허다하여 실험 또는 조사에서 둘 이상의 변수를 동시에 고려하여 자료를 얻는 경우가 많은데 이러한 자료를 다변량 자료라고 한다. 이 장에서는 먼저 이변량 자료에 대하여 살펴보고 그 다음에 다변량 자료를 다룬다.

1 이변량 자료의 표현방법

두 가지 속성을 관측하여 얻은 자료를 이변량 자료라고 하는데 예를 들면 (이해력, 창조력), (수능성적, 학과성적), (실업률, 경제성장률) 등이다. 이와 같은 이변량 자료를 통하여 우리들은 두 변수들 사이에 어떠한 관계가 존재하는지, 관계가 존재한다면 어느 정도 강한 관계인지, 주된 관심의 대상이 되는 변수가 다른 변수의 값으로 어떻게 예측될 수 있는지 등을 살펴보게 된다. 이변량 자료에서도 질적자료인 경우와 양적자료인 경우로 나누어 정리하고 요약하는 방법에 대해서 알아보도록 한다.

앞장에서 일변량 질적자료를 정리하고 표현하는 가장 대표적인 방법은 각 범주별로 나타나는 도수를 정리하여 도수분포표를 작성하는 것이었다. 마찬가지로 이변량 질적자료인 경우에도 가장 대표적인 정리방법은 두 변수를 각각 범주별로 나타내어 도수로 정리하고 이원 도수분포표를 작성하는 것이다. 이원 도수분포표는 좌표평면처럼 가로축에 한 변수의 범주를 r개 나타내고 세로축에 다른 변수에 대한 범주를 c개 나타내어 범주와 범주가 만나는 $r \times c$개 지점에 각 범주의 도수를 기록하는 것을 말한다. 이와 같은 이원 도수분포표를 $r \times c$ **분할표**(contingency table) 또는 $r \times c$ **교차표**(cross table)라고 부른다.

아래의 [표 6-1]은 어떤 학교에서 학생 60명을 무작위 추출하여 성별과 현재 학교생활에서 만족하는 정도를 조사한 설문지 정리의 일부이다. 이때 표본 단위는 추출된 학생이 될 것이고 그 학생의 두 가지 속성은 성별과 만족도가 된다. 성별은 남자는 1, 여자는 2로 코딩하였고 학교생활의 만족도는 만족 1, 보통 2, 불만족 3으로 답하게 하였다.

[표 6-1] **성별에 따른 학교생활 만족도**

학생번호	1	2	3	4	5	6	7	8	9	10	11	......	60
성별	1	2	1	2	2	1	1	1	2	1	2	......	2
만족도	3	2	1	3	3	1	2	2	3	2	2	......	1

이 자료는 학생들의 성별자료와 학교생활의 만족도 자료를 동시에 수집한 것이므로 이변량 자료이다. 이 자료를 가지고 성별과 만족도에 대하여 각각 도수분포표를 작성해 보면 아래와 같다.

[표6-2] **성별 도수분포표**

성별	빈도	비율
남자	25	42%
여자	35	58%
합계	60	100%

[표6-3] **만족도 도수분포표**

만족도	빈도	비율
만족	28	47%
보통	28	47%
불만족	4	7%
합계	60	100%

그러나 이처럼 성별과 만족도를 별개의 도수분포표로 요약하면 성별에 따른 만족도에 관한 정보는 알 수가 없다, 이러한 경우는 이원 도수분포표로 정리하면 각 범주에 대한 도수를 쉽게 알 수 있어 두 변수의 관련된 특성을 매우 효과적으로 조사할 수 있다. [표 6-4]의 분할표를 보면 남자 중에서 학교생활에 만족한 사람은 14명, 보통인 사람은 10명, 불만인 사람은 1명이라는 것도 쉽게 파악할 수 있다. 일반적으로 분석을 쉽게 하기 위하여 각 칸의 빈도수 밑에 해당 백분율을 표시하기도 한다. 남학생 중에서 학교생활에 만족하는 학생은 56%이고 여학생 중에서 학교생활에 만족하는 학생은 40%이다.

[표 6-4] 성별에 따른 학교생활 만족도 2×3분할표

성별 \ 만족도	만족	보통	불만족	합계
남자	14 56%	10 40%	1 4%	25 100%
여자	14 40%	18 51%	3 9%	35 100%
합계	28 47%	28 47%	4 7%	60 100%

위의 [표 6-4]에서는 행을 기준으로 비율을 표시하였다. 필요에 따라서는 열을 기준으로 비율을 표시하기도 하고, 조사대상전체를 기준으로 비율을 표시하기 위하여 열과 행을 동시에 고려하기도 한다.

(수학성적, 영어성적), (소득, 소비)처럼 이변량 양적자료가 주어졌을 때 분할표를 통하여 관계를 파악하려 한다면 일변량 양적자료에서 도수분포표를 만들던 방법과 마찬가지로 양적자료를 명목자료나 서열자료로 변환하여 범주화하면 분할표를 만들 수 있다. 즉, 먼저 동일한 간격을 가지면서 서로 중복되지 않는 구간을 설정하여 그 구간에 속하는 도수를 구한 다음에 분할표를 만들면 된다. 예를 들어보자.

어떤 회사에서 영업사원의 나이와 실적 사이에 어떤 관계가 있는지를 알아보기 위하여 회사 영업사원 108명의 나이와 실적점수를 조사한 결과 다음과 같은 자료를 얻었다.

[표 6-5] 영업사원의 나이와 실적점수

사원번호	1	2	3	4	5	6	......	108
나이	31	42	27	44	51	29	......	46
실적점수	73	82	69	74	85	83	......	72

나이는 40세 미만, 40대, 50세 이상으로 범주화하고 실적점수는 80이상을 상, 60~79를 중, 60 미만을 하로 범주화하여 다음과 같은 3×3분할표를 만들었다.

[표 6-6] 나이에 따른 실적점수의 3×3분할표

나이 \ 실적점수	상	중	하	합계
40세 미만	6 18%	18 53%	10 29%	34 100%
40대	10 5%	16 40%	14 35%	40 100%
50세 이상	8 24%	20 59%	6 18%	34 100%
합계	24 22%	54 50%	30 28%	108 100%

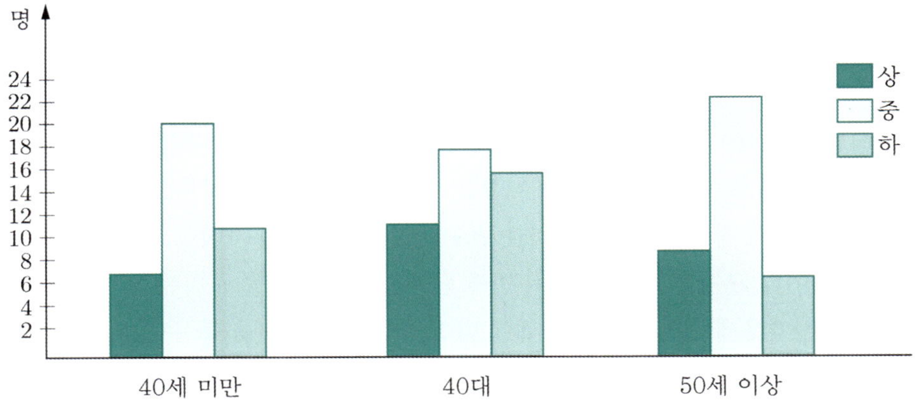

[그림 6-1] 나이에 따른 실적점수의 막대그래프

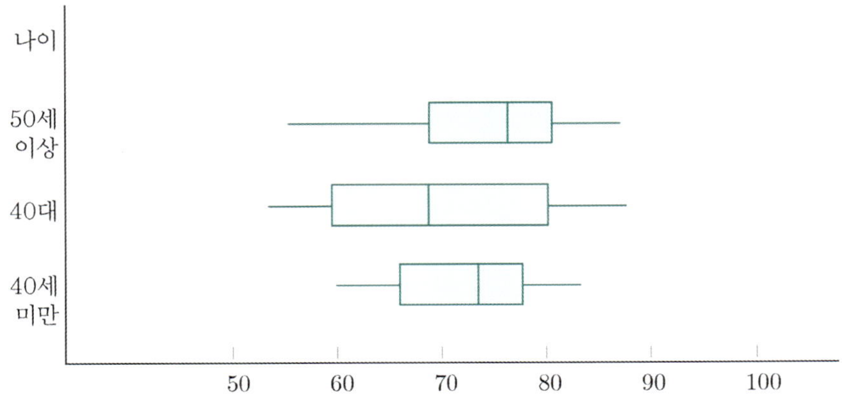

[그림 6-2] 나이에 따른 실적점수의 상자그림

상자그림은 표본 집단의 분포적 특성을 매우 명료하게 표현해 주기 때문에 여러 집단의 상자그림을 동일한 좌표평면위에 그리면 중심위치나 산포도를 쉽게 비교 할 수 있다.

2 관계의 표현

(1) 산점도와 상관계수

이변량 양적자료의 경우는 질적자료와 달리 두변수 사이의 관계를 하나의 수치로 요약할 수 있다. 두 양적자료들 간의 관계를 나타내는 통계량으로 상관계수가 있다. 편의상 두 양적변수를 각각 x와 y라고 하자. 관측값은 각 표본단위에 대하여 쌍으로 얻어지므로 표본의 크기가 n이면 (x_1, y_1), (x_2, y_2), $\cdots$, (x_n, y_n)으로 나타내진다. 두 변수 사이의 관계를 조사하는 첫 번째 단계는 x, y 좌표축을 만들어 좌표평면에 관측값 (x, y)를 표시하여 그림으로 나타내는 것이다. 이렇게 하여 얻은 그림을 **산점도**(scatter diagram)라고 한다. 산점도를 보면 변수사이의 관계를 시각적으로 느낄 수 있다. 여기서 두개의 변수는 서로 독립·종속적인 관계로 따지려는 것이 아니므로 어느 쪽을 x와 y로 정해도 관계없다. 그러나 제13장에서 다루게 되는 회귀분석에서는 변수간의 종속관계를 따진다.

두 변수 사이의 관계를 조사하는 두 번째 단계는 상관계수를 구하는 일이다. 산점도를 그려보면 많은 경우에 점들은 직선 둘레에 띠 모양을 이루는 것을 볼 수 있다. 이처럼 두 변수 사이의 관계가 직선관계라고 대강 파악이 된 경우에 좀 더 정밀한 분석을 위해서 이러한 관계를 하나의 수치로 나타내는 상관계수를 계산한다. 상관계수는 두 변수사이의 직선적인 관련정도를 측정하기 위한 통계치이다. 상관계수는 영국의 통계학자 피어슨(K. Pearson)에 의하여 제안되었으므로 피어슨의 상관계수라고도 한다. 산점도에서 나타난 선형관계의 정도, 즉 직선과 어느 정도 가깝게 점들이 흩어져 있느냐 하는 선형관계에 대한 강도를 측정하는 수치적 측도인 상관계수는 다음과 같이 정의된다.

상관계수 (r)

$$r = \frac{s_{xy}}{s_x \, s_y} \quad \text{단, } s_{xy} = \frac{1}{n-1} \sum_{i=1}^{n} (x_i - \overline{x})(y_i - \overline{y})$$

s_x은 $x_1, \cdots, x_n$의 표준편차　　s_y은 $y_1, \cdots, y_n$의 표준편차

상관계수를 손으로 계산 할 때는 다음의 식을 사용하는 것이 간편하다.

$$r = \frac{n\sum x_i y_i - (\sum x_i)(\sum y_i)}{\sqrt{n\sum x_i^2 - (\sum x_i)^2}\ \sqrt{n\sum y_i^2 - (\sum y_i)^2}}$$

상관계수의 몇 가지 중요한 특성을 설명한다.

① 상관계수 r는 항상 -1과 1 사이의 값을 취한다.

② 관계의 방향

$r > 0$ 이면 x와 y는 양의 상관관계에 있다고 말한다. 이것은 한쪽 변수가 증가할 때 다른 쪽 변수도 증가하는 경향이 있는 경우이다.

$r < 0$ 이면 x와 y는 음의 상관관계에 있다고 말한다. 이것은 한쪽 변수가 증가할 때 다른 쪽 변수는 감소하는 경향이 있는 경우이다.

$r = 0$ 이면 x와 y는 무상관이라고 한다.

③ 관계의 강도

r 의 절대값이 클수록 x와 y 사이에 더 강한 선형관계가 있다.

$r = \pm 1$이면 모든 관측값이 완전하게 직선위에 놓이는 경우이다.

일반적으로 상관계수의 정도에 대한 두 변수의 관련정도는 다음과 같다.

1.0~0.7 ($-1.0 \sim -0.7$)의 경우: 매우 강한 관계
0.7~0.4 ($-0.7 \sim -0.4$)의 경우: 상당한 관계
0.4~0.2 ($-0.4 \sim -0.2$)의 경우: 약간의 관계
0.2~0.0 ($-0.2 \sim -0.0$)의 경우: 관계가 없음

[그림 6-3]의 (e), (f)처럼 점들이 원모양이나 2차식의 모양을 하고 있을 때 r의 값은 0에 가깝게 된다. 이는 상관계수가 두 변수 간의 선형관계에 대한 측도이지 곡선관계 또는 기타 다른 관계를 나타내는 측도는 아니라는 것을 말한다. 산점도에서 두 변수의 관계가 곡선이거나 다른 함수형태의 관계인 경우에는 상관계수를 구할 의미가 없어진다.

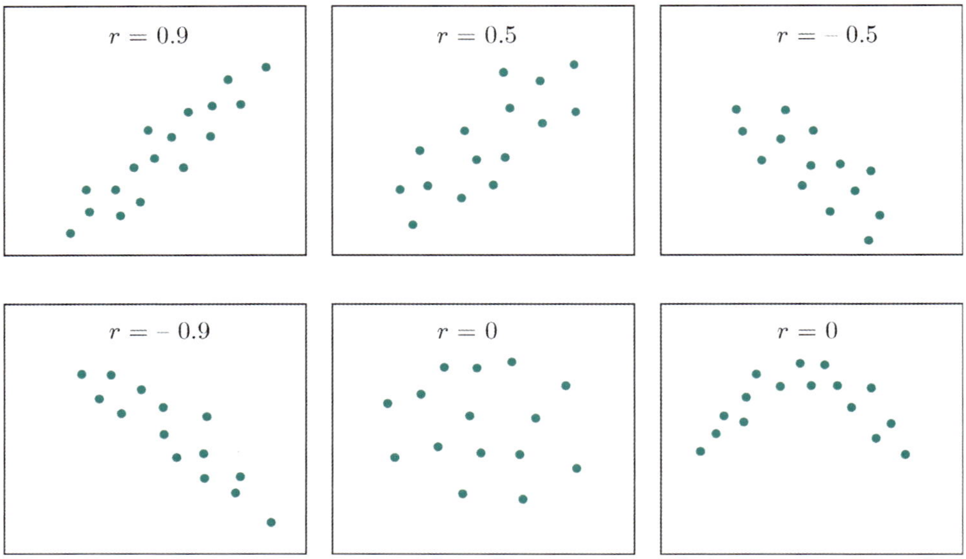

[그림 6-3] 산점도와 상관계수

예제 6.1

다음 표는 유치원 어린이들의 이해력(x)과 창의력(y) 사이에 어떤 관련성이 있는지 알아보기 위해 어린이 10명을 임의로 택하여 조사한 자료이다. 상관계수를 구해보라.

[표 6-7] 이해력과 창의력에 대한 자료

원생번호	1	2	3	4	5	6	7	8	9	10
이해력 (x)	18	16	15	17	19	23	22	20	19	21
창의력 (y)	15	14	12	13	14	17	18	15	16	15

풀이 이해력을 x축, 창의력을 y축에 놓고 산점도를 그리면 다음과 같다.

[그림 6-4]의 산점도에서 x값이 클수록 y값이 커지는 경향이 보이며 이는 두 변수 x, y 사이에 직선관계의 관련성이 있을 것으로 예측되어 상관계수를 구해보도록 하였다.

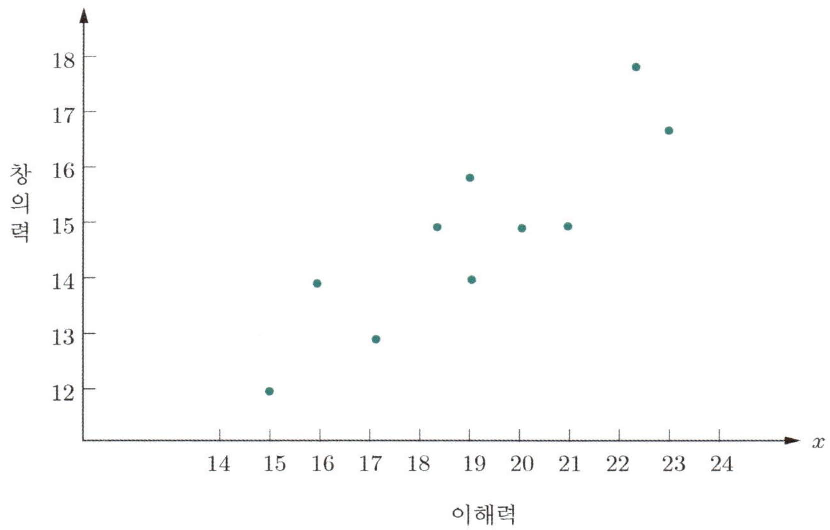

[그림 6-4] 이해력과 창의력에 대한 산점도

[표 6-8] 상관계수를 위한 중간계산

	x	y	xy	x^2	y^2
1	18	15	270	324	225
2	16	14	224	256	196
3	15	12	180	225	144
4	17	13	221	289	169
5	19	14	266	361	196
6	23	17	391	529	289
7	22	18	396	484	324
8	20	15	300	400	225
9	19	16	304	361	256
10	21	15	315	441	225
합계	190	149	2867	3670	2249

상관계수를 구하는 편리한 계산공식에 [표 6-8]의 값을 대입하여 상관계수를 구해보자.

$$r = \frac{n\sum x_i y_i - (\sum x_i)(\sum y_i)}{\sqrt{n\sum x_i^2 - (\sum x_i)^2}\ \sqrt{n\sum y_i^2 - (\sum y_i)^2}}$$

$$= \frac{10 \times 2867 - 190 \times 149}{\sqrt{10 \times 3670 - (190)^2}\ \sqrt{10 \times 2249 - (149)^2}}$$

$$= 0.865$$

이해력과 창의력과의 상관계수는 0.865 이다. 이해력과 창의력 사이에는 높은 양의 상관관계에 있음을 알 수 있다.

■ **순위상관계수**

앞에서는 양적자료들 간의 직선관계를 상관계수로 표시했다. 그러나 때로는 실제로 양적인 관측이 불가능하거나 측정단위가 명확하지 않아 의미가 없는 경우도 있다. 이러한 경우에 상대적으로 비교하여 순위는 정할 수 있다면 순위자료로 상관계수를 계산할 수 있다. 가령 미술대회에서 10개의 그림을 평가하는 경우 실제의 점수로 평가하기보다는 순위를 매길 경우에 두 심사관의 평가가 어느 정도 일치하는지를 순위상관계수로 알 수 있다.

두 변수 x, y의 n 개의 각각에 순위를 매겨서 순위의 짝을 $(x_1, y_1), (x_2, y_2), \cdots, (x_n, y_n)$이라 하자. **순위상관계수**(rank correlation coefficient)는 Spearman이 제안했으므로 r_s라는 기호로 표시하고 다음과 같이 정의한다.

순위상관계수 (r_s)

$$r_s = 1 - \frac{6 \sum_{i=1}^{n} (x_i - y_i)^2}{n\,(n^2 - 1)}$$

이들 (x_i, y_i) 값들은 1, 2, 3⋯이라는 정수값 만으로 되어 있으므로 계산이 간단하다. 만일 순위가 같은 것이 있으면 그 평균을 사용한다. 예를 들어 2, 3위가 동점이면 이들 순위는 2.5위로 한다. 또 6, 7, 8위가 동점이면 이들의 평균 7을 모두 사용한다. 정량적인 자료도 순위자료로 바꾸어서 순위상관계수를 얻을 수 있다.

예제 6.2

같은 종류의 상품이 10개의 회사에서 제조되고 있다. 소비자가 선호하는 순서와 가격사이에 상관이 있는지를 조사하였더니 다음과 같았다. 순위상관계수를 구하여라.

[표 6-9] **상품의 가격과 소비자의 선호도**

상품번호	선호순위 x	실제가격	가격순위 y
1	7	3500	1
2	4	4300	5
3	2	3800	3
4	6	3900	4
5	1	5200	8
6	3	4900	7
7	8	3700	2
8	5	4400	6

풀이 소비자가 선호하는 상품의 선호도와 가격사이의 순위상관계수를 구하기 위해서 가격을 저렴한 것부터 1, 2,⋯ 순위를 주어 순위자료로 바꾸었다. 순위자료에서 순위상관계수를 구해보면

$$r_s = 1 - \frac{6\{(7-1)^2 + (4-5)^2 + \cdots + (5-6)^2\}}{8(8^2-1)}$$

$$= 1 - \frac{6 \times 144}{8 \times (64-1)}$$

$$= -0.714$$

이 된다. 선호하는 순서와 가격사이에 상관이 음의 상관이므로 선호하는 상품일수록 상품의 가격이 비싸다는 것을 알 수 있다.

예제 6.3

다음은 12명의 입학성적순위(x)와 졸업성적순위(y)를 나타낸 것이다. 입학성적과 졸업성적에 상관관계가 있는지 순위상관계수를 구하여 알아보라.

[표 6-10] **입학성적과 졸업성적의 순위표**

학생번호	1	2	3	4	5	6	7	8	9	10	11	12
입학순위 x	1	2	3	4	5.5	5.5	7	8	9	10	11	12
졸업순위 y	1	4	5.5	7	3	5.5	10.5	8	9	2	10.5	12

풀이 $D^2 = 0 + 4 + 6.25 + 9 + 6.25 + 0 + 12.25 + 0 + 0 + 64 + 0.25 + 0$

$= 102$

$$\therefore\ r_s = 1 - \frac{6 \times 102}{12(12^2 - 1)} = 0.6434$$

입학성적순위와 졸업성적순위의 상관계수는 0.6434 이다. 따라서 우수한 성적으로 입학한 학생이 졸업성적도 우수하다는 것을 알 수 있다.

3 다변량자료의 표현방법

(1) 산점도행렬과 상관계수행렬

다변량 자료의 기초적 분석으로 가장 이해하기 쉽고 유용한 것은 산점도 행렬과 상관계수 행렬이다. 이변량 자료에서 두 개씩 살펴보던 산점도와 상관계수를 다변량 분석에서는 산점도 행렬과 상관계수 행렬의 형태로 나타낸다.

예제 6.4

어떤 기업에서 광고비지출, 상여금지출, 매출액이라는 세 변량 간의 상관관계를 조사하기 위하여 10개의 대리점의 자료를 조사하였다.

[표 6-11] **광고비, 상여금, 매출액 자료**

(단위:천만원)

대리점	광고비	상여금	매출액
1	1.2	1.0	101
2	0.8	0.7	92
3	1.0	0.8	110
4	1.3	0.9	120
5	0.7	0.7	90
6	0.8	0.7	82
7	1.0	0.8	93
8	0.6	0.5	75
9	0.9	0.6	91
10	1.1	0.9	105

[그림 6-5]에서는 (매출액, 광고비), (매출액, 상여금), (광고비, 상여금)에 대한 세 개의 산점도를 대칭적으로 나타내고 있다. 산점도 행렬을 통하여 두 변수씩의 상관관계를 직접 볼 수 있는 것 외에 모여 있는 그룹의 형태와 이상값의 존재 등을 파악할 수 있다

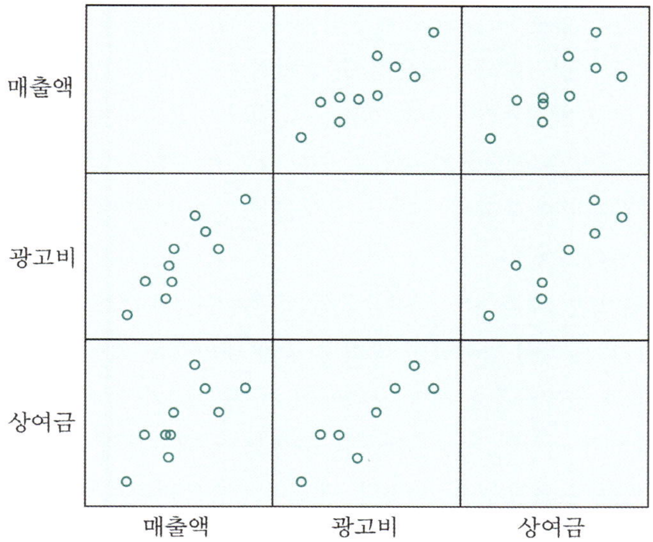

[그림 6-5] 산점도 행렬

[표 6-12] 상관계수행렬

	매출액	광고비	상여금
매출액	1	0.875	0.772
광고비	0.875	1	0.884
상여금	0.772	0.884	1

위의 상관행렬을 살펴보면 매출액, 광고비, 상여금 간에는 모두 높은 양의 상관관계가 존재함을 알 수 있다.

(2) 편상관계수

두 변수간의 상관관계를 살펴볼 때 제3의 변수가 이들 변수에 미치는 영향에 대하여 주의를 기울여야 한다. 어떤 두 변수가 다른 제3의 변수와의 상관관계가 높으면 두 변수의 상

관관계는 순수한 상관보다도 높게 나타날 수 있기 때문이다. 이때 두변수의 순수한 상관관계를 알기 위해서는 제3의 변수를 통제하여야 한다. 제3의 변수를 통제한 상태에서 구한 두 변수의 상관계수를 **편상관계수**(partial correlation)라고 한다.

재미있는 예가 있다. 여름 휴가시즌의 평일날(토, 일요일 제외) 어느 해변가 낡은 콘도에 출몰한 개미의 수와 그날 콘도 앞을 지난 승용차의 수와의 상관관계를 조사했더니 상관관계가 높게 나타났다는 것이다. 즉, 승용차 수가 많을수록 개미가 많이 출몰한다는 것이다. 개미가 승용차를 타고 왔겠는가? 한편, 개미는 날씨가 더울수록 많이 나타나는 경향이 있다고 한다. 따라서 개미 수와 승용차 수의 순수한 상관관계를 조사하려면 온도를 통제변수로 설정하고 편상관계수를 구하여야 한다. 온도를 일정하게 한 경우 예상한대로 편상관계수는 매우 낮게 나왔다고 한다.

위의 [표 6-12]을 보면 매출액과 상여금간의 상관계수는 0.772로서 높은 상관관계가 있는 것으로 나타났다. 따라서 상여금을 많이 지불한 대리점은 매출도 높은 것으로 추정된다. 여기서 광고비의 영향력을 통제한 상태에서 즉, 광고비가 일정한 경우 매출액과 상여금의 관계를 분석하기 위하여 편상관계수를 구해보자. 대부분의 통계프로그램에서 클릭만으로 편상관계수를 손쉽게 얻을 수 있다. 광고비를 통제변수로 설정한 상태에서 매출액과 상여금 간의 편상관계수 값은 −0.006으로 무상관이라는 결과가 나왔다. 상여금을 많이 지불한 대리점의 매출액이 높은 실제 이유는 광고비 지출이 높기 때문인 것이다. 따라서 매출액과 상여금 간에 순수한 상관관계는 거의 없는 것으로 추정 된다. 편상관계수는 이러한 면에서 의미를 갖는다. 한편, 상여금을 통제했을 때 매출액과 광고비의 편상관계수는 0.649로서 상당히 관계가 높음을 알 수 있다.

(3) 심슨의 모순

전체적으로 높은 비율을 갖는 집단을 특성에 따라 여러 범주로 다시 분류하면 각 범주 내에서는 오히려 낮은 비율을 가질 수도 있다는 재미있는 현상이 있다. 1951년 이 현상을 설명한 E. H. Simpson의 이름을 따서 **심슨의 모순**(Simpson's paradox)이라 부른다.

예제 6.5

어느 회사에서 총 455명의 신입사원을 모집하였는데 여성의 채용비율은 42%, 남성 채용비율은 55%이었다. 여성의 채용비율이 남성에 비하여 저조하다고 생각한 고용평등위원회는 다음과 같은 성별·채용여부에 대한 이원도수분포표 자료를 제시하며 이 회사의 사원채용에 성차별이 있다고 문제를 제기하였다.

전체 신입사원 채용현황

	채용	불채용	합계
여성	125	175	300
남성	330	270	600

전체사원 채용비율 : 여성 125/300 = 0.42 < 남성 330/600 = 0.55

두 범주인 성별과 채용여부의 관계를 정확히 보기위해서는 자료의 퍼센트를 구하는 것이 좋다. 남성들은 지원했던 남성들 중에서 55%나 채용이 되었으나 여성의 경우는 40% 정도만 채용되었다. 이 자료는 회사 전체에서를 살폈을 때 지원자들 중 여성 채용률이 남성보다도 낮다는 것을 보여주고 있다. 그러나 회사 측에서는 성차별에 의한 것은 아니라고 답변하면서 이러한 사실을 입증하기위해서 성별 · 채용여부 · 직종으로 분류한 삼원도수분포표 자료를 제시하였다.

사무직사원 채용현황

사무직			
	채용	불채용	합계
여성	40	160	200
남성	30	170	200

사무직사원 채용비율 : 여성 40/200 = 0.20 > 남성 : 30/200 = 0.15

생산직사원 채용현황

생산직			
	채용	불채용	합계
여성	85	15	100
남성	300	100	400

생산직사원 채용비율 : 여성 85/100 = 0.85 > 남성 300/400 = 0.75

직종별로 살펴보니 오히려 사무직과 생산직에서 모두 여성의 채용비율이 남성보다도 높게 나왔다(직종별로 보았을 때 이와 같은 상황이 발생한 원인은 여성과 남성의 지원자 수가 다르기 때문이다). 이처럼 총괄적인 분할표가 설명하는 사실을 세분화된 분할표가 뒤집어 놓는 것을 심슨의 모순이라고 한다. 역으로 말하면 하위집단에서 관찰된 관계는 하위집단들이 결합되었을 때 그 관계가 바뀌어 나타날 수 있다는 것이다. 직종이라는 잠재변수의 효과로 인해 두 범주형 변수들 사이의 관계가 바뀌었으므로 직종별 차이를 생각하지 못했던 원래 분할표는 잘못이 있다. 이것은 변수를 제대로 관리하지 못해 실제 관계와 상반된 관계가 나타나는 현상인 심슨의 모순의 한 예이다.

심슨의 모순은 이원 도수분포표에만 전적으로 의지하는 것은 잘못된 해석을 초래할 수 있음을 경고하고 있다. 어느 한 변수(채용여부)에 관심을 둘 때 이에 영향을 줄 수 있는 다른 변수(직종분야)를 동시에 고려해야 할 필요가 있음을 염두에 두어야 한다. 우리 주변에는 이와 같은 경우를 흔히 볼 수 있다. 예를 들면 정당 지지도에 관한 여론 조사를 할 경우에 어떤 분할표를 작성할 것인가에 대한 충분한 고려가 필요하다. 연령대와 지지정당만 고려한 이원 도수분포표에서는 두 변수가 관련이 있는 것으로 나타날 수 있으나 학력수준에 따라 연령대와 지지정당을 고려하면 관련이 없을 지도 모르기 때문이다.

예제 6.6

어느 시즌 프로야구 결과표를 보자. 타자 A는 야구 시즌 전반기에 100번 타석에 나와 0.35의 타율을, 후반기에는 10번 나와 0.2의 타율을 보였다. 이에 반해 타자 B는 전반기에 10번 타석에 나와 0.4의 타율을, 후반기에는 100번 나와 0.25의 타율을 보였다. 전반기와 후반기 모두 타자 B의 타율이 높지만, 전체적인 타율은 타자 A가 높다. 이해를 수월하게 하기 위하여 아래 표로 정리하였다.

	전반기	후반기	전체
타자 A	$\frac{35}{100}=0.35$	$\frac{2}{10}=0.2$	$\frac{37}{110}=0.336$
타자 B	$\frac{4}{10}=0.4$	$\frac{25}{100}=0.25$	$\frac{29}{110}=0.264$

이처럼 심슨의 모순은 각 부분에 대하여 성립한 사실이 그 부분을 종합한 전체에 대해서

는 성립하지 않는다는 경우를 말한다. 그러나 이 결과가 수학적으로 모순은 아니다. 왜냐하면 이것은 $\frac{a}{b} < \frac{a'}{b'}$, $\frac{c}{d} < \frac{c'}{d'}$ 라고 해서 $\frac{a+c}{b+d} < \frac{a'+c'}{b'+d'}$ 를 보장하는 것은 아니기 때문이다.

4 다변량 분석방법의 소개

다변량 통계분석의 목적은 여러 개의 변수를 동시에 분석하여 여러 변수들의 상호 연관성을 측정하고 설명하며 예측하려는 것이다. 실제로 세상에서 일어나는 모든 현상은 여러 개의 요인들이 서로 복잡하게 얽히면서 발생하기 때문에 그 현상을 해명하기 위한 방법으로 다변량 통계분석법은 매우 중요하게 다루어진다. 일찌기 다변량 분석법은 계산식이 너무 복잡하여 이론만이 존재했었으나 현재는 컴퓨터의 출현과 개인용 컴퓨터의 급속한 발달에 따라 누구나 필요한 사람이면 책상에 앉아 손쉽게 다변량 분석법을 사용할 수 있게 되었다.

다변량 분석법에는 주성분분석, 판별분석, 요인분석, 군집분석과 같은 다변량 분석법만의 독특한 분석방법이 있다. 다변량 분석법을 간략히 다루기는 힘들지만 다변량 통계분석법에서 사용되는 주된 방법과 그 응용 예를 몇 가지 소개함으로써 이러한 기법들이 어떤 경우에 적절히 쓰이는 지를 간략히 설명하고자 한다.

(1) 주성분분석법

주성분분석(principal component analysis)은 p 개의 변수 $X_1, X_2, \cdots, X_p$ 의 종합적인 특성을 아래와 같은 1차식

$$Y_1 = a_1 X_1 + a_2 X_2 + \cdots + a_p X_p$$
$$Y_2 = b_1 X_1 + b_2 X_2 + \cdots + b_p X_p$$
$$\cdots\cdots$$

으로 표현되는 **주성분**으로 설명하려는 것이다. 원래 자료에 나타나 있지 않지만 자료 전체의 변동 중에서 상당한 부분을 설명하는 주된 성분을 찾아 분석하는 기법이다. 주성분이 몇 개가 있을 때 제1주성분(Y_1), 제2주성분(Y_2)··· 등으로 부른다.

예제 6.7

은행에서 기업을 평가하는 경우를 생각해 보자. 은행에서는 기업 평가의 요소로서 매상고, 자본금, 사업손익, 부채를 대상으로 하여 회사를 평가하기로 했다. 이러한 몇 종류의 자료를 가지고 기업의 종합적 특성치와 같은 것을 만들어 하나의 척도위에 둘 수 있는 적당한 방법은 없는 것일까. 그래서 그것들을 변수로 주성분분석을 하여,

$$Y_1 = a_1 \times \text{매상고} + a_2 \times \text{자본금} + a_3 \times \text{사업손익} + a_4 \times \text{부채}$$

$$Y_2 = b_1 \times \text{매상고} + b_2 \times \text{자본금} + b_3 \times \text{사업손익} + b_4 \times \text{부채}$$

$$\cdots\cdots$$

라고 하는 주성분을 구하게 된다. 다음에 각각의 계수 (a_1, a_2, a_3, a_4), $(b_1, b_2, b_3, b_4)\cdots$ 들을 보면서 예를 들어 제1 주성분(Y_1)은 기업의 안전성이고 제2 주성분(Y_2)은 기업의 장래성이라고 기업들의 종합적인 특성을 파악해 보는 것이다.

(2) 요인분석법

요인분석(factor analysis)은 많은 변수들의 값을 몇 개의 잠재되어 있는 공통요인으로 설명하려는 것이다. 여러 변수간의 관계성이나 패턴을 파악하고 변수들이 갖고 있는 정보를 적은 수의 구조로 축약하거나 요약하기 위해 사용하는 통계기법이다. 요인분석을 통해 많은 변수들의 상호관련성을 분석할 수 있고, 이러한 관련성을 기초로 각 변수들이 공통으로 갖고 있는 잠재적인 요인을 파악하고 설명할 수 있게 된다. 이 방법은 현상의 배후에 있는 요인을 명확히 하기 위한 것이며 그 요인 해석에 중점을 두는 것이 특징이다.

예제 6.8

제품을 구입하는 소비자들의 소비심리를 파악하기 위하여 구매에 영향을 미치는 10가지 속성들을 조사하였다. ①개성을 발휘할 수 있는 것, ②분위기와 겉모양, ③회사의 신뢰도, ④고급스러운 것, ⑤광고 이미지, ⑥주위의 평판, ⑦품질, ⑧저렴한 가격, ⑨자신의 감각에 맞는 것, ⑩기능, 사용의 편리함 여러 가지 현상사이에 있는 상관관계를 끄집어내어 그들의 배후에 있는 공통요인을 찾아내기 위하여 요인분석을 하였다. 그 결과 소비심리 요인으로 다음의 3가지 요인이 차례대로 파악되었다.

요인	변수	
요인 1 감성요인	① 개성을 발휘할 수 있는 것 ④ 고급스러운 것	② 분위기와 겉모양 ⑨ 자신의 감각에 맞는 것
요인 2 신뢰/이미지요인	③ 회사의 신뢰도 ⑥ 주위의 평판	⑤ 광고 이미지
요인 3 가격/기능요인	⑦ 품질 ⑩ 기능, 사용의 편리함	⑧ 저렴한 가격

(3) 판별분석법

판별분석(discriminant analysis)은 연구자가 어떤 관찰값을 여러 개의 그룹 중 어느 하나에 속하는 것으로 판단해야 하는 경우에 사용되는 방법이다. 1936년 피셔(R.Fisher)가 붓꽃과에 속하는 3종류의 식물판별에 응용한 이래 지금은 생물분류학 이외의 여러 부분에서도 널리 사용되고 있다. 새로운 관찰값이 어느 그룹에 더 가까운가를 판단하기 위해서는 판별하기 위한 기준이 있어야 한다. 자주 사용되는 판별기준으로는 다음과 같은 선형판별함수가 있다. 각 그룹에 대해서 p개의 설명변수 $X_1, \cdots, X_p$가 측정되어 있을 때 두 그룹 사이에 선형판별함수 라는 1차식

$$a_0 + a_1 X_1 + \cdots + a_p X_p = 0$$

의 경계선 또는 경계면을 넣어 새로운 표본이 경계의 어느 쪽에 속하는 가를 판별하는 것이다.

예제 6.9

의사가 병을 진단하는데 위암인지 위궤양인지 하는 두 그룹 중 어느 쪽인가를 판별해야할 경우에 응용할 수가 있다. 이미 확인되어 있는 위암 환자 그룹과 위궤양환자 그룹의 자료를 근거로 해서 선형판별함수를 구하여 두개의 그룹 간에 경계를 설정한 다음 새 환자의 검사결과자료를 통해 어느 그룹 쪽에 속하는 지를 판별하는 것이다.

(4) 군집분석법

관찰이나 실험 등을 통해 얻은 개체들을 분류하는 일은 과학에서는 매우 중요한 연구영역이 아닐 수 없다. 판별분석에서는 이미 정해진 그룹이나 집단으로 개체들을 분류하는 것이었다. 이에 반해 **군집분석**(Cluster Analysis)은 군집의 개수, 내용, 구조 등이 알려지지 않은 상태에서 군집을 형성하고 형성된 군집의 특성을 파악하며 군집들 간의 관계를 분석하는 일종의 탐색적 통계분석 방법이다. 군집분석에서는 주어진 다변량 자료를 대상으로 가장 가까운 것끼리 자연스러운 집단으로 묶는 작업을 하게 된다. 가깝다는 것(유사성)을 여러 가지로 정의한다.

예제 6.10

10명의 판매원을 사교성과 직무성적, 판매성적을 토대로 몇 개의 군집으로 의미있게 분류할 수 있는가? 그리고 각각의 군집에 속하는 판매원들은 누구인가?

풀이

평균 연결을 사용한 덴드로그램(집단 간)
척도 조정된 거리 군집 조합

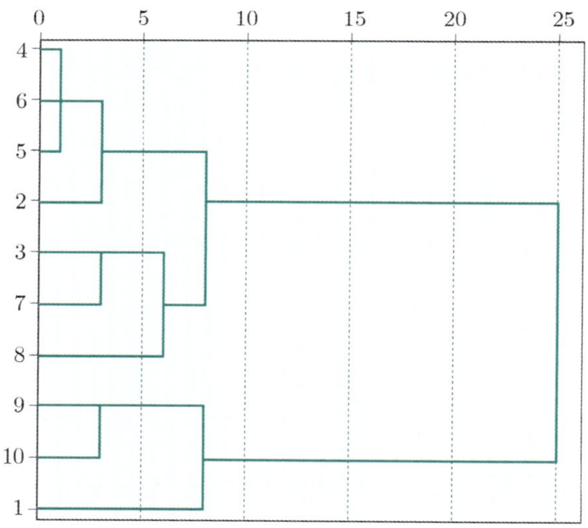

덴드로그램은 케이스들이 군집화 되는 과정을 그림으로 보여주는 것이다. 덴드로그램을 보고 적절한 군집의 수를 정해야 한다. 예를 들어 판매원 4, 6, 5, 2가 하나의 군집으로, 3, 7, 8이 또 하나의 군집으로 그리고 9, 10, 1이 마지막 또 하나의 군집으로 분류되는 것이 적절하다고 판단할 수 있다.

연습문제

1. 두 종류의 사료가 우유의 생산량에 미치는 영향에 대하여 조사하기 위하여 젖소를 대상으로 실험을 하였다. 31마리 중에서 랜덤하게 선택된 16마리와 15마리에게 각각 다른 사료를 준 결과 다음과 같은 자료를 얻었다. 두 경우의 상자그림을 그려 비교해 보시오.

사료 1	41, 44, 42, 45, 49, 46, 48, 50 42, 44, 46, 46, 47, 48, 47, 45
사료 2	40, 46, 42, 45, 45, 46, 42, 44 40, 40, 44, 46, 42, 42, 44

2. 중소기업들을 대상으로 전산화 사업을 하고 있는 업체에서 사업비의 규모와 사업기간 사이의 상관관계를 알아보기 위하여 15개 용역사업을 랜덤하게 추출하여 조사한 결과 다음을 얻었다. 산점도를 그리고 상관계수를 구하시오.

사업비규모(억원)	4	4	5	5	6	7	7	8	8	9	10	11	11	12	14
사업기간(개월)	8	6	7	9	10	8	9	11	12	8	12	12	18	9	12

3. 어떤 대학 1학년 학생의 수능성적과 입학성적을 살펴보기 위하여 8명을 랜덤하게 추출하여 아래의 자료를 얻었다. 산점도를 그리고 상관계수를 구하시오.

수능성적	220	230	235	250	260	280	290
입학성적	540	545	560	580	630	630	700

4. 갑, 을 두 사람에게 7종류의 음식 A부터 G까지에 대해서 좋아하는 순으로 순위를 기록하라고 하였다. 그들이 기록한 자료를 보고 두 사람의 기호에 대한 상관계수를 구하고 두 사람의 기호가 어떤지 말해보시오.

	A	B	C	D	E	F	G
갑	2	4	1	7	3	5	6
을	5	4	7	3	6	2	1

07

통계적 추론을 위한 준비

1. 확률표본과 표본분포
2. 표본평균의 분포
3. 중심극한정리
4. 카이제곱분포와 F분포

7 통계적 추론을 위한 준비

우리는 일상생활에서 미지의 값이나 미래의 현상을 가능한 정확하게 서술하고 추론하기를 원한다. 예를 들어 우리나라 여대생들은 하루에 몇 시간이나 전공공부를 하는지, 남자 대학생들에 비하여 공부하는 시간이 더 많은지 등을 알고 싶을 때가 있다. 하지만 우리나라 여대생 전체를 대상으로 공부에 소요하는 시간을 조사하기란 현실적으로 불가능하다. 따라서 모집단으로부터 일부를 표본조사하여 그 자료에서 얻은 정보를 통해 모집단에 대해 추론하고 결론을 이끌어 낸다. 이처럼 표본에서 얻은 정보를 이용하여 모집단에 관한 어떤 결론을 내리는 것을 추론통계학이라고 한다(제1장 참조). 이 장에서는 표본에서 얻은 정보인 통계량－표본평균, 표본분산－들이 어떻게 분포하는지를 이해함으로서 다음 장부터 소개되는 추론통계학의 이론적인 기초를 다지고자 한다. 따라서 이 장은 모집단과 표본의 추론을 연결해주는 중요한 연결 축 역할을 할 것이다.

1 확률표본과 표본분포

휴대폰 배터리를 제조하고 있는 회사가 있다. 이 회사에서 배터리 수명이 얼마나 되는지를 알아보기 위하여 n개의 배터리를 무작위로 추출하여 조사하기로 하였다. 배터리 수명이란 여러 가지 값을 취할 수 있으며 그 값들 이면에는 확률이 내포되어 있는 확률변수이므로 이론적으로 다루기 위하여 영문대문자 X로 나타내자. 첫 번째로 추출 된 배터리 수명을 X_1, 두 번째 배터리 수명을 X_2, 같은 방법으로 계속하여 n 번째 추출된 배터리 수명을 X_n으로 나타낸다. 배터리 수명들은 무작위로 추출되었으므로 이들은 서로 아무런 관계가 없이 독립적이다. 이렇게 얻은 표본 $X_1, X_2, \cdots, X_n$은 서로 독립적이고 동일한 모집단에서 동일한 분포를 따르는 확률변수들인데 이러한 표본을 **확률표본**(random sample)이라 한다. 확률표본의 관측된 관찰값을 자료라 하며 소문자 $x_1,\ x_2, \ldots, x_n$ 으로 나타낸다.

모집단의 특성을 나타내는 모수에 대응되는 표본에서의 개념은 통계량이다. 통계량은 표본의 특성을 나타내는 값인데 대표적인 통계량으로서는 **표본평균**, **표본분산**, **표본비율**이 있으며 다음과 같이 정의된다.

$$\text{표본평균 } \overline{X} = \frac{1}{n}\sum_{i=1}^{n} X_i$$

$$\text{표본분산 } S^2 = \frac{1}{n-1}\sum_{i=1}^{n} (X_i - \overline{X})^2$$

$$\text{표본비율 } \hat{p} = \frac{Y}{n}$$ (단, Y는 어떤 특성을 갖는 원소의 개수).

표본평균$\overline{X}$, 표본분산S^2, 표본비율 $\hat{p}$ 과 같은 통계량의 궁극적인 활용은 모집단의 특성인 모평균 μ, 모분산 σ^2, 모비율 p과 같은 모수를 추정하고 검정하기 위함이다. 여기서 문제는 통계량과 참값인 모수 사이에 어느 정도의 차이가 나는가 하는 것인데 이를 규명하기 위해서는 통계량이 어떻게 분포되어 있는지를 아는 것이 필요하다. 통계량은 확률변수들의 함수이므로 그 역시 하나의 확률변수이고 따라서 확률분포를 갖게 되는데 일반적으로 통계량의 확률분포를 **표본분포**(sampling distribution)라고 한다. 예를 들어 위의 휴대폰 배터리 제조회사에서 배터리의 평균수명을 알고 싶어 하는 경우, 같은 크기의 확률표본을 만일 100번 추출한다면 100개의 표본으로부터 100개의 평균값을 얻게 되므로 평균이 분포하는 개략의 모습을 그려볼 수 있다. 이때의 분포는 표본평균의 표본분포이다. 통계량이 어떤 값을 어느 정도의 빈도로 갖는가는 표본분포에 의하여 결정되므로 통계적 추론에서 표본분포가 갖는 의미는 대단히 크다 하겠다.

2 표본평균의 분포

(1) 모분산을 아는 경우

표본평균 $\overline{X}$는 통계적 추론에 많이 쓰이는 매우 중요한 통계량이다. 표본평균의 분포란 동일한 모집단에서 일정 크기의 확률표본을 여러 번 추출하여 각 확률표본에서 얻은 표본평균의 확률분포를 말한다. 모평균 μ, 모분산σ^2인 모집단으로부터 확률표본 X_1, X_2,

$\dots, X_n$을 얻은 후, 이 확률표본에서 구한 표본평균 $\overline{X}$의 분포를 파악하기 위해서 먼저 $\overline{X}$의 기대값과 분산을 구해보자. 표본평균 $\overline{X}$의 기대값은

$$E(\overline{X}) = \frac{1}{n}E(X_1 + \cdots + X_n) = \frac{1}{n}[E(X_1) + \cdots + E(X_n)] = \frac{1}{n} \times n\mu = \mu$$

표본평균의 분산은 $X_1, X_2, \cdots, X_n$이 서로 독립이므로 다음과 같이 계산된다.

$$\begin{aligned} Var(\overline{X}) &= \frac{1}{n^2} Var(X_1 + \cdots + X_n) \\ &= \frac{1}{n^2}[Var(X_1) + \cdots + Var(X_n)] \\ &= \frac{1}{n^2} \times n\sigma^2 = \frac{\sigma^2}{n} \end{aligned}$$

여러 개의 확률표본들에서 얻어진 표본평균 $\overline{X}$ 값이 모집단의 실제 평균 μ에 집중하며 표본평균 $\overline{X}$의 분산은 원래 모집단의 분산보다 작아진다는 것은 매우 중요한 특징이다. 이제 표본평균 $\overline{X}$의 분포의 평균은 μ이고 분산은 σ^2/n 임을 알았으나 그 분포하는 형태를 아는 것이 관건이다. 만일 확률표본이 추출되는 원래의 모집단이 정규분포를 하고 있다면 $\overline{X}$의 분포는 당연히 정규분포를 한다. 즉 정규모집단 $N(\mu, \sigma^2)$에서의 표본평균은 평균μ, 분산 σ^2/n인 정규분포를 한다.

> **표본평균 $\overline{X}$의 분포~ 모분산을 아는 경우**
>
> 평균 μ, 분산 σ^2인 정규 모집단에서 크기n의 확률표본의 표본평균 $\overline{X}$ 의 분포는 평균이 μ, 분산이 $\frac{\sigma^2}{n}$ 인 정규분포를 한다.
>
> $$\overline{X} \sim N(\mu, \frac{\sigma^2}{n})$$

(2) 모분산을 모르는 경우

앞에서 정규분포 $N(\mu, \sigma^2)$를 따르는 모집단에서 크기 n의 확률표본을 추출하여 얻어지는 표본평균$\overline{X}$는 정규분포 $N(\mu, \frac{\sigma^2}{n})$를 한다는 것을 보았다. 이것을 표준화하여 나타

내면 아래와 같다.

$$Z = \frac{\overline{X} - \mu}{\sigma / \sqrt{n}} \sim N(0, 1)$$

여기에서 모분산 σ^2의 값을 모르는 경우의 처리문제에 대하여 생각해 보자. 미지의 모분산 σ^2 대신에 표본분산 S^2을 사용하면 정규분포가 아니고 자유도 $n-1$의 t 분포를 따르게 된다는 것이 이론적으로 밝혀져 있다.

$$T = \frac{\overline{X} - \mu}{S / \sqrt{n}} \sim t(n-1)$$

표본평균 $\overline{X}$의 분포 ~ 모분산을 모르는 경우

정규모집단 $N(\mu, \sigma^2)$에서 크기 n의 확률표본의 표본평균 $\overline{X}$의 분포는

$$T = \frac{\overline{X} - \mu}{S / \sqrt{n}} \sim t(n-1)$$

그러나 만일 표본의 크기 n이 충분히 큰 경우라면 미지의 모분산 σ^2 대신에 표본분산 S^2을 사용하더라도 근사적으로 정규분포를 따르게 되는데 이는 충분히 예상할 수 있는 일이다.

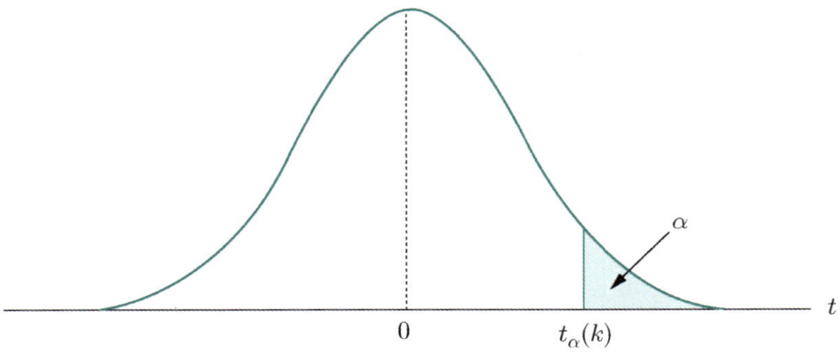

[그림 7-1] t분포의 확률밀도함수

t 분포의 성질

① t 분포의 형태는 정규분포와 같이 종모양의 곡선이다.

② 0을 중심으로 좌우대칭이며 표준정규분포보다는 분산이 크다.

③ 표본크기 n 이 커짐에 따라 표준정규분포에 가까워진다.

t **분포**는 고셋(W. S. Gossest)이 도입했는데 t 분포에 대한 연구결과를 'student'라는 가명으로 발표하여 스튜던트 t 분포라고도 부른다.

예제 7.1

확률변수 T가 자유도 4인 t 분포를 따른다고 할 때

$$P(T \geq t) = 0.05$$

이 성립하는 t 값을 구하여라.

풀이 자유도가 4이고 $\alpha = 0.05$인 경우이므로 부록4의 t 분포 표로부터 자유도 4인 행과 확률이 0.05인 열과의 교차점 2.132가 구하고자하는 t 값이다. 따라서 $t = 2.132$.

예제 7-1에서와 같이 $T \sim t(k)$일 때

$$P(T \geq t) = \alpha$$

가 성립하는 t 값을 자유도 k 인 t 분포의 $100(1-\alpha)\%$ 백분위수 또는 상위 100α % 백분위수라 하며 흔히 $t_{\alpha}(k)$로 나타낸다. 예를 들면 다음과 같다.

$$t_{0.1}(4) = 1.533,\ t_{0.05}(4) = 2.132,\ t_{0.01}(4) = 3.747$$

3 중심극한정리

현실적으로는 모집단의 정규분포 여부 등을 포함하여 모집단의 실제 분포에 대한 정보나 지식이 없는 경우가 많다. 그런데 원래 분포가 정규분포가 아니더라도 표본의 크기를 크게 하여 $\overline{X}$를 구하면 $\overline{X}$의 분포가 표본의 크기가 커질수록 정규분포에 가까워진다는 사

실이 밝혀졌다. 이를 **중심극한정리**(central limit theorem)라고 한다. 중심극한정리는 추론통계학에서 매우 중요한 역할을 하는데 그 이유는 모집단이 정규분포로 되어있지 않더라도 표본의 크기가 커지면($n \geq 30$) 표본평균의 분포가 근사적으로 정규분포에 가까워진다는 사실 때문이다.

중심극한정리

평균 μ,분산 σ^2인 임의의 모집단에서 크기n의 확률표본의 표본평균 $\overline{X}$의 분포는 평균이 μ, 분산이 $\frac{\sigma^2}{n}$인 정규분포에 근접한다

$$\overline{X} \doteq N(\mu, \frac{\sigma^2}{n}), \ n \rightarrow \infty$$

컴퓨터 시뮬레이션으로 표본평균 $\overline{X}$의 분포를 구하여 그림을 그려보면 모집단이 정규분포와 전혀 달라고 표본의 크기가 커짐에 따라 $\overline{X}$의 분포는 정규분포에 근접함을 알 수 있다.

[그림 7-2]는 실제 자료에서 중심극한 정리를 보여주고 있다. 오른쪽 세 개의 밀도함수는 이 모집단으로부터 2개, 5개 및 30개 관측치에 대한 표본평균의 분포이다. 표본의 크기 n이 커짐에 따라 모양이 정규분포에 가까워진다.

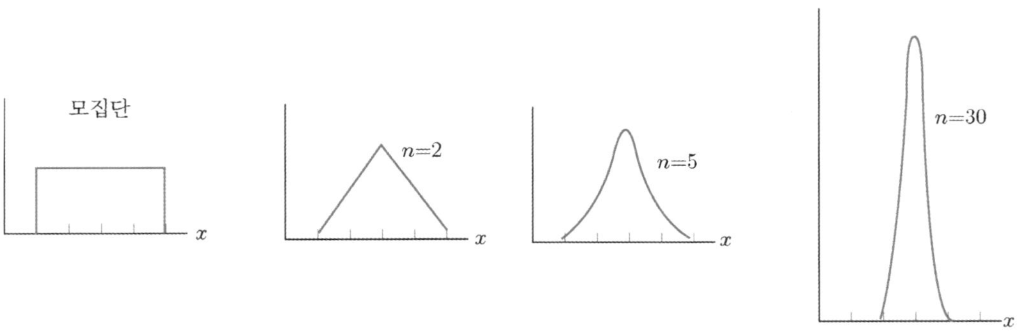

[그림 7-2] n에 따른 표본평균 $\overline{X}$ 분포의 변화

예제 7.2

어느 지역의 가구당 월 소득분포의 양상은 상당히 비대칭적이고 오른쪽으로 꼬리가 긴 분포모양을 가지며, 평균은 230만원, 표준편차는 60만원이라 한다. 이 지역에서 100 가구를 임의로 추출하여 평균 월 소득 $\overline{X}$을 계산하였다. $\overline{X}$의 분포는 근사적으로 어떻게 되는가? 또한 100가구의 평균 월 소득이 240만원 이상일 확률을 구하라.

풀이 X를 가구당 월 소득이라 하자. 월 소득의 분포가 정규분포가 아니라고 하지만 표본의 크기가 크므로 중심극한정리를 이용하면 표본평균 $\overline{X}$의 분포는 평균이 230 표준편차가 $\dfrac{60}{\sqrt{100}} = 6$인 정규분포에 근접한다.

$$\overline{X} \doteq N(230, 6^2),$$

따라서 100가구의 평균 월 소득이 240만원 이상일 확률은

$$\begin{aligned} P(\overline{X} \geq 240) &= P\left(\frac{\overline{X} - 230}{6} \geq \frac{240 - 230}{6}\right) \\ &= P(Z \geq 1.67) = 1 - P(Z < 1.67) \\ &= 0.0475 \end{aligned}$$

예제 7.3

할인마트의 계산대에서 손님이 계산하는데 소요되는 시간은 평균 1.5분이고 표준편차가 1.0분이라고 한다. 100명의 손님이 계산대에 왔을 경우 2시간이내에 계산이 끝날 확률을 구하라.

풀이 X_i를 i 번째 손님의 계산시간이라 하자. 구하는 확률은 $P(\sum_{i=1}^{100} X_i \leq 120)$이다. 중심극한정리로부터 $\overline{X}$의 분포는 근사적으로 평균이 1.5분, 표준편차가 $\dfrac{1.0}{\sqrt{100}} = 0.1$인 정규분포를 따른다, 즉 $\overline{X} \doteq N(1.5, 0.1^2)$. 따라서 구하고자하는 확률을 계산하면

$$P(\sum_{i=1}^{100} X_i \leq 120) = P\left(\frac{1}{100}\sum_{i=1}^{100} X_i \leq \frac{120}{100}\right)$$
$$= P(\overline{X} \leq 1.2)$$
$$= P(\frac{\overline{X}-1.5}{0.1} \leq \frac{1.2-1.5}{0.1})$$
$$= P(Z \leq -3) = 0.0013$$

100명의 고객이 2시간 이내에 계산을 끝낼 확률은 거의 불가능하다.

4 카이제곱분포와 F분포

통계적 추론에서 많이 사용되는 분포로서 카이제곱 분포와 F분포가 있다. 부록에 있는 분포표를 찾아 읽을 수 있으면 충분하지만 이들 분포들을 갖는 통계량을 소개해 두고자 한다.

■ **표본분산 S^2의 분포**

정규분포 $N(\mu, \sigma^2)$로부터 크기 n의 확률표본$X_1, X_2, \cdots, X_n$을 추출했을 때 표본분산 S^2에 관계되는 분포는 카이제곱χ^2 분포이다.

표본분산의 분포

정규분포 $N(\mu, \sigma^2)$에서 크기 n의 확률표본의 표본분산 S^2 의 분포는 χ^2분포를 따른다.

$$\frac{(n-1)S^2}{\sigma^2} \sim \chi^2(n-1),\ n-1\text{은 자유도}$$

다음은 χ^2 분포의 확률밀도함수의 형태를 살펴본 후, χ^2 분포에 대한 확률들을 수표를 이용하여 찾아보기로 하자. χ^2 분포의 대략적인 형태는 아래 [그림 7-3]과 같다. χ^2 분포는 제11장에서 설명할 범주형 자료분석에서 유용하게 사용되는 분포이다.

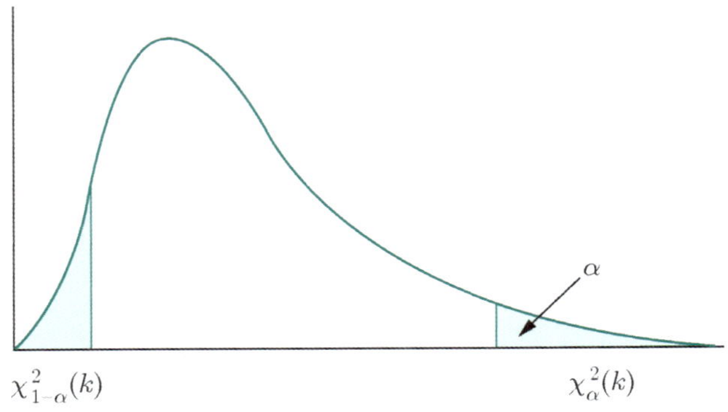

[그림 7-3] χ^2 분포의 확률밀도함수

χ^2 분포

①χ^2 분포형태는 좌우대칭이 아니고 오른쪽으로 긴 꼬리를 갖는다.

②χ^2 분포의 형태는 자유도에 따라 다르다.

③χ^2 값은 음수를 가질 수 없다.

예제 7.4

확률변수 X가 자유도 4인 χ^2 분포를 따른다고 할 때

$$P(X \geq x) = 0.05$$

가 성립하는 x의 값을 구하라.

풀이 자유도는 4이고 $\alpha = 0.05$인 경우이므로 부록표 4로부터 자유도 4인 행과 확률이 0.05 인 열과의 교차점이 구하고자 하는 x이다.

$x = 9.49$.

예제 7-4와 같이 $X \sim \chi^2(k)$일 때

$$P(X \geq x) = \alpha$$

가 성립하는 x값을 자유도 k인 χ^2 분포의 $100(1-\alpha)\%$의 백분위수라 하며 흔히 $\chi^2_\alpha(k)$로 나타낸다. 예를 들면 다음과 같다.

$$\chi^2_{0.990}(4) = 0.30,\ \chi^2_{0.975}(4) = 0.48,\ \chi^2_{0.05}(4) = 9.49$$

■ 표본분산의 비에 대한 분포

이 절에서는 피셔(R. A. Fisher)가 도입한 F분포에 대해서 알아본다. F분포는 제12장 분산분석법에서 중요하게 사용되는 분포이다. 두 개의 정규모집단에서 추출한 서로 독립인 확률표본 $(X_1, X_2, \ldots, X_{n_1})$, $(Y_1, Y_2, \ldots, Y_{n_2})$에서의 표본분산$S_1^2$, S_2^2이 있을 때, 두 개의 표본분산의 비의 분포는 자유도 $n_1 - 1$과 $n_2 - 1$를 갖는 F분포를 따른다.

$$F = \frac{S_1^2 / \sigma_1^2}{S_2^2 / \sigma_2^2} \sim F(n_1 - 1,\ n_2 - 1)$$

표본분산의 비에 대한 분포

$$F = \frac{S_1^2 / \sigma_1^2}{S_2^2 / \sigma_2^2} \sim F(n_1 - 1, n_2 - 1)$$

F 분포 역시 자유도에 따라 그 모양이 다르지만 그 대체적인 형태는 아래와 같다.

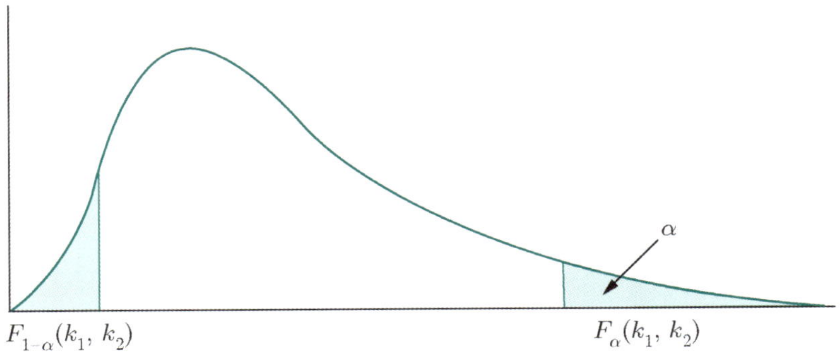

[그림 7-4] F분포의 확률밀도함수

F 분포의 성질

① F분포의 형태는 좌우대칭이 아니고 오른쪽으로 긴 꼬리를 갖는다.

② F분포는 자유도가 2개 필요하고 자유도에 따라 형태가 다르다.

③ F분포값은 음수를 가질 수 없다.

④ $F_{1-\alpha}(k_2, k_1) = \dfrac{1}{F_\alpha(k_1, k_2)}$가 성립한다.

예제 7.5

확률변수 F가 자유도 $(3, 4)$인 F분포를 따를 때

$$P(F \geq f) = 0.05$$

가 되는 f의 값을 구하라.

풀이 부록의 F분포표로부터 자유도가 (3,4)이고 $\alpha = 0.05$에 해당하는 f값을 찾는다. $f = 6.59$이다.

위의 예제 7-5에서와 같이 $F \sim F(k_1, k_2)$일 때

$$P(F \geq f) = \alpha$$

가 성립하는 f의 값을 자유도(k_1, k_2)인 F분포에서의 $100(1-\alpha)\%$ 백분위수라 하며, 흔히 $F_\alpha(k_1, k_2)$로 나타낸다. 예를 들면 다음과 같다.

$$F_{0.1}(3, 4) = 4.19 \quad F_{0.05}(3, 4) = 6.59$$

예제 7.6

F분포의 성질 중의 네 번째 성질을 이용하면 부록표에 나와 있지 않는 확률을 구할 수 있다.

풀이 $F_{0.9}(5, 10) = \dfrac{1}{F_{0.1}(10, 5)} = \dfrac{1}{3.30} = 0.303$

연습문제

1. 확률분포와 표본분포의 차이를 설명하시오,

2. 여고 신입생의 키의 평균이 158cm이고 표준편차가 6cm라고 한다. 100명의 여고 신입생을 임의로 추출하는 경우 표본평균이 157cm이상 159cm이하일 확률을 구하시오.

3. 평균이 50이고 표준편차가 10인 모집단으로부터 임의로 추출된 표본평균 $\overline{X}$가 48과 52 사이에 존재할 확률을 구하시오.

(1) 표본의 크기가 25인 경우,

(2) 표본의 크기가 100인 경우,

(3) 위의 두 경우를 비교해 보시오.

4. 확률변수 X가 자유도 3인 χ^2분포를 따를 때 상위10% 인 백분위수를 구하시오.

5. 부록의 F 분포표를 이용하여 다음을 구하시오.

(1) 자유도가 (15, 8) 일 때 F 분포의 상위 5% 백분위수

(2) 자유도가 (8, 15)일 때 F 분포의 하위 5% 백분위수

08

표본으로 모수를 추정하기

1. 점추정
2. 구간추정
3. 표본크기의 결정

8 표본으로 모수를 추정하기

통계적 추론에서 가장 기본이 되는 것은 추정과 가설검정이다. **추정**은 모집단에서 추출한 표본을 이용하여 모집단에서 알려지지 않은 어떤 미지의 값을 추측하는 과정을 말하고 **가설검정**이란 경험, 관례 또는 연구한 것에 대해 옳고 그름을 평가하기 위하여 모수에 대한 가설을 세우고 표본으로 그 가설을 판단하는 과정을 말한다. 추정과 검정은 거의 모든 통계적 방법에 적용되는 대단히 중요한 개념이므로 추정과 검정은 통계학의 꽃이라고도 말할 수 있다. 이 장에서는 먼저 추정에 대해서 다루고 가설검정은 다음 장에서 취급하기로 한다.

모수를 통계적으로 추정하는 데는 두 가지 방법이 있는데 표본자료들을 이용하여 하나의 값으로 모수를 추정하는 **점추정**(point estimation)과 모수가 속할 것으로 기대되는 범위를 구하는 **구간추정**(interval estimation)이 그것이다.

1 점추정

모집단의 특성치인 모수를 추정하는 방법 중에 가장 간단한 것이 점추정이다. 점추정은 추출된 표본으로부터 모수의 추정값으로 하나의 수치를 제공하는 경우이다. 모수를 나타내는 일반적인 기호는 θ이다.

[표 8-1] 추정에서 사용되는 추정량들

모수 θ	추정량 $\hat{\theta}$
모평균 μ	표본평균 $\overline{X}=\frac{1}{n}\sum_{i=1}^{n}X_i$
모분산 σ^2	표본분산 $S^2=\frac{1}{n-1}\sum_{i=1}^{n}(X_i-\overline{X})^2$
모비율 p	표본비율 $\hat{p}=\frac{Y}{n}$ 단, Y는 특정한 속성을 갖는 개수

모수를 추정하기 위하여 모집단으로부터 확률표본 $X_1, X_2, \ldots, X_n$을 얻어서 어떤 정해진 확률표본의 함수에 의해 하나의 값을 계산하고 이를 가지고 참값 θ를 추정하게 되는데 이때의 함수를 **추정량**이라 하며 $\hat{\theta}$로 나타낸다.

(1) 좋은 추정량의 기준

점추정 값이 참값에 정확히 일치하는 것은 바랄 수 없는 일이다. 그렇다면 지금 사용하고 있는 추정량이 과연 얼마나 참값에 가까운 좋은 추정량인지 하는 것을 어떤 기준으로 판단 할 수 있을까? 통계학에서는 '좋은'이란 형용사 대신에 확률적인 평가를 사용한다. 참값인 모수 θ는 정해져 있는 상수이지만 추정량 $\hat{\theta}$은 관측을 할 때마다 값이 여러 가지로 나오는 확률변수이므로 그 나름대로의 확률분포를 갖는다. 따라서 추정량이 좋고 나쁜지는 추정량의 분포가 모수(참값) 주위에 어떤 형태로 분포되어 있는가에 달려있다고 할 수 있다. 통계학에서는 일반적으로 모수에 대한 좋은 추정량의 판단 기준으로 불편성, 유효성, 일치성 이 세 가지 기준을 사용한다.

① 불편성

하나의 추정량에 대해 반복적으로 표본을 얻어서 추정값을 구할 경우 그 값들이 참값 θ의 오른쪽 혹은 왼쪽으로 편중되지 않고 참값 θ를 중심으로 균형 있게 분포해 있는 것이 좋다. 즉, 추정량의 기대값은 모수와 일치하여야 한다는 것이 **불편성**(不偏性, unbiasedness)이다. 불편성이 있는 추정량을 **불편추정량**이라 한다.

불편추정량

$E(\hat{\theta}) = \theta$일 때, $\hat{\theta}$를 θ의 불편추정량 이라 한다.

불편추정량이 아닌 추정량을 **편의추정량**(偏倚, biased estimator)이라 한다. $E(\hat{\theta}) - \theta$를 보통 편의(bias)라고 부른다.

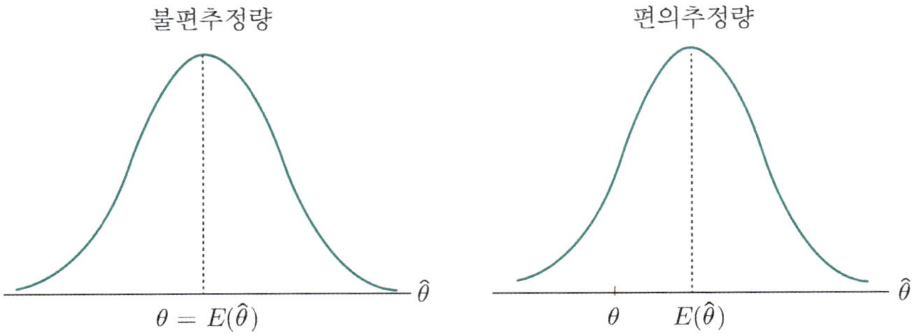

[그림 8-1] **불편추정량과 편의추정량**

예제 8.1

모평균 μ를 추정하기 위하여 어떤 사람이 모평균 μ, 모분산 σ^2인 모집단으로부터 확률표본X_1, X_2, X_3을 추출하여 다음의 세 가지 추정량을 제안하였다. 어느 것이 가장 좋은 추정량인가?

$$\hat{\mu}_1 = \frac{X_1 + X_2 + X_3}{3}, \quad \hat{\mu}_2 = \frac{X_1 + 2X_2 + X_3}{4}, \quad \hat{\mu}_3 = \frac{2X_1 + X_2 + 2X_3}{4}$$

풀이

$$E(\hat{\mu}_1) = E\left(\frac{X_1 + X_2 + X_3}{3}\right) = \frac{1}{3}\{E(X_1) + E(X_2) + E(X_3)\} = \frac{1}{3} \times 3\mu = \mu$$

$$E(\hat{\mu}_2) = E\left(\frac{X_1 + 2X_2 + X_3}{4}\right) = \frac{1}{4}\{E(X_1) + 2E(X_2) + E(X_3)\} = \frac{1}{4} \times 4\mu = \mu$$

$$E(\hat{\mu}_3) = E\left(\frac{2X_1 + X_2 + 2X_3}{4}\right) = \frac{1}{4}\{2E(X_1) + E(X_2) + 2E(X_3)\} = \frac{1}{4} \times 5\mu \neq \mu$$

따라서 $\hat{\mu}_1$, $\hat{\mu}_2$은 불편성이 있고 $\hat{\mu}_3$은 불편성이 없으므로 일단 $\hat{\mu}_3$는 좋은 추정량에서 제외된다.

② 유효성

두 개의 추정량 $\hat{\theta}_1$과 $\hat{\theta}_2$이 불편성을 가지고 있을 경우에 두 개의 불편추정량 중에서는 어느 것이 더 좋은 추정량이라고 할 것인가에 대한 기준은 참값을 중심으로 흩어짐의 정도를 살펴보면 된다. 즉 더 좋은 추정량이 되기 위해서는 분산이 작을수록 좋은데 이것이 **유효성**(Efficiency)이다. 추정량 $\hat{\theta}$의 표준편차를 **표준오차**(standard error)라고 하고 $SE(\hat{\theta})$로 나타낸다.

유효추정량

θ를 미지의 모수, $\hat{\theta}_1$, $\hat{\theta}_2$를 θ의 불편추정량이라고 할 때

$$Var(\hat{\theta}_1) < Var(\hat{\theta}_2)$$

일 때, $\hat{\theta}_1$이 $\hat{\theta}_2$보다 더 유효한 추정량이라고 한다.

이를 분포로서 나타내면 [그림 8-2]와 같다.

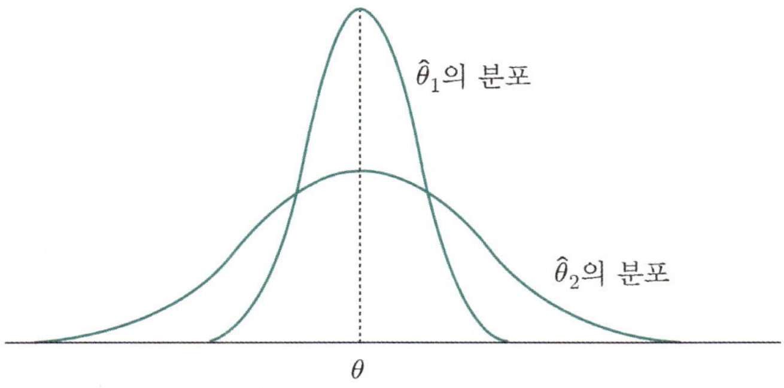

[그림 8-2] 두 불편추정량 $\hat{\theta}_1$, $\hat{\theta}_2$의 분포

미지의 모수 θ에 대한 불편추정량들 중에서 최소의 분산을 갖는 추정량을 **유효추정량** 또는 **최소분산불편추정량**(Minimum Variance Unbiased Estimator, MVUE)하는데 최소의 분산이 되는 것을 증명하는 것은 쉽지 않다.

예제 8.2

위의 예제 8-1에서 찾은 두 개의 불편추정량 $\hat{\mu}_1$과 $\hat{\mu}_2$중에서는 어느 것이 더 유효한 추정량인가?

풀이 두 불편추정량 $\hat{\mu}_1$과 $\hat{\mu}_2$의 분산을 구해보자(제2장 모분산의 성질 참조).

$$Var(\hat{\mu}_1) = Var\left(\frac{X_1 + X_2 + X_3}{3}\right)$$

$$= \frac{1}{9}\{Var(X_1) + Var(X_2) + Var(X_3)\}$$

$$= \frac{1}{9} \times 3\sigma^2 = \frac{1}{3}\sigma^2$$

$$Var(\hat{\mu}_2) = Var\left(\frac{X_1 + 2X_2 + X_3}{4}\right)$$

$$= \frac{1}{16}\{Var(X_1) + 4Var(X_2) + Var(X_3)\}$$

$$= \frac{1}{16} \times 6\sigma^2 = \frac{3}{8}\sigma^2$$

$Var(\hat{\mu}_1) < Var(\hat{\mu}_2)$이므로 $\hat{\mu}_1$이 $\hat{\mu}_2$ 보다 더 유효한 추정량이다.

③ 일치성

표본의 크기를 크게 하면 추정량이 모수에 확률적으로 거의 일치하는 성질을 **일치성**(consistency)이라 한다. 추정량이 일치추정량인지 아닌지를 확인하기 위해서는 다음의 정리를 이용하면 간단하게 확인할 수 있다.

일치성을 위한 정리

$\hat{\theta}_n$을 θ의 불편추정량이라고 할 때, 만일

$$\lim_{n \to \infty} Var(\hat{\theta}_n) = 0 \text{이면}$$

$\hat{\theta}_n$은 θ의 일치추정량이다.

이 정리가 말하는 것은 표본의 크기가 커짐에 따라 추정량의 분산이 점점 적어지다가 n이 충분히 크면 분산이 거의 없어져서 추정량과 모수가 거의 일치하게 된다는 것이다. 그림을 그려보면 직관적으로 이해하기가 쉬울 것이다.

예제 8.3

표본평균 $\overline{X} = \frac{1}{n}\sum_{i=1}^{n} X_i$ 이 모평균 μ의 불편추정량이며 일치추정량임을 보여라.

풀이 (1) $E(\overline{X}) = E\left(\frac{1}{n}\sum_{i=1}^{n} X_i\right) = \frac{1}{n} E\left(\sum_{i=1}^{n} X_i\right)$

$$= \frac{n\mu}{n} = \mu$$

따라서 표본평균 $\overline{X}$는 모평균 μ의 불편추정량이다.

(2) $Var(\overline{X}) = Var\left(\frac{1}{n}\sum_{i=1}^{n} X_i\right)$

$$= \frac{1}{n^2}\{ Var(X_1) + Var(X_1) + \cdots + Var(X_1) \}$$

$$= \frac{n\sigma^2}{n^2} = \frac{\sigma^2}{n}$$

여기서 양변에 극한값을 취하면

$$\lim_{n \to \infty} Var(\overline{X}) = \lim_{n \to \infty} \frac{\sigma^2}{n} = 0$$

이다. 일치성을 위한 정리에 의하여 표본평균 $\overline{X}$는 모평균 μ의 일치추정량이다.

[표 8-1]에 있는 추정량들은 우리가 생활 중에서 빈번히 사용하는 추정량들인데 다행히 이들 추정량은 모두 불편성, 유효성, 일치성을 갖춘 '좋은 추정량' 이라는 사실이 이론적으로 밝혀져 있다.

2 구간추정

점추정법은 미지의 모수 θ 에 대해 단순히 하나의 추정값만을 제공하는 방법이므로 우리가 이 추정값이 참값에서 얼마나 떨어져 있는 지와 같은 추정값의 정확성과 신뢰성에 대해서는 아무런 정보를 얻지 못한다. 예를 들면 매상이 10% 증가 될 것이라든가 비용이 20% 절감될 것이라는 슬로건을 보지만 이런 숫자만으로는 의미가 없다는 것이다. 왜냐하면 이들 숫자에는 흩어짐이 따르기 마련인데 만일 그 흩어짐이 아주 크다면 10%, 20%의 의미가 없게 되기 때문이다. 이런 문제점의 해결 방안으로서 오차를 구하여 참값이 들어 있을 것으로 추측되어 신뢰할 수 있는 구간을 확률적으로 정하도록 한다.

구간추정이란 미지인 모수가 속할 것으로 기대되는 범위를 예측하는 방법을 말한다. 미지의 모수 θ가 구간($\hat{\theta}_1$, $\hat{\theta}_2$)에 포함 될 확률을 1에 가까운 일정한 값인 $1-\alpha$(보통 $\alpha = 0.01,\ 0.05$)가 되도록, 즉

$$P(\hat{\theta}_1 \le \theta \le \hat{\theta}_2) = 1-\alpha$$

가 되도록 하는 $\hat{\theta}_1$, $\hat{\theta}_2$를 구함으로써 구간 ($\hat{\theta}_1$, $\hat{\theta}_2$)을 정한다. 이 구간을 **신뢰수준** 또는 **신뢰계수** $100(1-\alpha)\%$의 **신뢰구간**이라 한다. 예를 들어 신뢰수준 90%인 신뢰구간이라고 하는 것은 $P(\hat{\theta}_1 \le \theta \le \hat{\theta}_2) = 0.9$ 인 구간 ($\hat{\theta}_1$, $\hat{\theta}_2$)이 된다.

■ 「신뢰수준 90% 신뢰구간」이란 말의 의미

$\hat{\theta}_1$과 $\hat{\theta}_2$는 확률변수이므로 실험을 할 때마다 측정값은 바뀌게 되고 따라서 신뢰구간도 바뀌게 된다. 신뢰수준 90%인 신뢰구간이라고 하는 것은 여러 번 반복된 실험에 의하여 얻어진 여러 개의 신뢰구간들 중에서 참값을 포함하지 않는 경우가, 즉 신뢰할 수 없는 일이 10번 중에 한 번쯤 있다는 의미이다. 따라서 95% 신뢰구간이라 함은 100번 중에 5번은 참값을 포함하지 않게 되는 것이므로 90% 보다 신뢰성이 높은 것이 된다.

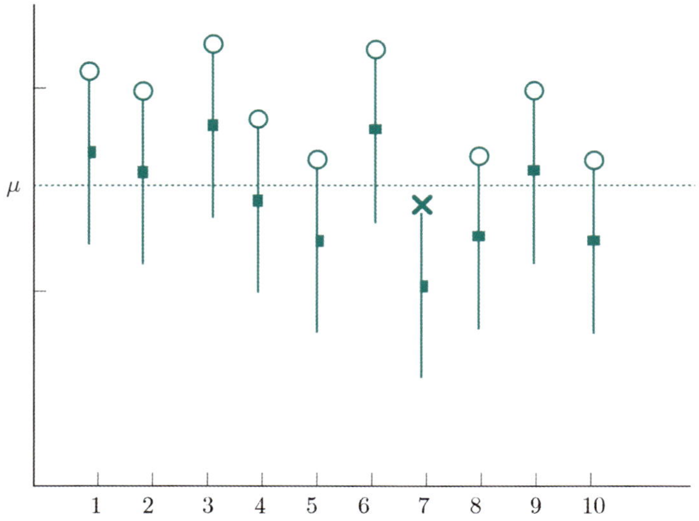

[그림 8-3] 90% 신뢰구간의 의미

(1) 모평균의 구간추정

모평균 μ의 신뢰구간을 구하는 과정은 특별히 어려운 이론 없이 제7장에서 추론을 위해

준비해둔 표본분포에 의하여 쉽게 유도해 낼 수 있다.

① 모분산을 아는 경우

모평균 μ에 대해 표본평균 $\overline{X}$가 좋은 추정량이 되는 것을 알았으므로 모평균에 대한 구간추정을 $\overline{X}$에서 출발함은 자연스러운 일이겠다. 모분산 σ^2이 알려진 정규모집단 $N(\mu, \sigma^2)$에서 추출된 표본평균 $\overline{X}$의 분포는

$$\overline{X} \sim N(\mu, \frac{\sigma^2}{n})$$

표준화하면

$$Z = \frac{\overline{X} - \mu}{\sigma / \sqrt{n}} \sim N(0,1)$$

을 따르는 것을 제7장에서 다룬 바 있으므로

$$P\left(-z_{\alpha/2} \le \frac{\overline{X} - \mu}{\sigma / \sqrt{n}} \le z_{\alpha/2}\right) = 1 - \alpha$$

가 된다. 이것을 모평균 μ를 중심으로 하는 식으로 변형하면

$$P\left(\overline{X} - z_{\alpha/2}\frac{\sigma}{\sqrt{n}} \le \mu \le \overline{X} + z_{\alpha/2}\frac{\sigma}{\sqrt{n}}\right) = 1 - \alpha$$

이므로 μ의 $100(1-\alpha)\%$ 신뢰구간은

$$\left(\overline{X} - z_{\alpha/2}\frac{\sigma}{\sqrt{n}},\ \overline{X} + z_{\alpha/2}\frac{\sigma}{\sqrt{n}}\right)$$

으로 구해진다. 간략하게 표현하여 아래와 같이 나타낸다.

$$\overline{X} \pm z_{\alpha/2}\frac{\sigma}{\sqrt{n}}$$

※ 추정량 $\overline{X}$의 표준오차는 $\frac{\sigma}{\sqrt{n}}$이므로 신뢰구간은 $\overline{X} \pm z_{\alpha/2} SE(\overline{X})$가 되고 있음을 알 수 있다. 이와 같이 일반적으로 추정량 $\hat{\theta}$의 신뢰구간에서 표준오차가 큰 역할을 한다.

② 모분산을 모르는 경우

모분산 σ^2을 모르는 경우에는 추정량인 표본분산 S^2으로 대체하는 수밖에 없는 데 그런 경우에는

$$T = \frac{\overline{X} - \mu}{S/\sqrt{n}} \sim \ t(n-1)$$

을 따르는 것을 제7장에서 다룬 바 있으므로 앞의 경우와 마찬가지로

$$P\left(-t_{\alpha/2}(n-1) \le \frac{\overline{X} - \mu}{S/\sqrt{n}} \le t_{\alpha/2}(n-1)\right) = 1-\alpha$$

가 된다. 이것을 모평균 μ를 중심으로 하는 식으로 변형하면

$$P\left(\overline{X} - t_{\alpha/2}(n-1)\frac{S}{\sqrt{n}} \le \mu \le \overline{X} + t_{\alpha/2}(n-1)\frac{S}{\sqrt{n}}\right) = 1-\alpha$$

이므로 μ의 $100(1-\alpha)\%$ 신뢰구간은

$$\left(\overline{X} - t_{\alpha/2}(n-1)\frac{S}{\sqrt{n}},\ \overline{X} + t_{\alpha/2}(n-1)\frac{S}{\sqrt{n}})\right)$$

으로 구해진다. 간략하게 표현하여 아래와 같이 나타낸다.

$$\overline{X} \pm t_{\alpha/2}(n-1)\frac{S}{\sqrt{n}}$$

③ 표본이 큰 경우

표본의 크기가 크면 표본분산 S^2은 모분산 σ^2에 수렴하므로(일치추정량) σ^2 대신에 S^2을 사용해도 분포가 크게 달라지지 않아 t 분포 대신에 정규분포의 사용이 가능하다. 즉 μ의 $100(1-\alpha)\%$ 신뢰구간은 아래의 식과 같이 구해진다.

$$\overline{X} \pm z_{\alpha/2}\frac{S}{\sqrt{n}}$$

또한 표본이 큰 경우는 정규모집단이 아니고 임의의 모집단이더라도 모분산의 여부에 관계없이 중심극한 정리에 의하여 정규분포의 사용이 가능하므로 다음과 같은 공식으로 신뢰구간을 정리해 볼 수 있다.

모평균 μ에 대한 신뢰구간

① 모분산을 아는 경우 : $\overline{X} \pm z_{\alpha/2}\frac{\sigma}{\sqrt{n}}$

② 모분산을 모르는 경우: $\overline{X} \pm t_{\alpha/2}(n-1)\frac{S}{\sqrt{n}}$

③ 모분산을 모르지만 표본이 큰 경우: $\overline{X} \pm z_{\alpha/2}\dfrac{S}{\sqrt{n}}$

모분산 σ^2을 이미 알고 있는지 아닌지, 표본의 크기가 큰지 작은지에 따라 사용하는 공식이 달라지므로 그 점에만 유의하여 공식에 대입하면 신뢰구간을 얻을 수 있다. 통계학에서는 $n > 30$이면 표본이 크다고 간주한다.

예제 8.4

축산사료를 생산하는 공장이 있다. 이 공장에서의 하루 생산량은 표준편차가 21(톤)인 정규분포를 따른다고 한다. 하루 생산량의 평균을 조사하기 위해 50일간 생산량을 기록했더니 평균 871(톤)이었다. 평균에 대한 90% 신뢰구간을 구하여라.

풀이 모집단의 분산을 알고 있으므로 공식 ①을 적용한다. 신뢰계수를 90% 요구하므로

$$\alpha = 0.1,\ \text{즉},\ z_{\alpha/2} = z_{0.05} = 1.645$$

이다. μ 의 90% 신뢰구간은

$$\overline{X} \pm z_{\alpha/2}\frac{\sigma}{\sqrt{n}} = 871 \pm 1.645\frac{21}{\sqrt{50}}$$

가 되어 사료첨가제 평균생산량의 신뢰구간은 신뢰수준 90%로

$$(866.11,\ 875.89)$$

이다. 이 신뢰구간이 말하고 있는 것은 주어진 자료를 토대로 볼 때 이 회사의 평균생산량은 866.11(톤)에서 875.89(톤) 사이에 있음을 90%의 신뢰도를 가지고 말할 수 있다는 것이다. 90%의 신뢰도이므로 10번 중에 한번은 참값을 포함하지 않을 수도 있는데 혹시 지금 구한 이 구간이 10번 중에 한 번에 해당하는, 즉 참값을 포함하고 있지 않는 구간일 지도 모르겠다는 그 정도의 신뢰를 가지고 보라는 뜻이다.

예제 8.5

여대생 1학년들의 혈압자료에서 5명을 무작위로 택한 결과가 다음과 같았다고 하자. 여대생 혈압의 평균에 대한 95% 신뢰구간을 구해보라.

102, 92, 98, 88, 104

풀이 표본의 크기가 작고(n=5) 모분산을 모르는 경우이므로 위의 공식 ②를 이용한다. 자료로부터 표본평균과 표본분산을 구하면

$$\bar{x} = 96.8,\ s = 6.72.$$

자유도는 $n-1=5-1=4$이고, 신뢰도는 95%이므로 $\alpha = 0.05$, 부록 표 4의 t 분포표로 부터 $t_{\alpha/2}(4) = t_{0.025}(4) =$ 2.78를 얻는다. 따라서

$$\begin{aligned}\bar{X} \pm t_{\alpha/2}(n-1)\frac{S}{\sqrt{n}} &= 96.8 \pm 2.78 \times \frac{6.72}{\sqrt{5}} \\ &= 96.8 \pm 8.34\end{aligned}$$

따라서 95% 신뢰구간은 다음과 같다.

$$88.46 \le \mu \le 105.14.$$

이 표본의 결과 여대생들의 혈압은 88.46에서 105.14사이에 있다고 95%의 신뢰도를 가지고 말할 수 있다.

예제 8.6

어느 백화점에서 고객들의 쇼핑에 소요하는 평균시간이 얼마나 되는지를 조사하기로 하였다. 64명의 고객을 임의로 추출하여 쇼핑시간을 조사해 보았더니 평균 33분이고 분산은 256 이었다. 고객의 평균 쇼핑시간을 신뢰수준 90%로 구간추정하라.

풀이 백화점 고객들의 쇼핑시간에 대한 모분산을 알 수 없는 경우이므로 공식 ②에 적용하면 된다. 그런데 공식 ②에 적용할 경우 우리가 갖고 있는 부록의 t분포표에는 자유도 $n-1=63$일 때의 값이 없으므로 곤란하다. 물론 컴퓨터 프로그램에서는 t분포를 이용한 신뢰구간이 문제없이 얻어진다. 그런데 표본의 크기 $n=64$는 충분히 큰 경우이므로 위의 공식 중 ③에 적용시킬 수가 있다. 자료에서 표본평균 $\bar{x}=33$, 표본표준편차 $s=\sqrt{256}=16$이므로 모평균 μ의 신뢰구간은 다음과 같다.

$$\bar{X} \pm z_{0.1/2}\frac{S}{\sqrt{n}} = 33 \pm 1.65 \times \frac{16}{\sqrt{64}} = 33 \pm 3.3$$

따라서

$$29.7 \leq \mu \leq 36.3$$

즉, 그 백화점을 이용하는 고객의 평균 쇼핑시간은 90% 신뢰수준에서 29.7분에서 36.3분 사이에 속한다고 할 수 있다.

(2) 모비율의 구간추정

여론조사에서 대통령이나 정당에 대한 지지율이라든가 생산 공장에서의 불량제품 비율에 대한 추정은 우리의 실생활 가운데에서 자주 만나게 되는 문제이므로 잘 알아둘 필요가 있다.

모비율 p에 대한 신뢰구간 (표본크기 n이 큰 경우)

$$\left(\hat{p} - z_{\alpha/2}\sqrt{\frac{\hat{p}\hat{q}}{n}},\ \hat{p} + z_{\alpha/2}\sqrt{\frac{\hat{p}\hat{q}}{n}}\right)$$

※ 이 결과는 $n\hat{p} \geq 5$, $n\hat{q} \geq 5$ 인 경우에 적용하는 것이 바람직하다.

예제 8.7

임의로 추출된 2,500명의 유권자를 대상으로 한 여론조사로부터 K후보의 지지율이 26%로 나왔다. 전체 유권자에 대한 K후보의 지지율을 신뢰도 95%로 구간추정하라.

풀이 자료로부터 $\hat{p} = 0.26$이고 표본크기$n = 2500$, $n\hat{p} = 650 \geq 5$, $n\hat{q} = 1850 \geq 5$이므로 위의 공식을 적용하는 데 문제가 없고 모비율 p의 95% 신뢰구간은 다음과 같이 얻어진다.

$$\left(\hat{p} - z_{\alpha/2}\sqrt{\frac{\hat{p}\hat{q}}{n}},\ \hat{p} + z_{\alpha/2}\sqrt{\frac{\hat{p}\hat{q}}{n}}\right)$$

$$= \left(0.26 - 1.96 \times \sqrt{\frac{0.26 \times 0.74}{2500}},\ 0.26 + 1.96 \times \sqrt{\frac{0.26 \times 0.74}{2500}}\right)$$

$$= (0.2 - 0.017,\ 0.2 + 0.017)$$

$$= (0.183,\ 0.217)$$

3 표본크기의 결정

지금까지는 표본의 크기가 주어진 경우를 생각하였다. 그러나 사실은 처음 표본조사를 설계하는 단계에서 가장 먼저 생각하게 되는 것은 표본의 크기를 결정하는 일일 것이다. 예를 들어 전국대학생들의 하루 평균 전공공부를 하는 시간을 알기위해서는 전국에서 과연 몇 명정도의 학생을 뽑으면 될까하는 문제이다. 이와 같이 표본의 크기를 결정하는 문제는 통계적 추정에서 또한 빼놓을 수 없는 중요한 과제중의 하나이다.

표본의 크기를 정하고자 할 때에는 조사의 목적이 무엇이며 어느 정도 정확하게 추정을 하여야 할 것인가를 먼저 정해야 한다. 정밀도에 대한 요구, 즉 오차한계를 어느 정도로 할 것인지에 따라 표본의 크기가 결정되어 지기 때문이다.

(1) 모평균을 추정할 경우

모평균 μ를 구간추정 할 때 오차한계는 $z_{\alpha/2}\dfrac{\sigma}{\sqrt{n}}$이었다. 이 오차의 한계를 주어진 값 d 이하로 하고 싶다면, 즉 $z_{\alpha/2}\dfrac{\sigma}{\sqrt{n}} \le d$가 되도록 하고 싶다면 이 식에서 n에 대하여 정리하여 다음을 얻는다.

$$n \ge \left(z_{\alpha/2}\frac{\sigma}{d}\right)^2$$

만일 모집단을 모르는 경우에는 모분산에 대해 현재 알려져있는 정보를 사용한다든가 아니면 사전조사로 적은 크기의 표본을 추출하여 얻은 s^2값을 σ^2 대신에 사용하기도 한다.

예제 8.8

도시 근로자의 가구당 월평균 소득을 추정하고자 한다. 사전조사를 통하여 월 소득의 표준편차는 75만원으로 추정되었다. 신뢰수준 95%에서 오차한계를 10만원 이내로 하기 위해서는 표본의 크기를 얼마로 하여야 하는가? 만일 표준편차가 90만원일 경우는 표본의 크기가 어떻게 되나?

풀이 자료로부터 표준편차 75만원, 오차한계 $d = 10$만, $z_{0.05/2} = 1.96$이므로 위에 공식에 적용 하면

$$n \ge \left(1.96 \times \frac{75\text{만}}{10\text{만}}\right)^2 = 216.09$$

따라서 표본의 크기를 217가구 이상을 하면 된다. 만일 표준편차가 90만원이면

$$n \geq \left(1.96 \times \frac{90\text{만}}{10\text{만}}\right)^2 = 311.17$$

312가구가 된다. 따라서 집단의 분산이 큰 경우에는 같은 신뢰수준을 유지하기 위해서 더 많은 자료가 필요로 됨을 알 수 있다.

(2) 모비율을 추정할 경우

모비율 p를 구간추정 할 때 오차한계는 $z_{\alpha/2}\sqrt{\frac{\hat{p}\hat{q}}{n}}$ 이었다. 이 오차의 한계를 주어진 값 d 이하로 하고 싶다면 즉, $z_{\alpha/2}\sqrt{\frac{\hat{p}\hat{q}}{n}} \leq d$ 가 되도록 하고 싶다면 이 식을 n에 대하여 정리하여 아래의 식을 얻는다.

$$n \geq \hat{p}\,\hat{q}\left(\frac{z_{\alpha/2}}{d}\right)^2$$

그런데 여기에서 한 가지 걸림돌이 있다. 위의 공식으로부터 n을 찾기 위해서는 $\hat{p}$의 값을 알아야 한다. 그러나 지금 우리는 p에 대한 추정량 $\hat{p}$을 구하기 위하여 표본의 크기를 결정하고자 하는 것이므로 $\hat{p}$과 $\hat{q}$의 값은 아직 미지이다. 해결책으로 다음과 같은 방법 중 하나를 선택할 수 있겠다. 한 가지 방법은 만일 유사한 문제에서 p에 관한 예비지식이 있었다면 이를 이용하는 것이고, 사전에 아무런 정보가 없다면 $p = q = \frac{1}{2}$로 하여 n을 계산하는 방법이다. 그 이유는 $p + q = 1$ 그래프에서 넓이 pq는 $p = q = \frac{1}{2}$일 때 최대값을 갖기 때문에 실제 필요한 표본의 크기보다 넉넉한 결과를 얻게 되기 때문이다.

표본크기의 결정 : α는 신뢰수준, d는 오차한계

① 모평균의 추정을 위한 경우

- 모표준편차 σ가 주어진 경우: $n \geq \left(z_{\alpha/2}\frac{\sigma}{d}\right)^2$
- 표본표준편차 s를 사용할 경우: $n \geq \left(z_{\alpha/2}\frac{s}{d}\right)^2$

② 모비율의 추정을 위한 경우

- p가 p^*근방이라고 예상되는 경우: $n \geq p^* q^* \left(\frac{z_{\alpha/2}}{d}\right)^2$

• p 에 대한 지식이 없는 경우: $n \geq \frac{1}{4}\left(\frac{z_{\alpha/2}}{d}\right)^2$

예제 8.9

어느 도시에서 자녀수가 두 명인 비율이 얼마나 되는지에 대한 신뢰구간을 얻고자 한다. 오차한계는 0.05로 하고 싶고 99% 신뢰구간을 구하고자 하는데 그런 경우 이 도시에서 몇 가구를 표본으로 뽑으면 될까? 참고로 이 도시에서 임의로 30가구를 추출하여 사전조사를 하였더니 자녀수가 2명인 가정이 9가구였다.

풀이 주어진 정보로부터 $p^* = 0.30$, 추정치의 오차한계는 $d = 0.05$ 이하로 또한 99%신뢰수준이므로 $z_{0.005} = 2.58$ 이다.

따라서 이 오차한계에 해당되는 표본의 크기n 은

$$n \geq p^* q^* \left(\frac{z_{\alpha/2}}{d}\right)^2 = 0.3 \times 0.7 \times \left(\frac{2.58}{0.05}\right)^2 = 559.1$$

그러므로 필요한 표본의 크기는 560가구이다.

예제 8.10

S 시에서 취업적령자를 대상으로 실업률을 조사하려고 한다. 이 도시의 실업률 p에 대한 95% 신뢰구간을 구하려고 하는데 추정치의 최대오차는 0.04로 하고 싶다. 이 최대오차에 해당되는 표본의 크기를 구하여라.

풀이 추정치의 최대오차 d는 0.04이다. 또한 95% 신뢰수준에 대한 z 값은 1.96이다. p 에 대한 정보가 전혀 없으므로 $p = 0.5$를 사용함으로써 표본 크기 n 을 여유있게 구하려고 한다. 즉,

$$n \geq \frac{1}{4}\left(\frac{1.96}{0.04}\right)^2 = 600.25$$

따라서 필요한 표본의 크기는 601명이다.

연습문제

1. 실험용 쥐 9마리를 추출하여 그 혈액점도를 조사한 결과 평균값이 3.92, 표본표준편차가 0.61이었다. 이 표본을 기초로 하여 그 실험용 쥐의 모집단의 평균혈액점도 μ의 95% 신뢰구간을 구하시오. (단, 혈액점도의 분포는 정규분포를 한다.)

2. 어떤 도시의 공장에서 일하는 근로자의 한 달간 임금을 알아보기 위하여 75명을 임의로 뽑아 조사한 결과 평균과 표준편차는 다음과 같았다.

$$\overline{x} = 130\text{만원},\ s = 22.5\text{만원}$$

근로자의 평균임금에 대한 99% 신뢰구간을 구하시오.

3. 제주도에는 전통적으로 여자의 수가 많다고 한다. 이를 조사하기 위하여 10,000명을 임의로 뽑아 조사한 결과, 이 중 6,200명이 여자였다. 제주도의 여자의 비율은 어느 정도인가? 99% 신뢰구간을 구하시오.

4. 어느 슈퍼마켓에서 일일 매상고를 조사해보고자 한다. 하루 매상고의 표준편차가 5백만 원이라고 할 때 신뢰수준 95%에서 오차의 범위를 2백만원 이하로 하기위해서는 며칠 동안의 매상을 관측하여야 하는가?

5. 어느 회사에서 그들의 제품 중에서 불량품의 비율을 조사하려 한다. 99%의 신뢰도를 가지고 추정할 때 허용할 수 있는 최대오차를 0.05로 한다면 표본의 크기는 얼마로 해야 하나?

09

표본으로 가설을 검정하기

1. 검정에서 필요한 기본용어
2. 가설검정의 순서와 기초개념
3. 가설검정 절차에 따른 적용 예
4. 모평균에 대한 가설검정
5. 유의확률 값에 의한 가설검정
6. 모비율에 대한 가설검정

9 표본으로 가설을 검정하기

통계적 추론에는 추정과 가설검정의 두 가지 형태가 있다. 추정은 모집단의 특성치인 모수에 대하여 아는 것이 거의 없는 경우 그 미지의 모수를 가능한 정확히 예측하고자 하는 것이고, 가설검정은 모집단의 모수에 대하여 어느 정도 알고 있어 예상되거나 가정되는 값이 있을 때 그 값이 특정한 값과 같은 지를 표본이 가진 정보를 이용하여 판정하는 통계적 추론방법이다. 예를 들어 휴대폰 배터리의 평균 수명이 어느 정도인지 몰라서 표본자료를 이용하여 파악한다고 하면 추정이고, 새롭게 개발한 배터리수명이 기존의 배터리수명인 120시간보다 더 연장된다고 주장할 때 그 주장의 옳고 그름을 표본을 추출하여 판가름하고자 한다면 가설검정이 되는 것이다.

1 검정에서 필요한 기본용어

① 가설

가설에는 두 가지의 상반된 가설인 귀무가설과 대립가설이 있다. **귀무가설**(null hypothesis)은 기존에 인정되어 오던 사실로서 검정과정을 통하여 기각되기 전까지는 참값으로 간주되는 가설이다. H_0 로 나타낸다. 한편 **대립가설**(alternative hypothesis)은 귀무가설과 대립하여 기존상태로부터 새로운 변화 또는 효과가 존재한다고 주장하며 연구자가 표본으로부터 근거를 가지고 입증하고자 하는 가설이다. H_1 으로 나타낸다.

② 검정통계량

두개의 가설 중에서 어느 쪽인가 하나를 선택하려면 잣대가 필요한데 이 잣대가 되는 표본의 통계량을 **검정통계량**이라 한다. 검정통계량은 가설에 있는 모수에 대한 '좋은 추정량'을 사용하여 통계학적인 이론에 따라 만들어진다.

③ 제1종의 오류

두 개의 가설 중에서 어느 쪽으로 결정을 내리든 거기에는 오류를 범할 가능성이 항상 존재한다. 오류에는 다음과 같은 두 가지 종류가 있다. 귀무가설이 실제로 옳은 데도 틀린 것으로 판정되어 기각하는 오류를 **제1종의 오류**라고 말한다. **제2종의 오류**는 대립가설이 옳은 데도 불구하고 귀무가설을 채택함으로써 발생하는 오류를 말한다. 이 두 가지 오류를 정리하면 [표 9-1]과 같다.

[표 9-1] 가설검정의 2가지 오류

검정결과 \ 실제현상	H_0가 사실	H_1가 사실
H_0 채택	옳은 결정	제2종의 오류
H_1 채택	제1종의 오류	옳은 결정

④ 유의수준 α

제1종의 오류를 범할 확률의 최대허용한계를 **유의수준** α(有意水準, significance level)라고 한다. 따라서 유의수준이란 귀무가설이 옳은데도 잘못하여 이를 기각하는 확률을 말한다. 보통 유의수준 $\alpha = 0.05$로 설정하는 것이 일반적이다. 그렇지만 조사의 성격에 따라 0.01 또는 0.10로 설정하는 경우도 흔히 있다. 유의수준 α의 크기를 작게 한다는 것은 매우 충분한 근거가 없으면 귀무가설을 기각하지 않으려는 것이다.

⑤ 기각역

기각역(rejection region)이란 귀무가설을 기각시키는 영역을 말한다. 기각역은 일반적으로 구간으로 주어지므로 구간을 정해주는 구간의 끝점을 찾게 되는데 이 점을 **기각치** 또는 **임계치**라고 부른다. 기각치는 귀무가설이 진실인 상황에서 검정통계량의 분포와 유의수준 α에 따라 구해진다.

2 가설검정의 순서와 기초개념

단계 ① 가설을 설정한다.

가설검정의 첫 번째 단계는 가설을 설정하는 것이다. 가설이란 모집단의 특성값인 모수에 대한 주장을 말한다. 연구자는 자신이 주장하고자 하는 사실을 대립가설 H_1 로 설정하고 기각되기를 바라는 기존의 주장을 귀무가설 H_0 로 설정한다. 연구자는 실험이나 조사자료로부터 확실한 근거에 의하여 대립가설을 입증하고자 하는데 만일 충분히 입증되지 못하면 기존의 주장을 담은 귀무가설이 계속적인 지지를 받게 된다. 대립가설이 채택되지 못하면 아무것도 없었던 원래의 상태로 돌아간다는 뜻으로 귀무가설(歸無假說)이라고 불린다.

단계 ②검정통계량과 사용할 분포를 결정한다

귀무가설과 대립가설을 설정하여 두고 옳고 그름을 결정하려 할 때 그 판단의 기준으로 확률표본으로부터 얻은 검정통계량을 사용한다. 일반적으로 검정통계량은 검정하려는 모수에 대한 추정량으로 구성된다. 예를 들면 모평균에 관한 검정을 위해서는 표본평균 $\overline{X}$, 모비율 p에 대해서는 표본비율 $\hat{p}$ 을 기본으로 하여 통계학적 이론에 따라 구성된다. 검정통계량으로 사용되기 위해서는 귀무가설이 진실인 상황에서 그 검정통계량의 분포가 밝혀져 있어야 한다. 그 분포가 정규분포이면 Z 검정, t 분포이면 t 검정, χ^2 분포이면 χ^2 검정이라고 분포에 따라 검정의 이름을 붙인다. 검정통계량의 값에 따라 귀무가설 H_0 을 기각하든지 또는 채택하든지를 결정하게 된다.

단계 ③ 유의수준 α를 결정하고 기각역을 정한다

가설검정에는 오류가 따르기 마련이지만 오류를 범할 가능성을 가능한 적게 하는 것이 바람직 한 일일 것이다. 그러나 표본의 크기가 고정되어 있는 경우에 제1종 오류의 가능성을 줄이려고 하면 제2종 오류의 가능성이 커지므로 두 종류의 오류를 동시에 줄일 수 있는 방법이 없다. 따라서 어느 하나의 오류만을 관리할 수밖에 없는데 보통 대립가설 H_1을 채택함으로써 발생하는 제1종의 오류를 관리하는 방법을 사용하고 있다. 그 이유는 대립가설 H_1을 채택하는 여부가 실제로 중요한 의미를 갖기 때문이다. 만일 표본의 크기를 조절할 수 있다면 어느 한 종류의 오류를 줄이면서도 다른 종류의 오류를 증가시키지 않게 하는 방법이 있는데, 그것은 표본의 크기를 크게 하는 것이다. 표본의 크기 n이 증가함에 따라 양상이 더욱 정확해짐으로 해서 오류를 줄이고 판단할 수 있는 더 좋은 증거를 찾게 되기 때문이다.

기각역이란 귀무가설을 기각시키는 영역을 말한다. 일반적으로 $H_0 : \theta = \theta_0$라는 귀무가설에 대하여 검정통계량을 $\hat{\theta}$ 라고 할 때 대립가설과 기각역은 아래 [표 9-2]와 같은 형태를 취한다.

[표 9-2] 대립가설과 기각역의 형태

귀무가설	검정통계량	대립가설	기각역
$H_0 : \theta = \theta_0$	$\hat{\theta}$	$H_1 : \theta > \theta_0$	$\hat{\theta} > c$
		$H_2 : \theta < \theta_0$	$\hat{\theta} < c$
		$H_3 : \theta \neq \theta_0$	$\hat{\theta} > c_1$ 또는 $\hat{\theta} < c_2$

[표 9-2]에서 H_1과 H_2를 대립가설로 하는 검정을 **단측검정**(one sided test)라 하고 H_3의 경우를 **양측검정**(two sided test)이라고 한다.

귀무가설은 대립가설의 방향에 따라

$$H_0 : \ \theta \leq \theta_0 \text{ vs } H_1 : \theta > \theta_0$$
$$H_0 : \ \theta \geq \theta_0 \text{ vs } H_2 : \theta < \theta_0$$

로 하는 것이 원칙이나 편의상 $H_0 : \ \theta = \theta_0$로 세워도 같은 결과를 준다.

단계 ④ 검정통계량의 값을 계산하여 기각역에 속하면 귀무가설을 기각한다.

우리는 검정통계량의 관측값에 따라 귀무가설과 대립가설 중 하나를 결정짓는다.

■ **「유의수준 α의 검정」이란?**

예를 들어 유의수준 $\alpha = 0.1$의 검정이란 제1종의 과오를 범할 확률이 0.1보다 작아야한다는 것이다. 분명하게 설명하기위하여 식으로 표현을 해보면

$$\begin{aligned} 0.1 &> P(\text{ 제1종의 오류를 범하는 일 }) \\ &= P(H_0\text{이 사실인데 } H_1\text{을 받아들이는 일}) \\ &= P(H_1\text{은 거짓인데 } H_1\text{을 받아들이는 일}) \end{aligned}$$

위의 식을 보면 연구자가 자기의 주장 H_1이 거짓인데도 H_1을 받아들이는 일이 최대한 10번에 한번 꼴로 생길 수 있음을 말하고 있다. 따라서 큰 유의수준으로 연구자의 주장H_1이 받아들여졌다고 하면 연구자가 자기의 주장을 받아들이기 위하여 무리했다는 느낌을 받게 되는 것이다. 즉 유의수준 $\alpha = 0.1$의 검정이란 모집단으로부터 같은 크기의 표본을 반복해서 추출하여 검정할 때 실제로 참인 귀무가설 H_0을 잘못하여 기각하고 오히려 틀린 H_1을 받아들이는 최대빈도가 10%이고, 귀무가설을 올바르게 판단하는 최소빈도는 90%라는 것을 의미한다.

통계적 가설검정의 순서: 기각영역에 의한 방법

단계 ① 귀무가설과 대립가설을 설정한다.

단계 ② 검정통계량과 사용할 분포를 결정한다.

단계 ③ 선택한 유의수준 α에 대한 기각역을 구한다.

단계 ④ 검정통계량의 값을 계산하여 기각역에 속하면 귀무가설을 기각한다.

3 가설검정 절차에 따른 적용 예

실제의 예를 들어 적용하면서 가설검정의 개념을 구체적으로 확인해보자.

예제 9.1

휴대폰 배터리를 제조하고 있는 공장이 있다. 지금까지의 실적에 의하면 이 공장 배터리의 평균수명은 120시간, 표준편차는 30시간이었다. 최근 이 회사 연구진은 배터리 생산방법에 대해 새로운 개량안을 제출하였다. 새 개량안 제출자는 이 방법이 성공하면 배터리 수명이 연장된다고 하였다. 이 회사의 경영진은 이를 확인하기 위하여 100개의 배터리를 새 방법으로 만들어 수명을 측정해 보니 평균수명이 124시간이었다. 새 방법으로 생산된 배터리의 수명이 연장되었다고 볼 수 있는가? 새 배터리의 수명이 더 길다는 것이 확실해지면 생산 공정을 바꾸어 새 배터리를 생산하려고 한다. 어떠한 방법으로 결정을 내려야 하겠는가?

풀이 이 문제는 새 방법으로 만들어진 배터리수명의 모평균이 연장되었다는 주장에 대해 평균수명 $\overline{x} = 124$시간이라는 실험결과를 통계적으로 검정해보자는 것이다. 이 경우 만일 새 주장이 받아들여지지 않는다고 하는 것은 새 배터리수명의 모평균이 종래의 평균수명과 같은 120시간이라고 하는 것이다. 앞에서 말한 절차에 따라 통계적 가설검정을 진행해 보자.

단계 ① 가설을 설정한다.

배터리의 평균수명은 120시간이라는 현재까지 주장되어 온 사실을 모집단의 모수를 사용하여 귀무가설 H_0: $\mu = 120$ 로 둔다. 한편 대립가설은 귀무가설에 대립하여 새롭게 개량된 배터리의 평균수명은 120시간보다 더 연장된다는 가설로 귀무가설에서 제시하는 모수의 값을 제외한 영역에서 $H_1: \mu > 120$로 둔다.

$$\text{귀무가설 } H_0: \mu = 120$$
$$\text{대립가설 } H_1: \mu > 120$$

단계 ② 검정통계량과 사용할 분포를 결정한다.

검정통계량은 모수 μ에 대한 좋은 추정량 $\overline{X}$를 사용한다. 배터리 수명에 대한 분포는 정규분포를 가정하는 것도 자연스러운 일이지만 만일 원래 모집단 분포가 정규분포가 아니더라도 중심극한정리에 의하여 $\overline{X}$는 표본의 크기가 충분히 크므로($n = 100$) 근사적으로 정규분포 $N(\mu, \frac{\sigma^2}{n})$을 따르게 된다. 따라서 만일 귀무가설 H_0가 진실이라면 검정통계량 $\overline{X}$의 분포는

$$\overline{X} \sim N(120, \frac{\sigma^2}{n}) = N(120, \frac{30^2}{100})$$

인 정규분포를 따를 것이다.

단계 ③ 선택한 유의수준 α에 대한 기각역을 구한다.

연구의 목적에 따라 유의수준은 달라질 수가 있지만 일반적으로 $\alpha = 0.05$를 택한다. 귀무가설 H_0이 진실일 때의 분포 $N(120, 9)$에서 $\overline{X}$가 어떤 값 c보다 크면 H_0을 기각하고 c보다 작으면 H_0을 채택하는 방식을 취한다. 즉 $\overline{X} > c$이 기각역이 되겠고 이때 c값이 임계치이다.

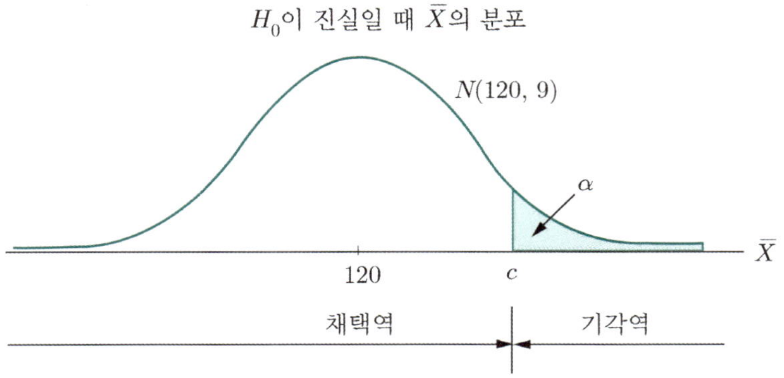

[그림 9-1] **검정통계량 $\overline{X}$의 분포와 기각역**

그러면 기각역은 $\overline{X} \sim N(120, \frac{30^2}{100})$인 정규분포에서 상위 5%가 되는 곳이 된다.

$$\begin{aligned} 0.05 &= P(\overline{X} > c) \\ &= P\left(\frac{\overline{X}-120}{\sigma/\sqrt{n}} > \frac{c-120}{30/\sqrt{100}}\right) \\ &= P(Z > z_{0.05} = 1.65) \end{aligned}$$

따라서

$\frac{c-120}{30/\sqrt{100}} = 1.65$에서

$$c = 120 + 1.65 \times \frac{30}{\sqrt{100}} = 124.95$$

그러므로 기각역은 $\overline{X} > 124.95$가 된다.

단계 ④ 검정통계량의 값으로 판정한다.

자료에서 검정통계량의 값 $\overline{x} = 124$이므로 매우 근소한 차이로 기각역에 포함되지 못하여 귀무가설을 기각하지 못하고, 평균수명은 120시간이라고 하는 귀무가설 H_0가 채택된다. 따라서 새 개량안으로 만들어진 휴대폰 배터리의 평균수명은 연장되었다고 볼 수 없다는 결론에 이른다.

한편, 새 배터리의 평균값 $\overline{x} = 124$는 매우 애석하게 조그만 차이로 $\alpha = 0.05$의 기각역에 들지 못했으므로 유의수준을 $\alpha = 0.1$로 잡도록 해보자.

그러면 기각역은 $\overline{X} \sim N(120, \frac{30^2}{100})$인 정규분포에서 상위 10%가 되는 곳이 된다.

$$\begin{aligned} 0.1 &= P(\overline{X} > c) \\ &= P\left(\frac{\overline{X}-120}{\sigma/\sqrt{n}} > \frac{c-120}{30/\sqrt{100}}\right) \\ &= P(Z > z_{0.1} = 1.28) \end{aligned}$$

따라서

$$\frac{c-120}{30/\sqrt{100}} = 1.28 \text{에서}$$

$$c = 120 + 1.28 \times \frac{30}{\sqrt{100}} = 123.84$$

그러므로 기각역은 $\overline{X} > 123.84$가 된다. 새 배터리의 평균값은 $\overline{x} = 124$이므로 기각역에 포함되어 귀무가설을 기각된다. 결국 대립가설 H_1이 유의수준 10%의 검정법으로 채택되어 새 개량안으로 만들어진 배터리의 평균수명이 연장되었다고 볼 수 있게 되었다.

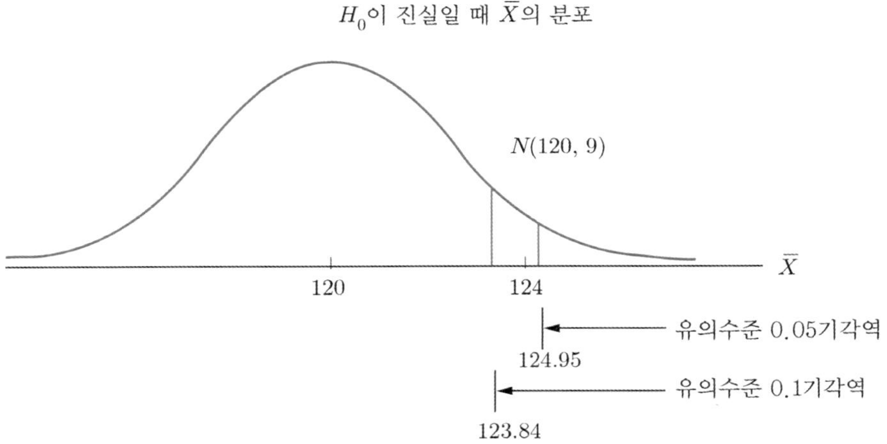

[그림 9-2] **임계치와 기각영역**

이 회사의 경우 연구진에서 제안하는 새 개량안을 적용하면 설비하는데 비용이 들기는 하지만 만일 성공하기만 하면 그 기업에 엄청난 수익이 예상된다고 하자. 그와 같은 경우에는 유의수준 α를 조금 크게 해서라도 되도록 대립가설을 받아드리려고 할 것이다. 그러나 만일 새 방법이 성공하더라도 설비비에 비해 그다지 큰 수익을 예상하기 어렵다고 하면 거짓인 대립가설이 채택되는 오류, 즉 제1종의 오류를 범활 확률 α를 낮출 것이다.

이렇듯 유의수준은 의사결정과정에서 발생할 수 있는 제1종의 오류 α에 따른 손실의 심각성을 고려하여 결정되어야 한다. 참인 귀무가설 H_0를 기각하게 됨으로서 일어나는 결과가 중대할 것 같으면 이러한 오류를 범할 확률 α를 작게 잡아야하고, 이와 반대로 참이 아닌 귀무가설 H_0를 반드시 기각해야 될 경우에는 α를 크게 잡아야 한다.

■ **검정통계량으로 $\overline{X}$ 대신에 표준화한 Z값을 사용하면 간단하다.**

가설검정의 단계 ③에서 검정통계량을 표준화하여 임계치 c를 구한 식을 다시 써보자.

$$\alpha = P(\overline{X} > c)$$
$$= P\left(\frac{\overline{X} - \mu}{\sigma/\sqrt{n}} > \frac{c - 120}{30/\sqrt{100}}\right) = P(Z > z_a)$$

위 식에서 보는 바와 같이 검정통계량으로 $\overline{X}$를 사용하여 임계치 c를 찾는 것과 $\overline{X}$의 표준화된 통계량 $Z = \dfrac{\overline{X}-\mu}{\sigma/\sqrt{n}}$를 사용하여 임계치 z_α를 찾는 것은 수학적으로 동치이므로 검정통계량으로 Z를 이용하여 가설검정을 해도 $\overline{X}$를 이용한 경우와 동일한 결과를 얻게 된다. 그런데 $\overline{X}$를 사용하여 임계치 c를 찾는 방법은 다소 복잡하므로 일반적으로 계산이 간단한 Z를 검정통계량으로 사용하게 된다. 이 책에서도 앞으로는 Z를 검정통계량으로 사용하여 가설을 검정할 것이다.

4 모평균에 대한 가설검정

모평균 μ에 대한 가설검정은 가장 기본적인 검정이다. 추정의 경우와 마찬가지로 검정에서도 모집단의 표준편차 σ를 아는 경우에는 정규분포를 이용하고, σ를 모르는 경우에는 t 분포를 이용한다. 그러나 σ를 모르더라도 표본의 크기가 큰 경우에는 정규분포를 이용할 수 있다. 표준정규분포를 이용하는 검정을 Z **검정**($Z\,test$)이라 하고, t 분포를 이용하는 검정을 **t 검정**($t\ \ test$)이라고 부른다.

모평균 μ에 대한 가설검정 – 모분산을 알 때

귀무가설 $H_0:\ \mu = \mu_0$

검정통계량 $Z = \dfrac{\overline{X}-\mu}{\sigma/\sqrt{n}}$

대립가설 $H_1:\ \mu > \mu_0$ 일 때 기각역 $Z \geq z_\alpha$

$H_1:\ \mu < \mu_0$ 일 때 기각역 $Z \leq -z_\alpha$

$H_1:\ \mu \neq \mu_0$ 일 때 기각역 $|Z| \geq z_{\alpha/2}$

예제 9.2

예제 9-1에서 새로 개량된 방법으로 생산된 휴대폰 배터리 수명이 기존의 배터리 수명보다 연장되었는지를 검정통계량 $\overline{X}$ 대신에 Z을 이용하여 가설검정 하여보라.

풀이 단계 ① 가설의 설정:

$$\text{귀무가설 } H_0: \mu = 120$$
$$\text{대립가설 } H_1: \mu > 120$$

단계 ② 검정통계량의 선택:

모분산을 모르지만 표본의 크기가 100으로서 큰 경우이므로 이때의 검정은 Z 검정이 되겠다.

$$Z = \frac{\overline{X} - \mu}{\sigma / \sqrt{n}}$$

단계 ③ 유의수준 $\alpha = 0.05$로 하고 기각역을 결정:

기각역은 $Z > z_\alpha = z_{0.05} = 1.65$

단계 ④ 검정통계량의 값으로 판정:

$$z = \frac{124 - 120}{30 / \sqrt{100}} = 1.33$$

기각역은 $Z > 1.65$인데 $z = 1.33$은 기각역 속에 포함되지 않으므로 귀무가설을 기각할 수 없게 된다. 따라서 유의수준 5%에서 새로 개발한 휴대폰 배터리의 평균수명은 120 시간보다 연장되었다고 할 수 없다.

한편 $\alpha = 0.1$ 검정을 한다고 하면 기각역은 $Z > z_{0.1} = 1.28$이므로 자료에서의 검정통계량의 값 $z = 1.33$은 기각역 속에 포함되어 귀무가설을 기각하게 된다. (예제 9-1에서 검정통계량 $\overline{X}$ 를 사용한 경우와 검정결과가 같음을 확인할 수 있다.)

예제 9.3

담배회사에서 새로 개발한 담배의 타르함량이 평균 4.1mg이하라고 주장했다. 시제품 중에서 36개를 임의로 추출하여 타르함량을 조사하였더니 평균 3.641이고 표준편차 0.871이었다. 이 회사 연구진의 주장이 옳다고 할 수 있는지 유의수준 0.01로 검정하라.

풀이 모평균에 대한 가설검정의 문제로서, 주어진 자료에서 $\overline{x} = 3.641$, $s = 0.871$, $n = 36$, $\alpha = 0.01$이다.

단계 ① 가설의 설정:

$$H_0: \ \mu = 4.1$$
$$H_1: \ \mu < 4.1$$

단계 ② 검정통계량의 선택:

모분산을 모르지만 표본의 크기가 36으로서 큰 경우이므로 Z 검정이 되겠다.

$$Z = \frac{\overline{X} - \mu}{S/\sqrt{n}}$$

을 선택한다.

단계 ③ 유의수준 $\alpha = 0.01$로 하고 기각역을 결정:

$$\text{기각역은} \quad Z \le -z_{\alpha} = -z_{0.01} = -2.33$$

단계 ④ 검정통계량의 값을 계산하여 판정:

주어진 자료로부터 검정통계량의 값 z 를 구하면

$$z = \frac{3.641 - 4.10}{0.871/\sqrt{36}} = -3.162$$

이다. 기각역은 $Z \le -2.33$ 인데 관측값에서의 검정통계량은 $z = -3.162$ 이므로 기각역 속에 포함되어 귀무가설을 기각하게 된다. 따라서 새로 개발한 담배의 타르함량이 평균 4.1mg 이하라는 연구진의 주장은 유의수준 1%에서 타당하다.

모평균 μ에 대한 가설검정 – 모분산을 모를 때

귀무가설 $H_0: \mu = \mu_0$

검정통계량 $T = \dfrac{\overline{X} - \mu}{S/\sqrt{n}}$

대립가설 $H_1: \mu > \mu_0$일 때 기각역 $T \ge t_{\alpha}(n-1)$

$H_1: \mu < \mu_0$일 때 기각역 $T \le -t_{\alpha}(n-1)$

$H_1: \mu \ne \mu_0$일 때 기각역 $|T| \ge t_{\alpha/2}(n-1)$

※ 모분산이 미지인 경우에도 표본의 크기가 클 때는 Z 검정을 할 수 있다.

예제 9.4

A제약회사에서 시판되는 드링크제는 함량이 95mL라고 표시되어 있다. 이 회사에서는 정기적으로 10개의 제품을 임의로 추출하여 함량을 조사하는데 유의수준 5%에서 평균함량이 95mL를 벗어났다고 판단되면 생산 공정을 중단시킨다. 오늘 10개의 제품을 임의로 추출하여 평균을 구해본 결과 $\overline{x} = 98.30$, $s = 5.99$를 얻었다. 이날 생산 공정에 이상이 있다고 판단할 수 있는가?

풀이 모평균에 대한 가설검정의 문제인데 주어진 자료는 $\overline{x} = 98.30$, $s = 5.99$, $n = 10$, $\alpha = 0.05$이다.

단계 ① 가설의 설정:

$$H_0: \ \mu = 95$$

$$H_1: \ \mu \neq 95$$

단계 ② 검정통계량의 선택:

모분산을 모르며 표본의 크기는 작은 경우이므로 이때의 검정은 t 검정이 된다. 검정통계량으로

$$T = \frac{\overline{X} - \mu}{S/\sqrt{n}}$$

을 선택한다.

단계 ③ 유의수준 $\alpha = 0.05$으로 하고 기각역을 결정:

$$|T| > t_{\alpha/2}(n-1) = t_{0.025}(9) = 2.262$$

이므로 기각역은 다음과 같이 양측 방향에 있게 된다.

$$T > 2.262 \ \text{또는} \ T < -2.262$$

단계 ④ 검정통계량의 값을 계산하여 판정:

주어진 자료로부터 검정통계량의 값 t를 구하면

$$t = \frac{98.3 - 95.0}{5.99/\sqrt{10}} = 1.742$$

이다. 그런데 $t = 1.742$는 기각역에 포함되지 않으므로 귀무가설을 기각할 수 없다. 따라서 유의수준 5%에서 오늘 드링크제는 함량이 95mL로서 공정에 이상이 없다고 판단된다.

5 유의확률에 의한 가설검정

가설검정에서는 귀무가설의 채택여부를 결정하는 데 있어서 기각역을 사용하는 방법 이외에 유의확률에 의한 방법이 있는데 실제 유의확률을 이용하는 방법이 더 많이 사용되고 있고 또 많은 점에서 편리하므로 차제에 명확히 이해해 둘 필요가 있다. 통계학적으로 **유의확률**(有意確率, significance probability)이란 관측된 검정통계량의 값을 기준으로 제1종의 오류를 범할 확률을 말하는데 **p 값**(p -value)이라고도 한다. 즉, 유의확률은 관측값으로 귀무가설을 기각할 수 있는 유의수준으로서 이해하기 쉽게 말하면 관측된 값이 귀무가설을 얼마나 지지하고 있는가를 나타내는 값이다. 따라서 유의확률이 아주 작다면 귀무가설 H_0를 매우 적게 지지하는 것이므로 H_0는 기각되는 것이다. 즉 유의확률을 유의수준과 비교하여 유의수준보다 작으면 H_0를 기각하고, 유의수준보다 크면 H_0를 채택한다.

통계적 가설검정의 순서 : 유의확률에 의한 방법

단계 ① 귀무가설과 대립가설을 설정한다.
단계 ② 유의수준 α를 결정한다.
단계 ③검정통계량과 사용할 분포를 결정한다.
단계 ④ 유의확률을 계산하여 유의수준 α 보다 작으면 귀무가설을 기각한다.

통계처리용 프로그램에서는 귀무가설의 기각 여부를 판단하기 위한 값으로 유의확률을 계산해준다. 따라서 연구자는 이 값을 자신이 설정한 유의수준 α 의 값과 비교하여 귀무가설의 채택 또는 기각 여부를 결정하게 된다. 유의확률을 제시하게 되면 α 를 임의로 정의해야 하는 문제점이 없어지고 통계적 분석결과를 인용할 때 인용자 스스로 H_0를 기각할 것인지 아닌지를 결정할 수 있게 된다.

예제 9.5

예제 9-1에서 새로 개량된 방법으로 생산된 휴대폰 배터리 수명이 기존의 배터리 수명보다 연장되었는지를 유의확률에 의한 방법으로 가설검정 해보라.

풀이 단계 ① 가설을 설정:

$$귀무가설\ H_0:\ \mu = 120$$
$$대립가설\ H_1:\ \mu > 120$$

단계 ② 검정통계량과 사용할 분포를 결정:

$$Z = \frac{\overline{X} - \mu_0}{\sigma / \sqrt{n}}$$

단계 ③ 관측값의 검정통계량 값에 대한 p 값을 계산한다. 관측된 자료로부터 검정통계량의 값 z 를 구하면

$$z = \frac{124 - 120}{30/\sqrt{100}} = 1.33$$

이므로 구하려는 유의확률은 $P(Z > 1.33) = 0.092$ 으로 주어진다.

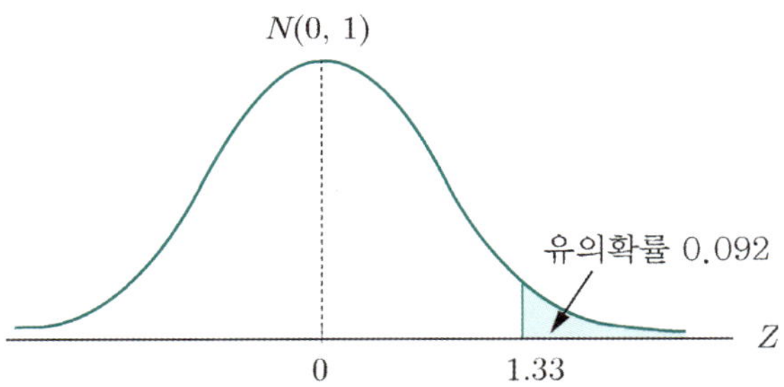

[그림 9-3] 검정통계량 Z 에서의 유의확률

단계 ④ 유의확률을 이용한 판정:

$$\alpha = 0.05 < \text{유의확률} = 0.092 < \alpha = 0.1$$

유의확률이 0.092로서 유의수준 $\alpha = 0.05$ 보다 크므로 유의수준 5%에서 귀무가설은 채택된다. 그러나 유의수준 $\alpha = 0.1$ 보다는 작으므로 유의수준을 10%에서 귀무가설은 기각됨을 알 수 있다. 기각역을 찾아 검정하던 것과 결과는 같게 된다.

6 모비율에 대한 가설검정

우리의 일상생활 중에는 모집단의 비율에 대한 가설검정이 요구되는 상황도 적잖게 많

다. 예를 들어 '현 대통령의 지지율이 40%를 넘는다', '이 병의 완치율은 70%가 안된다'와 같은 주장의 옳고 그름을 가리기 위해서는 모집단내의 특정 부분의 비율, 즉 모비율 p에 대한 가설검정을 해야 한다. 모비율에 대한 신뢰구간의 추정과 마찬가지로 모비율에 대한 가설검정에서도 p의 좋은 추정량인 표본비율 $\hat{p}$로 구성된다. 여기서 사용되는 표본비율을 다시 한번 살펴보면 다음과 같다.

$\hat{p} = \frac{Y}{n}$, Y는 표본에서 기대하는 사건이 발생하는 횟수를 말한다.

모비율 p에 대한 가설검정 – 표본의 크기가 큰 경우

귀무가설 $H_0: \ p = p_0$

검정통계량 $Z = \frac{\hat{p} - p}{\sqrt{pq/n}}$

대립가설 $H_1: \ p > p_0$ 일 때 기각역 $Z \geq z_\alpha$

$H_1: \ p < p_0$ 일 때 기각역 $Z \leq -z_\alpha$

$H_1: \ p \neq p_0$ 일 때 기각역 $|Z| \geq z_{\alpha/2}$

추정의 경우와 마찬가지로 가설검정의 경우에도 $np_0 \geq 5$나 $nq_0 \geq 5$이면 표본의 크기가 충분하다.

예제 9.6

A대학교 전교생을 대상으로 임의로 추출한 92명 중 28명이 흡연자였다. 이 대학 전교생 중 흡연자의 비율 p가 25% 보다 높다고 할 수 있겠는가? 유의수준 5%에서 검정하여라.

풀이 가설검정을 다음과 같이 수행한다.

단계 ① 가설의 설정 :

$$H_0: \ p = 0.25$$

$$H_1: \ p > 0.25$$

단계 ② 검정통계량의 선택:

주어진 정보로부터 $n = 92,\ \hat{p} = \dfrac{28}{92} = 0.304,\ np_0 = 92 \times 0.25 = 23$ 과 $nq_0 = 92 \times 0.75 = 69$ 가 모두 5보다 크므로 표본의 크기는 충분하므로 이때의 검정은 Z 검정이 되겠다. 검정통계량은

$$Z = \frac{\hat{p} - p}{\sqrt{pq/n}}$$

을 선택한다.

단계 ③ 유의수준을 $\alpha = 0.05$ 로 하고 기각역을 결정:

$$Z \geq z_\alpha = z_{0.05} = 1.65$$

단계 ④ 검정통계량의 값을 계산하여 판정:

주어진 자료를 검정통계량에 대입하면

$$z = \frac{0.304 - 0.25}{\sqrt{(0.25)(0.75)/92}} = 1.20$$

이다. 기각역은 $Z > 1.65$ 인데 검정통계량의 값은 $z = 1.20$ 으로 기각역에 속하지 않아서 H_0 을 기각 할 수 없다. 따라서 A대학 전교생 중 흡연자의 비율이 25% 보다 높다고 할 수 없다. 참고로 이 경우에도 유의확률을 계산해보면

$$P(Z > 1.20) = 0.115$$

로서 $\alpha = 0.05$ 는 물론 $\alpha = 0.1$ 보다도 크므로 H_0 을 채택하게 되어 기각역에서의 검정결과와 같게 된다.

예제 9.7

어떤 화장품 회사에서는 자사제품이 화장품시장의 60%를 점유하고 있다고 주장하지만 점유율이 60%는 아닌 것 같다. 이를 확인하기 위하여 100명의 여성을 대상으로 조사해 본 결과 50명이 그 회사의 제품을 사용하고 있었다. 유의수준 0.05에서 이 회사의 주장을 검정하라.

풀이 단계 ① 가설의 설정 :

$$H_0:\ p = 0.6$$

$$H_1:\ p \neq 0.6$$

단계 ② 검정통계량의 선택:

주어진 정보로부터 $n = 100$, $\hat{p} = 0.5$ $np_0 = 100 \times 0.6 = 60$과 $nq_0 = 100 \times 0.4 = 40$이 모두 5보다 크므로 표본의 크기는 충분하므로 이때의 검정은 Z 검정이 되겠다.

모비율에 관한 검정통계량 Z를 택한다.

$$Z = \frac{\hat{p} - p}{\sqrt{pq/n}}$$

단계 ③ 유의수준을 $\alpha = 0.05$로 하여 기각역을 결정:

양측검정이므로 기각역은

$$|Z| \geq z_{\alpha/2} = z_{0.025} = 1.96$$

단계 ④ 검정통계량의 값을 계산하여 판정:

주어진 자료를 검정통계량에 대입하면

$$z = \frac{0.5 - 0.6}{\sqrt{(0.6)(0.4)/100}} = -2.04$$

이다.

기각역은 $Z < -1.96$ 또는 $Z > 1.96$ 인데 검정통계량의 값은 $z = -2.04$로 기각역에 속하므로 H_0을 기각하고 H_1을 채택한다. 즉 자사제품이 화장품시장의 60%를 점유하고 있다고 하는 이 회사의 주장은 옳지 않은 것으로 판명되었다.

참고로 이 경우의 유의확률을 계산해보자. $z = -2.04$라는 검정통계량의 관측값에 대하여 귀무가설 H_0을 기각할 수 있는 유의수준, 즉 유의확률을 구해보면 다음과 같다. 지금은 양측검정이므로 유의확률은

$$P(|Z| \geq 2.04) = 0.042.$$

유의확률 0.042는 유의수준 $\alpha = 0.05$보다 작으므로 H_0을 기각하고 H_1을 채택한다. 기각역에서 얻은 검정결과와 동일함을 알 수 있다.

연습문제

1. 어느 고등학교에서 학생들 가정의 생활수준을 조사하려고 한다. 36명의 부모를 표본조사하였더니 평균 월수입이 295만원이고 표준편차가 4만원이었다. 그 학교 학부모들의 월수입이 300만원이 된다고 할 수 있겠는가? 유의수준 5%로 검정하시오.

2. 어느 도시에서는 유치원 교사의 이직률이 높아서 평균 재직기간이 20개월이라고 한다. 실제로 그러한지를 알아보기 위하여 유치원교사 10명을 뽑아 평균 재직기간을 조사해 보았더니 평균 23개월, 표준편차가 6.2개월이었다.

(1) 유의 수준 5%에서 양측검정을 하시오.

(2) 유의수준 5%에서 단측검정을 하시오.

3. 대학졸업 후 초봉이 연 2,000만원이 안 된다는 주장을 검정하기 위하여 100명을 랜덤하게 선택하여 연봉을 조사한 결과 평균이 1,900만원, 표준편차는 700만원이었다.

(1) Z값을 이용하여 가설 검정 하시오

(2) p값을 이용하여 가설 검정 하시오.

(3) 결론은 무엇인가?

4. P 이동통신사가 불통률이 2% 이하라고 광고하고 있다. 소비자 단체에서는 이 주장이 틀리다는 것을 보여주기 위해서 전국적으로 랜덤하게 2,000번의 통화를 시도하여 본 결과 60번이 불통이었다. 이 자료는 P 이동통신의 광고가 과장되었다는 것을 말하는가?

5. 현 학생회에 대한 지지율을 조사하기 위하여 학생들 중 임의로 30명을 뽑아서 조사한 결과 12명이 지지한다고 말했다. 학생회 출범당시의 지지율 43%보다 떨어졌다고 할 수 있는가? 유의수준 0.05에서 검정하라.

10

두 모집단 비교하기

1. 두 모평균의 비교
2. 두 모비율의 비교

10 두 모집단 비교하기

지금까지는 하나의 모집단에서 통계적 추론을 생각했으나 실제 현실에서는 두 개의 모집단간의 특성을 비교하는 경우도 자주 있다. 예를 들면, 우리 회사 임금의 평균이 B회사 임금의 평균보다 더 많은가? 호주제폐지에 대한 남녀 간의 지지율은 어떠한가? 등 두 모집단 간의 비교에 관한 필요성은 우리 주변에서 적잖이 발생한다. 이 장에서는 이와 같이 두 개 모집단의 평균과 비율을 비교하는 문제에 대하여 다루기로 한다.

1 두 모평균의 비교

(1) 독립표본의 경우

모집단1에서 크기 n_1 인 확률표본 $(X_1, X_2, \ldots, X_{n_1})$을 뽑고, 모집단2에서 크기 n_2 인 확률표본$(Y_1,\ Y_2,\ \ldots,\ Y_{n_2})$를 뽑았다고 하자. 여기서 두 표본$(X_1,\ X_2,\ \ldots,\ X_{n_1})$과$(Y_1,\ Y_2,\ \ldots,\ Y_{n_2})$은 서로 아무런 연관성이 없이 추출된 표본으로 이와 같은 것을 **독립표본**이라 한다. 각 모집단의 모평균을 μ_1, μ_2 모분산을 σ_1^2, σ_2^2, 표본평균을 $\overline{X}$, $\overline{Y}$ 표본분산을 S_1^2, S_2^2 라고 하자. 두 모집단이 정규분포라고 하면 각각 $\overline{X}$와 $\overline{Y}$의 표본분포는 각각

$$\overline{X} \sim N\left(\mu_1, \frac{\sigma_1^2}{n_1}\right),\quad \overline{Y} \sim N\left(\mu_2, \frac{\sigma_2^2}{n_2}\right)$$

인데, $\overline{X}$와 $\overline{Y}$는 서로 독립이므로 정규분포의 성질에 의하여 $\overline{X}-\overline{Y}$도 정규분포가 된다. 즉

$$\overline{X}-\overline{Y} \sim N\left(\mu_1-\mu_2, \frac{\sigma_1^2}{n_1}+\frac{\sigma_2^2}{n_2}\right)$$

이다. 이것을 표준화하면

$$Z = \frac{(\overline{X} - \overline{Y}) - (\mu_1 - \mu_2)}{\sqrt{\frac{\sigma_1^2}{n_1} + \frac{\sigma_2^2}{n_2}}} \sim N(0, 1)$$

① 독립표본에서 평균의 차이에 대한 신뢰구간

단일모집단에서와 마찬가지 방법으로 모평균의 차이 $\mu_1 - \mu_2$의 신뢰구간은 $(\overline{X_1} - \overline{X_2}) \pm$ 오차의 형태인데 신뢰구간은 모분산을 이미 알고 있는지 아닌지, 표본의 크기가 큰지 아닌지에 따라 구하는 공식이 달라지므로 그 점에만 유의하여 공식에 대입하면 된다. 두 모집단의 분산을 아는 경우라면 $\overline{X} - \overline{Y}$의 표준오차가 $\sqrt{\frac{\sigma_1^2}{n_1} + \frac{\sigma_2^2}{n_2}}$ 이므로 신뢰구간은

$$(\overline{X} - \overline{Y}) \pm z_{\alpha/2} \sqrt{\frac{\sigma_1^2}{n_1} + \frac{\sigma_2^2}{n_2}}$$

가 된다. 모집단의 분산을 모르는 경우는 표본분산 S_1^2, S_2^2을 사용하게 되어 t 분포를 사용하게 된다.

모평균차 $\mu_1 - \mu_2$에 대한 신뢰구간

① 모분산을 아는 경우 : $(\overline{X} - \overline{Y}) \pm z_{\alpha/2} \sqrt{\frac{\sigma_1^2}{n_1} + \frac{\sigma_2^2}{n_2}}$

② 모분산을 모르는 경우: $(\overline{X} - \overline{Y}) \pm t_{\alpha/2}(n_1 + n_2 - 2)\, S_p \sqrt{\frac{1}{n_1} + \frac{1}{n_2}}$

단, $S_p^2 = \frac{(n_1 - 1)S_1^2 + (n_2 - 1)S_2^2}{n_1 + n_2 - 2}$

③ 모분산을 모르지만 표본이 큰 경우: $(\overline{X} - \overline{Y}) \pm z_{\alpha/2} \sqrt{\frac{S_1^2}{n_1} + \frac{S_2^2}{n_2}}$

② 독립표본에서 평균의 차이에 대한 가설검정

추정의 경우와 마찬가지로 검정에서도 모집단의 분산을 아는 경우에는 정규분포를 이용하고, 모분산를 모르는 경우에는 t 분포를 이용하며, 한편 모분산을 모르더라도 표본의 크기가 큰 경우에는 t 분포 대신에 정규분포를 이용할 수 있다.

모평균 차 $\mu_1 - \mu_2$에 대한 가설검정 – 모분산을 알 때

귀무가설 $H_0 : \mu_1 - \mu_2 \quad 0$

검정통계량 $Z = \dfrac{(\overline{X} - \overline{Y}) - (\mu_1 - \mu_2)}{\sqrt{\dfrac{\sigma_1^2}{n_1} + \dfrac{\sigma_2^2}{n_2}}}$

대립가설 $H_1 : \mu_1 - \mu_2 > 0$일 때 기각역 $Z \geq z_{\alpha}$

$H_1 : \mu_1 - \mu_2 < 0$일 때 기각역 $Z \leq -z_{\alpha}$

$H_1 : \mu_1 - \mu_2 \neq 0$일 때 기각역 $|Z| \geq z_{\alpha/2}$

모평균 차 $\mu_1 - \mu_2$에 대한 가설검정 – 모분산을 모를 때

귀무가설 $H_0 : \mu_1 - \mu_2 \quad 0$

검정통계량 $T = \dfrac{(\overline{X} - \overline{Y}) - (\mu_1 - \mu_2)}{S_p\sqrt{\dfrac{1}{n_1} + \dfrac{1}{n_2}}}$, 단 $S_p^2 = \dfrac{(n_1 - 1)S_1^2 + (n_2 - 1)S_2^2}{n_1 + n_2 - 2}$

대립가설 $H_1 : \mu_1 - \mu_2 > 0$일 때 기각역 $T \geq t_{\alpha}(n_1 + n_2 - 2)$

$H_1 : \mu_1 - \mu_2 < 0$일 때 기각역 $T \leq -t_{\alpha}(n_1 + n_2 - 2)$

$H_1 : \mu_1 - \mu_2 \neq 0$일 때 기각역 $|T| \geq t_{\alpha/2}(n_1 + n_2 - 2)$

※ 모분산이 미지인 경우라도 표본의 크기가 클 때는 Z 검정을 할 수 있다.

검정통계량 $Z = \dfrac{(\overline{X} - \overline{Y}) - (\mu_1 - \mu_2)}{\sqrt{\dfrac{S_1^2}{n_1} + \dfrac{S_2^2}{n_2}}}$

예제 10.1

지역에 따라 고등학생의 학력차이가 있는지를 알아보고자 한다. 서울의 고등학교 1학년학생 120명과 지방의 고등학교 1학년 학생 80명을 임의로 선택하여 동일한 시험을 실시한 결과 서울학생은 평균이 63점이고 표준편차가 15점이며, 지방학생은 평균이 57점이고 표준편차가 10점이었다. 서울학생과 지방학생의 평균성적에 차이가 있다고 할 수 있는가? 유의수준 5%로 검정하여라.

(가) 기각역에 의한 방법으로 검정하라.

(나) 유의확률에 의한 방법으로 검정하라.

(다) 두 지역의 평균점수 차이에 대한 95% 신뢰구간을 구해보라. 그리고 신뢰구간으로 검정결과를 말해보라.

풀이 (가) 주어진 정보에서

서울학생 : $n_1 = 120$, $\bar{x}_1 = 63$점, $s_1 = 15$점

지방학생 : $n_2 = 80$, $\bar{x}_2 = 57$점, $s_2 = 10$점

① 먼저 가설을 세우면

$$H_0 : \mu_1 - \mu_2 = 0$$
$$H_1 : \mu_1 - \mu_2 \neq 0$$

② 검정통계량을 선택한다.

서울과 지방의 고등학교 1학년 학생 성적의 모분산은 모르지만 표본의 크기가 충분히 크므로 표준정규분포를 이용한다.

$$Z = \frac{(\overline{X} - \overline{Y}) - (\mu_1 - \mu_2)}{\sqrt{\frac{S_1^2}{n_1} + \frac{S_2^2}{n_2}}}$$

③ 유의수준 $\alpha = 0.05$에서 양측검정이므로 기각역은 $|Z| > z_{0.025} = 1.96$이다.

④ 자료로부터 검정통계량의 값을 구한다.

$$z = \frac{63 - 57}{\sqrt{\frac{15^2}{120} + \frac{10^2}{80}}} = \frac{6}{1.768} = 3.394$$

이 값은 기각역에 포함되어 귀무가설을 기각한다. 즉 유의수준 5%에서 서울지역과 지방지역학생간에는 학력에 차이가 있는 것으로 결론을 얻는다.

(나) 유의확률에 의한 방법으로 검정하라.

주어진 자료에서 검정통계량의 값을 구하면 $z = 3.394$이었다. $z = 3.394$라는 관측값에 대하여 유의확률, 즉 p값을 구해보면 다음과 같다.

$$P(|Z| \geq 3.394) = 0.0006$$

유의확률이 유의수준 $\alpha = 0.05$보다 적으므로 유의수준 5%에서 귀무가설을 기각한다.

(가)에서 기각역을 구해 가설검정 한 결과와 동일하게 유의수준 5%에서 서울과 지방학생의 학력에 차이가 있다는 결론을 얻는다.

(다) 서울학생과 지방학생의 평균성적의 차$\mu_1 - \mu_2$의 95% 신뢰구간을 구해보자. 대표본이며 모분산을 모르는 경우의 두 모평균의 차에 해당하는 공식을 찾아 대입한다.

$$\begin{aligned}(\overline{X} - \overline{Y}) &\pm z_{\alpha/2}\sqrt{\frac{S_1^2}{n_1} + \frac{S_2^2}{n_2}} \\ &= (63-57) \pm 1.96 \times \sqrt{\frac{15^2}{120} + \frac{10^2}{80}} \\ &= 6 \pm 1.96 \times 1.77 = 6 \pm 3.47\end{aligned}$$

따라서 95% 신뢰구간은 $(2.53, 9.47)$이다. 한편, 귀무가설에서 주장한 $\mu_1 - \mu_2 = 0$이 신뢰구간에 포함되지 않으므로 귀무가설을 채택할 수 없음을 알 수 있다. 즉 위의 (가), (나)의 경우와 같이 유의수준 5%에서 서울과 지방학생의 학력에 차이가 있다는 결론을 얻는다.

예제 10.2

임의로 뽑은 20마리의 쥐 중에서 10마리의 쥐에는 날땅콩에서 단백질을 섭취하게 하고, 다른 10마리의 쥐에는 군땅콩에서 단백질을 섭취하도록 하여 일정기간 동일한 환경에서 사육한 후 쥐의 체중을 측정하여 보았더니 다음과 같았다.

날땅콩: 61 60 56 63 56 63 59 56 44 61

군땅콩: 55 54 47 59 51 61 57 54 62 58

날땅콩을 섭취한 모집단과 군땅콩을 섭취한 모집단의 분산이 같다고 할 때 두 모집단의 평균값이 같은지를 검정하라.

풀이 ① 먼저 가설을 다음과 같이 세운다.

$$H_0 : \mu_1 - \mu_2 = 0,$$
$$H_1 : \mu_1 - \mu_2 \neq 0$$

② 검정통계량을 선택한다.

소표본이며 모분산이 미지이므로 t검정이 된다. 검정통계량은

$$T=\frac{(\overline{X}-\overline{Y})-(\mu_1-\mu_2)}{S_p\sqrt{\frac{1}{n_1}+\frac{1}{n_2}}},\ \text{단, } S_p^2=\frac{(n_1-1)S_1^2+(n_2-1)S_2^2}{n_1+n_2-2}$$

③ 자유도는 $n_1+n_2-2=10+10-2=18$이므로 기각역은

$$|T| \geq t_{0.025}(18)=2.101$$

④ $n_1=n_2=10,\ \overline{x_1}=58,\ \overline{x_2}=56,\ s_1^2=28.22,\ s_2^2=17.56$이므로

$$s_p^2=\frac{(10-1)\times 28.22+(10-1)\times 17.56}{10+10-2}=22.89$$

따라서 자료로부터 검정통계량의 값은

$$t=\frac{1}{\sqrt{22.89}}\times\frac{58-56}{\sqrt{\frac{1}{10}+\frac{1}{10}}}=0.93$$

이다. 그런데 $|t|=0.93 < t_{0.025}(18)=2.101$이므로 가설은 기각되지 않는다.

즉, 날땅콩과 군 땅콩은 쥐의 체중에 영향을 끼치지 않는 것으로 나타났다.

(2) 대응표본의 경우

앞에서는 독립표본에 대하여 다루었다. 즉 한 표본의 선택과정이 다른 표본의 선택과정과 관련되어 있지 않는 독립된 표본이었다. 그러나 때로는 두 표본이 서로 종속적으로 관련되어 있는 경우가 있다. 예를 들어 새로 개발된 체중감소운동이 효과가 있는가를 알아보기 위하여 체중감소운동을 실시하기 전·후에 체중을 측정한다고 하자. 체중감소운동을 실시하기전의 체중을 X, 체중감소운동 실시 후의 체중을 Y라 한다면 X와 Y는 종속적인 관계가 있다. 이때 실험대상인 사람 n명을 추출하여 쌍으로 얻은 표본 $(X_1,\ Y_1),(X_2,\ Y_2),\ \cdots,\ (X_n,\ Y_n)$을 **대응표본**(paired sample)이라고 한다. 이 처럼 두 모집단의 평균을 비교할 때 비교대상의 쌍들을 조사하고 각 쌍내에서의 차를 이용하여 추론하는 방법을 **대응비교**라고 한다.

대응비교의 목적은 비교의 효과를 높이기 위하여 동질적인 실험단위로 쌍을 이루어 실험하여 비교하려는 것이다. 표본에 차이를 만드는 요인들 중에는 우리의 관심의 대상이 되는 요인 이외의 다른 요인들에 의한 영향이 있을 수 있기 때문에 이들 요인들은 배제할 필

요가 있다. 위의 예로 설명하면, 실험으로 하는 체중감소운동 이외에 실험으로 통제되지 않은 여러 가지 사람에 따른 요인인 나이, 성별, 체질 등으로 운동자체의 효과가 부각되지 않을 수가 있다. 따라서 이때에는 동일한 사람으로부터 운동 전·후의 체중을 짝으로 표본을 얻어 비교하면 원치 않는 요인들의 영향을 서로 상쇄시킬 수 있고 원하는 요인의 영향만을 남게 할 수가 있으므로 통계분석의 정확도를 높일 수 있게 된다. 실험 결과 두 그룹 간에 차이가 있다면 다른 요인에 의해서 일어난 것으로 간주하기보다는 체중감소운동 효과에 의한 차이라고 해석할 수 있다.

일반적인 대응표본에 대한 추론에 대해 알아보자. 대응표본 $(X_1, Y_1), (X_2, Y_2), \cdots, (X_n, Y_n)$이 있을 때 처리 전후의 차이를 $D_1, D_2, \ldots, D_n$이라 두자. 여기서 $D_i = X_i - Y_i$ 이다. 대응표본으로부터 차이를 계산하여 새로운 표본을 만들면 이는 앞서 본 단일모집단의 모평균에 관한 추론과 같은 문제가 된다. 즉 단일모집단에서 X라고 이름을 두어 전개했던 이론이 D라는 이름으로 바뀐 것으로 생각하면 된다. 대응표본에서 모평균의 차이는

$$E(D_i) = E(X_i - Y_i) = \mu_1 - \mu_2 = \mu_D$$

가 되고 μ_D에 관한 신뢰구간과 가설검정을 생각하면 된다. D_i의 표본평균과 표본분산은

$$\overline{D} = \frac{1}{n}\sum_{i=1}^{n} D_i, \quad S_D^2 = \frac{1}{n-1}\sum_{i=1}^{n}(D_i - \overline{D})^2$$

으로 계산한다.

① 대응표본에서 평균의 차이에 대한 신뢰구간

대응표본에서 평균의 차이 $\mu_1 - \mu_2 = \mu_D$에 대한 공식을 소개한다. 신뢰구간은 $\overline{D} \pm$ 오차의 형태인데 모분산 σ_D^2을 이미 알고 있는지 아닌지 또는 표본의 크기에 따라 필요한 공식이 달라지므로 그 점에만 유의하여 공식에 대입하면 된다.

대응표본에서 모평균의 차 μ_D에 대한 신뢰구간

① 모분산을 아는 경우 : $\overline{D} \pm z_{\alpha/2} \dfrac{\sigma_D}{\sqrt{n}}$

② 모분산을 모르는 경우: $\overline{D} \pm t_{\alpha/2}(n-1) \dfrac{S_D}{\sqrt{n}}$

③ 모분산을 모르지만 표본이 큰 경우: $\overline{D} \pm z_{\alpha/2} \dfrac{S_D}{\sqrt{n}}$

예제 10.3

어떤 식이요법이 심혈압에 효과가 있는지를 알기 위하여 7명의 심혈압 환자를 임의로 선택한 후 식이요법을 실시하기 전의 심혈압과 3개월간 식이요법을 실시한 후의 심혈압 측정결과는 다음과 같았다.

환자번호	1	2	3	4	5	6	7
식이요법 전	210	180	195	220	231	199	224
식이요법 후	193	186	186	223	220	183	233

심혈압을 갖고 있는 전체 성인이 식이요법을 실시하기 전과 후의 심혈압의 차가 정규분포에 따른다고 가정할 때, 심혈압 차의 평균의 95% 신뢰구간을 구하여라.

풀이 대응표본으로 신뢰구간을 얻기 위하여 D 라는 이름의 새 자료를 얻었다.

환자번호	1	2	3	4	5	6	7
식이요법 전 X_i	210	180	195	220	231	199	224
식이요법 후 Y_i	193	186	186	223	220	183	233
$D_i = X_i - Y_i$	17	−6	9	−3	11	16	−9

새로운 표본 D_i의 표본평균 $\overline{D} = 5.0$과 표본표준편차 $S_D = 10.786$을 얻는다. 모분산은 알려져 있지 않고 표본의 크기는 적은 경우이므로 t 분포를 이용한다.

$$\overline{D} \pm t_{0.05/2}(n-1)\frac{S_D}{\sqrt{n}} = 5.0 \pm 2.477\frac{10.786}{\sqrt{7}} = 5.0 \pm 9.98$$

이다. 즉 심혈압의 차의 평균 μ_D 의 95% 신뢰구간은 $(-4.98, 14.98)$이다.

② 대응표본에서 평균의 차이에 대한 가설검정

추정의 경우와 마찬가지로 검정에서도 모집단의 모분산 σ_D^2 를 아는 경우에는 정규분포를 이용하고, 모르는 경우에는 t 분포를 이용하는 것이다. 그러나 모분산을 모르더라도 표본의 크기가 큰 경우에는 정규분포를 이용할 수 있다.

대응표본에서 평균의 차 μ_D 에 대한 가설검정 – 모분산을 알 때

귀무가설 $H_0: \mu_1 - \mu_2 = \mu_D = 0$

검정통계량 $Z = \dfrac{\overline{D}}{\sigma_D/\sqrt{n}}$

대립가설 $H_1: \mu_D > 0$일 때 기각역 $Z \geq z_\alpha$

$H_1: \mu_D < 0$일 때 기각역 $Z \leq -z_\alpha$

$H_1: \mu_D \neq 0$일 때 기각역 $|Z| \geq z_{\alpha/2}$

대응표본에서 평균의 차 μ_D 에 대한 가설검정 – 모분산을 모를 때

귀무가설 $H_0: \mu_1 - \mu_2 = \mu_D = 0$

검정통계량 $T = \dfrac{\overline{D}}{S_D/\sqrt{n}}$

대립가설 $H_1: \mu_D > 0$일 때 기각역 $T > t_\alpha(n-1)$

$H_1: \mu_D < 0$일 때 기각역 $T < t_\alpha(n-1)$

$H_1: \mu_D \neq 0$일 때 기각역 $|T| > t_{\alpha/2}(n-1)$

※ 모분산이 미지인 경우에도 표본의 크기가 클 때는 Z 검정을 할 수 있다.

예제 10.4

예제 10-3에서 식이요법 전·후의 심혈압에 차이가 있다고 할 수 있겠는가? 유의수준 5%로 검정하여라.

풀이 ① 먼저 가설을 다음과 같이 세운다.

$$H_0: \mu_1 - \mu_2 = \mu_D = 0$$

$$H_1: \mu_1 - \mu_2 = \mu_D \neq 0$$

② 검정통계량을 선택한다.

소표본이며 모분산이 미지이므로 t 검정이 된다. 검정통계량은 다음과 같다.

$$T = \frac{\overline{D}}{S_D/\sqrt{n}}$$

③ 기각역을 구한다.

자유도가 $7-1=6$이고, 유의수준 $\alpha=0.05$에 대응하는 t 분포값은 $t_{0.025}(6) = 2.447$이므로 기각역은 아래와 같다.

$$|T| > t_{\alpha/2}(n-1) = 2.447$$

④ 검정통계량의 값을 구한다.

$$t = \frac{5.0-0}{10.786/\sqrt{7}} = 1.2265$$

$t = 1.2265 < 2.4473$이므로 기각역에 포함되지 않는다. 따라서 유의수준 5%에서 이 식이요법 전·후의 심혈압 간에 차이는 있다고 할 수 없는 결론을 얻는다.

한편, 위에서 95% 신뢰구간으로 (−4.98, 14.98)을 얻었다. 이 신뢰구간 내에 귀무가설에서의 주장 H_0: $\mu_D = 0$이 포함되므로 귀무가설을 신뢰하게 되어 식이요법 전·후의 심혈압에는 차이가 있다고 할 수 없는 동일한 결론을 얻는다.

■ **독립표본과 대응표본의 비교**

두 모집단의 평균을 비교하기 위한 실험을 계획하는 경우에 흔히 대응비교를 할 것인지 아니면 두 그룹의 독립된 표본에 의한 비교를 할 것인지를 결정해야 한다. 독립표본을 사용하면 원치 않는 요인들이 미치는 영향을 그대로 가진 채 통계분석을 수행하게 되므로 분석의 정확도가 크게 떨어진다. 실험대상이 동질적인 때가 이질적인 때보다 분산이 작으므로 분산이 더 적은 대응표본 쪽이 유리한 것이다. 한편, 대응비교를 하는 경우 자유도가 작게 되므로 $t_{\alpha/2}$의 값이 크게 된다. 예를 들면 $n=10$일 때 대응비교에 의한 경우는 자유도 9이므로 $t_{0.05}(9) = 1.833$이지만 독립표본에 의한 경우는 자유도가 18이므로 $t_{0.05}(18) = 1.734$가 된다. 그러므로 만약 다른 모든 요인들이 동일하다면 대응비교에 의한 신뢰구간의 길이는 커지게 되고 따라서 검정의 경우에 기각역이 줄어들어 대립가설이 진실인데도 귀무가설을 받아들이기 쉬울 수 있다. 이와 같이 서로가 장단점과 제약이 있으므로 실험을 계획할 때 비교방법의 선택에는 신중한 고려가 필요하다.

2 두 모비율의 비교

두 후보 간의 지지율이나 서울과 지방에서의 고용비율, 두 제조과정에서의 제품 불량율 등과 같이 두 모집단 간의 비율을 비교해야할 경우가 있다. 이런 경우 각 모집단의 모비율을 p_1, p_2라고 할 때, $p_1 - p_2$에 대한 신뢰구간과 $H_0: p_1 = p_2$에 대한 가설검정을 생각해 보자. 두 모집단에서 크기가 n_1과 n_2인 표본을 얻었을 때 각 표본에서 주어진 특성을 갖는 개수를 각각 X와 Y라고 하면 표본비율

$$\hat{p}_1 = \frac{X}{n_1} \text{와 } \hat{p}_1 = \frac{Y}{n_2}$$

는 대표본일 때 각각 근사적으로 정규분포에 따른다. 따라서 $\hat{p}_1 - \hat{p}_2$의 확률분포 또한 표본의 크기가 클 때 정규분포를 따르게 된다. 그러므로 $p_1 - p_2$에 대한 $100(1-\alpha)\%$ 신뢰구간은 다음과 같이 구할 수 있다.

모비율의 차 $p_1 - p_2$의 신뢰구간 – 대표본일 때

$$(\hat{p}_1 - \hat{p}_2) \pm z_{\alpha/2}\sqrt{\frac{\hat{p}_1\hat{q}_1}{n_1} + \frac{\hat{p}_2\hat{q}_2}{n_2}}$$

■ **두 모비율의 차의 검정: 대표본일 때**

모평균 차 $p_1 - p_2$에 대한 가설검정 – 표본의 크기가 큰 경우

귀무가설 $H_0: p_1 - p_2 = 0$

검정통계량 $Z = \dfrac{\hat{p}_1 - \hat{p}_2}{\sqrt{\hat{p}(1-\hat{p})}\sqrt{\dfrac{1}{n_1} + \dfrac{1}{n_2}}}$, 단, $\hat{p} = \dfrac{X+Y}{n_1+n_2}$

대립가설 $H_1: p_1 - p_2 > 0$일 때 기각역 $Z \geq z_\alpha$

$H_1: p_1 - p_2 < 0$일 때 기각역 $Z \leq -z_\alpha$

$H_1: p_1 - p_2 \neq 0$일 때 기각역 $|Z| \geq z_{\alpha/2}$

예제 10.5

이동통신의 가입자를 대상으로 이들이 새로 가입하는 경우 세 개 이동통신회사 중에서 어느 회사를 선택할 것인지를 설문조사 하였다. 그 결과 2014년도에는 500명의 응답자 중에 240명이 K-텔레콤을 선택하였는데 2013년도에는 400명의 응답자 중에서 160명이 K-텔레콤을 선택하였다.

(가) 1년 사이에 발생한 K-텔레콤 선호도의 증가에 대한 점추정 및 95% 신뢰구간을 구하라.

(나) 1년 사이에 K-텔레콤 선호도에 증가가 있었다고 할 수 있는가? 유의수준 5%로 검정하라.

풀이 (가) 2014년도 K-텔레콤 선호도 $\hat{p}_1 = \dfrac{240}{500} = 0.48,\ \hat{q}_1 = 0.52$

2013년도 K-텔레콤 선호도 $\hat{p}_2 = \dfrac{160}{400} = 0.40,\ \hat{q}_2 = 0.60$

이므로 $p_1 - p_2$에 대한 95% 신뢰구간은 다음과 같다.

$$\begin{aligned}(\hat{p}_1 - \hat{p}_2) &\pm z_{\alpha/2}\sqrt{\frac{\hat{p}_1\hat{q}_1}{n_1} + \frac{\hat{p}_2\hat{q}_2}{n_2}} \\ &= (0.48 - 0.40) \pm 1.96\sqrt{\frac{0.48 \times 0.52}{500} + \frac{0.40 \times 0.60}{400}} \\ &= 0.08 \pm 0.06\end{aligned}$$

따라서 $p_1 - p_2$에 대한 95% 신뢰구간은 (0.02, 0.14)이다.

(나) ① 주어진 문제에 대한 귀무가설과 대립가설은 다음과 같다.

$$H_0: p_1 - p_2 = 0$$
$$H_1: p_1 - p_2 > 0$$

② 검정통계량은

$$Z = \frac{\hat{p}_1 - \hat{p}_2}{\sqrt{\hat{p}(1-\hat{p})}\sqrt{\dfrac{1}{n_1} + \dfrac{1}{n_2}}} \quad \text{단, } \hat{p} = \frac{X + Y}{n_1 + n_2}$$

③ 기각역은 $Z > z_{0.05} = 1.65$

④ 검정통계량의 값을 구하기 위하여 전체의 비율을 구하면

$$\hat{p} = \frac{X + Y}{n_1 + n_2} = \frac{240 + 160}{500 + 400} = 0.44$$

이므로 자료에서 구한 검정통계량의 값은

$$z = \frac{0.48 - 0.40}{\sqrt{0.44 \times 0.56}\sqrt{\frac{1}{500} + \frac{1}{400}}}$$
$$= 2.402$$

$z = 2.402 > z_{\alpha} = 1.65$이므로 기각역 속에 포함되어 귀무가설 H_0는 기각된다. 즉 2014년도 K-텔레콤의 선호도 비율이 2013년도 보다 증가하였다고 할 수 있다.

예제 10.6

가족법 개정안에 대하여 성별에 따라 지지율에 차이가 있다고 한다. 성인 남녀 각각 200명씩을 대상으로 여론조사를 실시한 결과 성인여자의 지지율은 57%이고 성인남자의 지지율은 52 %이었다.

(가) 지지율의 차에 대한 95% 신뢰구간을 구하라.

(나) 위의 결과를 이용하여 가족법개정안에 대한 남녀의 지지율에 차이가 있는지 가설 검정하라.

풀이 (가) 모집단 1: 성인여자집단, $\hat{p}_1 = 0.57,\ n_1 = 200$

모집단 2: 성인남자집단, $\hat{p}_2 = 0.52,\ n_2 = 200$

지지율 차에 대한 95% 신뢰구간은

$$(\hat{p}_1 - \hat{p}_2) \pm z_{\alpha/2}\sqrt{\frac{\hat{p}_1\hat{q}_1}{n_1} + \frac{\hat{p}_2\hat{q}_2}{n_2}}$$

실제 정보를 대입하면

$$(0.57 - 0.52) \pm 1.96\sqrt{\frac{0.57 \times 0.43}{200} + \frac{0.52 \times 0.48}{200}} = 0.05 \pm 0.14$$

즉 $(-0.09,\ 0.19)$이다.

(나) 위에서 구한 신뢰구간의 의미는 가족법개정안에 대한 남녀의 지지율의 차가 −0.09에서 0.19 사이에 있음을 95% 확신할 수 있다는 의미이다. 이는 지지율에 차이가 없다는 의미의 0을 포함하고 있기 때문에 남녀의 지지율에 차이가 없다는 귀무가설을 유의수준 5%에서 기각할 수 없게 된다. 즉 개정안에 대하여 남녀의 지지율 차이는 없다는 의미이다.

연습문제

1. 어느 시의 중심지에서 300세대, 변두리에서 200세대를 임의로 추출하여 어느 달의 휴지 구입량을 조사하니 중심지에서는 평균 7통, 표준편차 2통, 변두리에서는 평균 5통, 표준편차 1.5통이었다. 중심지와 변두리의 평균구입량의 차에 대하여 신뢰도 95%의 신뢰구간을 구하시오.

2. 1번 문제에서 중심지와 변두리 사이에 평균구입량의 차이가 있는지를 유의수준 5%로 검정하시오.

3. 대통령 후보인 K씨의 참모들은 선거이미지 부각 전략의 효과를 분석하기 위하여 무작위로 선출된 두 그룹을 대상으로 두 가지 선거 이미지를 각각 홍보하였다. 일주일 후 이들에 대해 조사를 해본 결과 다음의 결과를 얻었다. 두 전략의 효과의 차이에 대한 95% 신뢰구간을 구하시오.

	전략 1 보수적 이미지 부각	전략 2 진보적 이미지 부각
표본의 크기	100	100
지지율	40%	50%

4. 3번 문제에서 두 전략의 효과의 차이가 있는지를 유의수준 5%에서 검정하시오.

5. 우리대학에서 통계학을 이해하는 정도가 자연대생과 인문대생 사이에 차이가 있는지를 비교하기 위하여 자연대생 40명과 인문대생 50명을 랜덤하게 추출하여 통계학 시험을 실시하여 다음과 같은 자료를 얻었다.

자연대생 : 평균 83.82, 표준편차 7.84

인문대생 : 평균 82.45, 표준편차 9.61

(1) 자연대생과 인문대생의 통계학 평균성적의 차에 대한 95% 신뢰구간을 구하여 보시오.

(2) 자연대생과 인문대생의 평균성적이 다르다고 할 수 있는지 5%의 유의수준으로 검정하여 보시오.

11 범주형자료의 분석

1. 범주형 자료란?
2. 적합도 검정
3. 독립성 검정
4. 동일성 검정

11 범주형자료의 분석

1 범주형 자료란?

통계자료들 중에는 조사 대상들을 여러 범주로 나눈 후 각 범주에 속하는 개체들의 수, 즉 도수로 정리되어 있는 것들이 많다. 일반적으로 설문조사를 통하여 얻게 되는 자료가 바로 이러한 범주형 자료이다. 범주로 분류되어 있는 자료형태의 예를 들어보면 네 종류의 자동차 중에서 가장 좋아하는 차종을 조사한 자료, 다섯 가지로 분류된 직업에 대한 자료, 결혼의 형태(연애, 중매, 중매+연애)에 관하여 조사된 자료 등이다. 이와 같이 이미 분류되어 있는 범주들 중 측정결과가 어디에 속하는가에 따라 분류하여 도수로 구분한 자료를 **범주형 자료**(categorical data)라고 하며 이러한 자료를 이용한 통계적 추론방법을 **범주형 자료분석** 또는 **교차분석**이라고도 한다.

연속적인 자료라 할지라도 필요에 따라서는 범주형 자료로 전환시켜 분석하는 경우도 많다. 이를테면, 연령에 대한 자료는 연속적인 자료이지만 분석의 목적에 따라 연령을 다섯 가지의 항목으로 분류하여 20대, 30대, 40대, 50대, 60대 이상으로 조사하였다면 범주형 자료가 되는 것이다. 실제로, 소득에 대한 자료는 범주형 자료로서 얻는 것이 바람직한데, 그 이유는 '귀하의 소득은 얼마나 됩니까?'라고 주관식으로 질문하는 것보다 ① 200만원 이하 ② 201만원~300만원 ③ 301만원~400만원 ④ 401만원 이상처럼 질문하는 것이 응답자의 부담을 덜어주어 효과적이기 때문이다.

이러한 범주형 자료를 분석하기 위하여 자주 사용되는 통계분석 방법으로는 적합도 검정, 독립성 검정, 동일성 검정이 있는데 이들 검정에 사용되는 예를 들어 본다.

예제 11.A

다음의 표는 음주운전으로 체포된 100명에 대한 연령분포이다. 음주운전으로 체포된 사람들의 비율이 모든 연령그룹에 대하여 같다고 할 수 있겠는가?

나이	16-25	26-35	36-45	46-55	56 이상	합계
체포자 수	28	23	20	16	13	100

풀이 예제11-A는 다섯 그룹의 나이의 분포를 조사하는 경우이다. 이와 같이 관측결과가 특정한 분포로부터의 관측 값으로 인정하기에 적합한가를 검정하는 것을 **적합도 검정**이라 한다.

예제 11.B

주부의 학력이 자녀수에 영향을 미치는지 알아보기 위하여 600명의 주부를 대상으로 조사한 결과는 다음과 같다.

학력 \ 자녀수	1명	2명	3명 이상	합계
중졸	45	120	83	248
고졸	66	80	37	183
대졸이상	99	55	15	169
합계	210	255	135	600

풀이 예제11-B는 교육수준과 자녀수라는 요인의 관계를 조사하는 경우이다. 이와 같이 두 요인 간에 관계가 있는지, 독립인지를 검정하는 것을 **독립성 검정**이라 한다.

예제 11.C

어느 대학의 학생생활연구소에서 학년에 따른 흡연 학생의 비율을 알아보기 위해 1, 2, 3, 4학년 학생들을 대상으로 각각 200, 200, 300, 300명씩을 임의로 추출한 후 흡연 여부를 조사하여 다음과 같은 결과를 얻었다.

학년 \ 흡연여부	흡연	비흡연	합계
1	140	60	200
2	160	40	200
3	150	150	300
4	100	200	300
합계	550	450	1,000

풀이 예제11-C는 흡연하는 분포가 학년에 따라 동일한 것인지를 검정하는 경우이다. 이와 같이 분포의 동일성을 검정하는 것을 **동일성 검정**이라 한다.

범주형 자료에 대한 가설 검정

① **적합도검정**: 관측결과가 특정한 분포로부터의 관측값으로 적합한지를 결정할 때 사용한다.

② **독립성 검정**: 어떤 두 요인 사이에 관련성이 존재하는지, 독립인지를 결정할 때 사용한다.

③ **동일성검정**: 각 특성별 분포가 동일한지를 결정할 때 사용한다.

2 적합도 검정

자료가 어떤 특정한 분포를 따르고 있는가를 알고자 하는 경우에 적합도 검정이 적용된다. 적합도 검정을 실시하기 위해서는 n개의 실험대상을 택하여 k개의 범주에 속하는 도수 $n_1, n_2, \ldots, n_k$를 조사하여 표를 만들어야 한다. 실험의 결과로부터 얻어지는 도수를 **관측도수**(observed frequency)라 하고 기호 O_i로 나타낸다.

[표 11-1] **적합도 검정을 위한 자료표**

범주	1	2	3	………	k	합계
관측도수(O_i)	n_1	n_2	n_3	………	n_k	n
각 범주의 확률	p_1	p_2	p_3	………	p_k	1

적합도 검정에서는 실험에서 얻어진 관측도수가 어떤 형태나 이론적 분포를 따르고 있다는 귀무가설을 검정한다.

$$H_0: \ p_1 = p_{10}, \ p_2 = p_{20}, \ \cdots \ , p_k = p_{k0}$$

H_1: H_0가 아니다.

귀무가설이 참일 때 어떤 범주에 속할 것인지 기대할 수 있는 도수를 **기대도수**(expected

frequency)라 하고 기호 E_i 나타내고 다음과 같이 구한다.

$$E_i = np_{i0}$$

여기서 n 은 총 시행회수이고 p_{i0} 는 귀무가설이 주장하는 i 번째 범주에 속하는 확률이다. 적합도 검정이라 것은 관측도수가 주어진 이론적 분포에 적합한가를 보는 것이므로 관측도수 O_i 와 기대도수 E_i 의 차이가 크면 적합하지 않는 것이 되므로 가설 H_0는 기각된다. 이를 위한 검정통계량으로

$$\chi^2 = \sum_{i=1}^{k} \frac{(O_i - E_i)^2}{E_i}$$

를 생각해 보면 검정통계량의 값이 클수록 적합하지 않다는 것이 된다. 그리고 이 검정통계량은 H_0이 참일 때 자유도 $k-1$인 카이제곱분포를 따른다는 점을 이용하여 다음과 같이 가설검정을 정리할 수 있다.

적합도 검정

H_0: $p_1 = p_{10}, p_2 = p_{20}, \cdots, p_k = p_{k0}$

H_1: H_0가 아니다.

검정통계량:

$$\chi^2 = \sum_{i=1}^{k} \frac{(O_i - E_i)^2}{E_i} = \sum_{i=1}^{k} \frac{(n_i - np_{i0})^2}{np_{i0}}$$

기각역: $\chi^2 \geq \chi^2_\alpha(k-1)$

적합도 검정이 유의한 검정이 되기 위해서는 각 범주별 기대도수가 적어도 5이상은 되도록 표본의 크기를 조정해야 한다. 만약 기대도수가 5미만의 범주가 있다면 각 기대도수가 최소한 5이상이 되도록 표본의 크기를 증가시키든지 인접한 범주들을 의미 있게 결합하여 조정한 다음 검정에 들어가야 한다.

예제 11.1

다음 표는 음주운전으로 체포된 100명의 표본에 대한 연령분포이다. 유의수준 5%를 사용하여 음주운전으로 체포된 사람들의 비율이 모든 연령그룹에 대하여 같다는 귀

무가설을 기각 할 수 있겠는가?

나이	16-25	26-35	36-45	46-55	56 이상	합계
체포자 수	28	23	20	16	13	100

풀이 5개의 범주($k=5$)에서 관측된 도수 O_i 와 유의수준 $\alpha=0.05$가 주어져 있고 각 범주별로 음주운전을 하는 비율이 같은지를 검정하는 문제이다.

① 가설의 설정 :

H_0 : 음주운전으로 체포된 사람들의 비율이 모든 연령그룹에서 같다.

H_1 : 음주운전으로 체포된 사람들의 비율이 모든 연령그룹에서 같지는 않다.

즉,

$$H_0:\ p_1=p_2=p_3=p_4=p_5=0.2$$
$$H_1:\ H_0 \text{ 가 아니다.}$$

② 검정통계량의 선택: $\chi^2=\sum_{i=1}^{k}\frac{(O_i-E_i)^2}{E_i}$

③ 기각역의 결정: 자유도는 $k-1=4$이고 유의수준 $\alpha=0.05$이므로 기각역은

$$\chi^2 \geq \chi^2_{0.05}(4)=9.488$$

이다.

④ 검정통계량의 값을 계산하여 판정:

관측도수는 $O_1=28,\ O_2=23,\ O_3=20,\ O_4=16,\ O_5=13$이 된다.

그리고 귀무가설이 참일 때, 즉 모든 연령그룹에 비율이 같다는 것은 각 범주 확률이 0.2라는 것이므로 각 범주에 속할 것을 기대할 수 있는 기대도수를 구해보면 다음과 같다.

$$E_1=np_{10}=100\times 0.2=20$$
$$E_2=np_{20}=100\times 0.2=20$$
$$\cdots \qquad \cdots$$
$$E_5=np_{50}=100\times 0.2=20$$

범주	1	2	3	4	5	합계
O_i	28	23	20	16	13	100
(E_i)	(20)	(20)	(20)	(20)	(20)	(100)

기대도수는 표에서와 같이 대응하는 관측도수 아래에 괄호 안에 적어두면 검정통계량의 값을 계산하기에 편리하다. 이제 검정 통계량의 값을 계산하면

$$\begin{aligned}\chi^2 &= \sum_{i=1}^{5} \frac{(O_i - E_i)^2}{E_i} \\ &= \frac{(28-20)^2}{20} + \frac{(23-20)^2}{20} + \cdots + \frac{(13-20)^2}{20} \\ &= 6.9\end{aligned}$$

이다.

그런데 기각역은 $\chi^2 \ge \chi^2_{0.05}(4) = 9.488$이므로 검정통계량의 값 $\chi^2 = 6.9$는 기각역 속에 포함되지 않아 귀무가설을 기각하지 못한다. 즉, 음주운전으로 체포된 사람들의 비율이 표에서주어진 모든 연령 그룹에서 같다고 볼 수 있다.

예제 11.2

한 교배실험에서 315개의 둥글고 노란완두(RY), 108개의 둥글고 녹색(RG)인 완두, 101개의 주름지고 노란완두 (WY), 32개의 주름지고 녹색(WG)인 완두를 얻었다. 멘델의 이론에 의하면 네 종류의 비가 9 : 3 : 3 : 1이어야 한다. 이 교배실험의 결과는 멘델의 이론에 따른다고 할 수 있는가?

범주	RY	RG	WY	WG	합계
O_i	315	108	101	32	556

풀이 4개의 범주($k=4$)에서 관측된 도수 O_i이 주어져 있고 각 범주별 완두콩의 비율이 9 : 3 : 3 : 1이라고 할 수 있는지를 검정하는 문제이다.

① 가설의 설정 : 귀무가설과 대립가설은 각각

$$H_0:\ p_1 = \frac{9}{16},\ p_2 = \frac{3}{16},\ p_3 = \frac{3}{16},\ p_4 = \frac{1}{16}$$

$H_1:\ H_0$ 가 아니다.

② 검정통계량의 선택: $\chi^2 = \sum_{i=1}^{k} \frac{(O_i - E_i)^2}{E_i}$

③ 기각역을 결정: 자유도는 $k-1=3$이고 유의수준 $\alpha = 0.05$이므로 기각역은

$$X^2 \geq \chi^2_{0.05}(3) = 7.814$$

이다.

④ 검정통계량의 값을 계산하여 판정:

$n = 556$ 이므로 검정을 위한 각 기대도수를 구해보면 다음과 같다.

$$E_1 = 556 \times \frac{9}{16} = 312.75$$

$$E_2 = 556 \times \frac{3}{16} = 104.25$$

$$E_3 = 556 \times \frac{3}{16} = 104.25$$

$$E_4 = 556 \times \frac{1}{16} = 34.75$$

기대도수를 대응하는 관측도수 아래에 괄호 안에 나타내 본다.

범주	RY	RG	WY	WG	합계
O_i	315	108	101	32	556
(E_i)	(312.75)	(104.25)	(104.25)	(34.75)	556

관측 값에서 얻어진 검정통계량의 값은

$$\begin{aligned}\chi^2 &= \sum_{i=1}^{4} \frac{(O_i - E_i)^2}{E_i} \\ &= \frac{(315 - 312.75)^2}{312.75} + \cdots + \frac{(32 - 34.75)^2}{34.75} \\ &= 0.470\end{aligned}$$

그런데 기각역은 $\chi^2 \geq 7.814$ 이므로 자료에서의 검정통계량의 값 $\chi^2 = 0.470$ 은 기각역 속에 포함되지 않아 귀무가설을 기각할 수 없고 채택하여야 한다. 즉 네 종류의 분리비는 9 : 3 : 3 : 1의 멘델의 이론을 만족시킨다고 볼 수 있다.

3 독립성 검정

자료가 두 가지 특성에 의하여 분류되는 경우를 생각해보자. 이때 두 가지 특성 간에 관련이 있는지, 아니면 서로 독립인지를 알고자 하는 경우에 독립성 검정이 적용된다. 전체

조사대상을 A, B 두 개의 요인으로 나누고 각 요인을 $A_1, \ldots, A_k$의 k 개와 $B_1, \cdots, B_l$의 l 개의 범주로 나눈 뒤 다음 [표 11-2]와 같은 분할표를 구한다.

[표 11-2] 독립성 검정을 위한 자료표

A \ B	B_1	B_2	$\cdots$	B_l	합계
A_1	n_{11}	n_{12}	$\cdots$	n_{1l}	r_1
A_2	n_{21}	n_{22}	$\cdots$	n_{2l}	r_2
$\vdots$	$\vdots$	$\vdots$	$\vdots$	$\vdots$	$\vdots$
A_k	n_{k1}	n_{k2}	$\cdots$	n_{kl}	r_k
합계	c_1	c_2	$\cdots$	c_l	n

분할표에 대한 독립성검정은 '두 가지 요인이 종속이다'라는 대립가설에 대하여 '두 가지 요인이 독립이다'라는 귀무가설을 검정하는 방법이다. 예를 들어 정당의 선호도라는 요인과 연령이라는 요인이 서로 관련이 있는지 아니면 독립적인지를 검정하고자 하는 경우를 말한다. 검정은 카이제곱분포를 사용하여 수행된다.

독립성 검정

H_0: 두 가지의 분류 기준은 독립이다.

H_1: 두 가지 분류기준은 종속이다.

검정통계량: $\chi^2 = \sum_{i=1}^{k}\sum_{j=1}^{l} \frac{(O_{ij} - E_{ij})^2}{E_{ij}}$

여기서 관측도수 O_{ij}, 기대도수 $E_{ij} = \frac{r_i c_j}{n}$

기각역: $\chi^2 \geq \chi^2_\alpha((k-1)(l-1))$

예제 11.3

이혼을 하려는 부부 300쌍을 대상으로 연애기간과 결혼기간에 대한 관련성을 알아보려고 한다. 관련성을 확인하기 위해 면접조사를 한 결과는 다음과 같다. 결혼 전 연애기간과 결혼기간 간에 관계가 있다고 할 수 있는가? 유의수준 1%에서 검정하라.

결혼기간 \ 연애기간	6개월 이하	6개월~1년	1년 이상
5년 미만	93	70	12
5년 이상	87	32	6

풀이 ① 가설의 설정 :

H_0 : 연애기간과 결혼기간은 독립이다.

H_1 : 연애기간과 결혼기간은 종속이다.

② 검정통계량의 선택: $\chi^2 = \sum_{i=1}^{k}\sum_{j=1}^{l} \frac{(O_{ij}-E_{ij})^2}{E_{ij}}$

여기서 O_{ij}는 관측도수, 기대도수 $E_{ij} = \frac{r_i c_j}{n}$

③ 기각역을 결정: $k=2,\ l=3$ 이므로

자유도 $df = (k-1)\times(l-1) = (2-1)\times(3-1) = 2$

이다. 따라서 유의수준 0.01의 기각역은 다음과 같다.

$$\chi^2 \geq \chi^2_{0.01}(2) = 9.210$$

④ 검정통계량의 값을 계산하여 판정:

결혼기간이 5년 미만이며 연애기간이 6개월 이하에 대한 기대 도수E_{11}는 다음과 같다.

$$E_{11} = \frac{(1\text{ 행의 합})\times(1\text{ 열의 합})}{\text{표본의 크기}}$$

$$= \frac{175\times180}{300} = 105.0$$

같은 방법으로 나머지 5개의 칸에 대한 기대도수를 구한다.

A_1이며 B_2칸에 대한 기대도수 $E_{12} = (175\times102)/300 = 59.5$

A_1이며 B_3칸에 대한 기대도수 $E_{13} = (175\times18)/300 = 10.5$

A_2 이며 B_1 칸에 대한 기대도수 $E_{21} = (125 \times 180)/300 = 75.0$

A_2 이며 B_2 칸에 대한 기대도수 $E_{22} = (125 \times 102)/300 = 42.5$

A_2 이며 B_3 칸에 대한 기대도수 $E_{23} = (125 \times 18)/300 = 7.5$

기대도수는 표에서와 같이 보통 대응하는 관측도수 아래 괄호 안에 나타낸다.

연애기간 / 결혼기간	B_1 6개월 이하	B_2 6개월~1년	B_3 1년 이상	합계
A_1 5년 미만	93 (105.0)	70 (59.5)	12 (10.5)	175
A_2 5년 이상	87 (75.0)	32 (42.5)	6 (7.5)	125
합계	180	102	18	300

이제 검정 통계량의 값을 계산하면

$$\chi^2 = \sum_{i=1}^{2}\sum_{j=1}^{3}\frac{(O_{ij}-E_{ij})^2}{E_{ij}}$$

$$= \frac{(93-105.0)^2}{105.0} + \frac{(70-59.5)^2}{59.5} + \cdots + \frac{(6-7.5)^2}{7.5}$$

$$= 8.252$$

기각역은 $\chi^2 \geq 9.210$ 인데 검정통계량의 값이 $\chi^2 = 8.252$ 로서 기각역 속에 들어오지 못하므로 귀무가설을 기각하지 못한다. 즉, 결혼 전 연애기간과 결혼기간은 서로 독립적인 사항이다.

4 동일성 검정

자료의 어떤 특성이 여러 집단에 대하여 동일한가를 알고자 하는 경우에 동일성 검정이 적용된다. 동질성검정이라고도 한다. 동일성검정을 위해서는 우선 모집단 전체를 몇 개의 **부차모집단**(subpopulation) $A_1, A_2, \cdots, A_k$ 로 구분하고 전체를 다시 몇 개의 특성 $B_1, B_2, \cdots, B_l$ 로 나누어 [표 11-3]처럼 자료표를 작성한다.

[표 11-3] 동일성 검정을 위한 자료표

특성 / 부차모집단	B_1	B_2	$\cdots$	B_l	합계
A_1	n_{11}	n_{12}	$\cdots$	n_{1l}	r_1
A_2	n_{21}	n_{22}	$\cdots$	n_{2l}	r_2
$\vdots$	$\vdots$	$\vdots$	$\vdots$	$\vdots$	$\vdots$
A_k	n_{k1}	n_{k2}	$\cdots$	n_{kl}	r_k
합계	c_1	c_2	$\cdots$	c_l	n

동일성 검정

H_0 : 부차모집단의 분포가 모두 동일하다.

H_1 : 부차모집단의 분포가 모두 동일하지는 않다.

검정통계량: $\chi^2 = \sum_{i=1}^{k}\sum_{j=1}^{l}\frac{(O_{ij}-E_{ij})^2}{E_{ij}}$

단, O_{ij} 는 관측도수, 기대도수 $E_{ij} = \frac{r_i c_j}{n}$

기각역: $\chi^2 \geq \chi^2_\alpha\{(k-1)(l-1)\}$

동일성 검정에서 기대도수의 계산식은 독립성검정의 계산식과 동일하다.

예제 11.4

어느 학교에서 남학생 250명과 여학생 250명을 임의로 선발하여 가장 좋아하는 과목을 하나씩 택하게 한 결과 아래와 같은 분류표를 얻었다. 남학생과 여학생의 과목에 대한 선호도가 동일한가를 검정하여 보라.

과목의 선호도 조사결과표

속성 / 부차 모집단	영어	수학	국어	합계
남학생	100	80	70	250
여학생	110	60	80	250
합계	210	140	150	500

풀이 ① 가설의 설정 :

H_0: 남학생과 여학생의 과목 선호도는 같다.

H_1: 남학생과 여학생의 과목 선호도는 다르다

② 검정통계량의 선택: $\chi^2 = \sum_{i=1}^{k}\sum_{j=1}^{l}\frac{(O_{ij}-E_{ij})^2}{E_{ij}}$

단, O_{ij}는 관측도수, 기대도수 $E_{ij} = \frac{r_i c_j}{n}$

③ 기각역을 결정: $k=2,\ l=3$이므로

자유도 $df=(k-1)\times(l-1)=(2-1)\times(3-1)=2$이다.

따라서 유의수준 0.05의 기각역은 다음과 같다.

$$\chi^2 > \chi^2_{0.05}(2) = 5.99$$

④ 검정통계량의 값을 계산하여 판정:

추정되는 기대도수는

$$E_{11} = (250)(210)/500 = 105$$
$$E_{12} = (250)(140)/500 = 70$$
$$E_{13} = (250)(150)/500 = 75$$
$$E_{21} = (250)(210)/500 = 105$$
$$E_{22} = (250)(140)/500 = 70$$
$$E_{23} = (250)(150)/500 = 75$$

기대도수를 대응하는 관측도수 아래 괄호 안에 적어둔다.

부모집단 \ 속성	영어	수학	국어	합계
남학생	100 (105)	80 (70)	70 (75)	250
여학생	110 (105)	60 (70)	80 (75)	250
합계	210	140	150	500

검정통계량 값은

$$X^2 = \frac{(100-105)^2}{105} + \frac{(80-70)^2}{70} + \cdots + \frac{(80-75)^2}{75} = 4$$

이다.

그런데 기각역은 $\chi^2 > 5.99$ 인데 검정통계량 값이 $\chi^2 = 4$ 이므로 기각역에 포함되지 않아 귀무가설을 기각하지 못한다. 따라서 남학생과 여학생의 과목에 대한 선호도가 같다고 할 수 있다.

연습문제

1. 주사위를 180번 던져서 아래의 표와 같은 자료를 얻었다고 가정하고 이를 이용하여 해당 주사위가 균등하다고 볼 수 있는가?

주사위의 눈	1	2	3	4	6	5	합계
나온 횟수	20	30	40	30	40	20	180

2. 전국적인 여론조사에서 사형제도의 철폐에 대하여 조사하여 다음과 같은 분포를 얻었다.

절대찬성	찬성	의견없음	반대	절대반대	합계
20%	30%	20%	20%	10%	100%

그런데 서울지역의 경찰관들 중에서 100명을 랜덤하게 추출하여 의견을 물어 본 결과는 다음과 같았다. 이 결과로부터 서울 지역의 경찰관들의 의견과 전국적인 여론조사의 의견이 다르다고 볼 수 있는가?

절대찬성	찬성	의견없음	반대	절대반대	합계
14%	18%	18%	26%	24%	100%

3. 소득에 따라 운동을 실시하는 상황에 차이가 있다고 할 수 있는지 알아보고자 한다. 소득을 상 중 하로 구분하고 운동을 하는 빈도를 조사한 다음 세 가지 수준으로 아래와 같이 정리하였다. 운동 실시하는 상황에 소득 차가 있다고 할 수 있는가?

운동빈도 \ 소득수준	상	중	하	합계
매일	30	50	15	95
가끔	25	40	20	85
아주 가끔	10	35	25	70
소계	65	125	60	250

4. K-이동통신에서 제공하는 통신서비스에 대한 만족도가 대도시, 중소도시, 농촌 간에 차이가 있는지의 여부에 대해 알아보고자 한다. 이를 위해서 각 지역에서 각각 200, 200, 100명을 무작위로 선택하여 만족여부를 조사한 결과가 아래에 있다. 이를 이용하여 세 지역의 만족도가 동일한가를 유의수준 5%에서 검정하라.

	만족	불만	합계
대도시	118	82	200
중소도시	98	102	200
농촌지역	38	62	100
합계	252	464	500

12

여러 모집단 비교하기–분산분석법

1. 분산분석법이란?
2. 분산분석의 원리
3. 일원분산분석법
4. 이원분산분석법

12 여러 모집단 비교하기-분산분석법

1 분산분석법이란?

두개의 모집단에서 평균의 차이를 검정하는 방법에 대하여는 제10장에서 다루었다. 그런데 모집단 수가 세 개 이상이 되면 비교하는 횟수가 많아지므로 검정에 어려움이 생긴다. 예를 들어 5개의 모집단을 비교하고자 할 때는 ${}_5C_2 = 10$번의 검정을 해야 하고, 또 각 검정이 독립이 아니므로 전체의 유의수준을 제어하기가 어렵다. 바로 이러한 문제해결에 사용될 수 있는 통계적 추론방법이 분산분석법이다. **분산분석법**(Analysis Of Variance, ANOVA)은 세 개 이상의 모집단의 평균을 비교하는 과정에 분산을 사용하는 통계적기법이다.

분산분석법의 설명을 식으로 나타내면 상당히 난해해 보이지만 실제로는 단순한 계산이다. 그러나 손이 많이 가는 계산이므로 통계프로그램을 이용하게 되는데 이때 컴퓨터가 제공하는 분산분석표를 바르게 해독하고 판단하기 위하여서는 기본원리를 정확히 알아두는 것이 중요하다.

분산분석법은 처음 피셔(R. A Fisher)가 농업관련 실험에 도입한 통계적 방법이지만 오늘날은 통계분석법의 기본이 되는 방법으로서 실험계획법 등에서 널리 응용되고 있다. 예를 들어 여러 종류의 생산조건이나 방법에 따른 제품의 견고도를 본다든가, 각종 교수법에 의한 교육효과를 살펴보는 것 등을 들 수 있다.

실험계획법에서는 실험조건이나 방법을 **처리**(treatment)라 부르고 이에 따른 결과를 **효과**(effect)라고 부른다. 즉, '여러 모집단에서 모평균에 차이가 있는지?'를 실험계획법에서는 '여러 가지 처리를 행했을 경우 효과가 있는지?'라는 말로 표현한다. 배추의 성장에 영향을 주는 중요한 요소로 비료, 품종, 흙, 습도 등을 들 수 있는데 이처럼 어떤 실험에서 관측값에 영향을 주는 조건의 종류를 **요인**(factor) 또는 **인자**라 한다. 요인이 하나인 경우를 **일원분산분석법**(one way ANOVA) 또는 **일원배치법**이라 하고 요인이 두 개인 경우를 **이원분**

산분석법(two way ANOVA) 또는 **이원배치법**이라 한다. 또한 실험을 하기 위해 요인에 여러 가지 조건을 주는 것을 **요인수준**(factor level) 또는 **인자수준**이라한다. 예를 들어 비료라는 요인에 비료를 질소비료, 칼리비료, 혼합비료 3종류를 써서 실험한다면 요인수준은 3이 된다. 또한 배추의 성장에 관련해서 세 가지 '비료'에 대하여 네 가지 '품종'을 고려해 보기로 한다면 요인이 비료와 품종 두 가지이므로 이원배치법이 되어 전체 요인수준은 12가 된다.

2 분산분석의 원리

분산분석은 각 집단의 분산을 분석하지만 실제로는 각 집단의 평균이 동일하다는 가설을 검정하는 것이다. 분산분석의 원리를 가장 간단하게 설명하기 위하여 하나의 요인에 수준이 둘인 경우의 예를 들어 설명해 보기로 한다.

빵을 굽는데 오븐의 온도가 빵의 밀도에 영향을 미칠 것이라고 생각되어 180도와 200도에서 각 다섯 번씩 구워 보기로 하였다고 하자. 온도라는 하나의 요인에 180도와 200도라는 두 개의 요인수준을 취하여 각 수준에서 다섯 번 씩 반복하여 빵을 구은 다음 X_{11}, X_{12}, $\cdots$, X_{15}라는 첫 번째 표본과 X_{21}, X_{22}, $\cdots$, X_{25}라는 두 번째 표본을 비교할 수 있게 나타내었다. 여기서 X_{13}는 첫번째 처리에서의 세번째 표본값, 즉 180도에서 구운 세 번째 빵의 밀도이고 X_{24}는 두 번째 처리에서 네 번째 표본값, 즉 200도에서 구운 네 번째 빵의 밀도를 말한다. 귀무가설은 온도에 따라 빵의 평균밀도에 차이가 없이 같다는 것이고 대립가설은 평균밀도에 차이가 있다는 것이다. 즉

$$H_0: \mu_1 = \mu_2 \text{ (처리에 따른 효과가 없다)}$$
$$H_1: \mu_1 \neq \mu_2 \text{ (처리에 따른 효과가 있다)}$$

[그림12-1]에서는 각각 다섯 개의 표본값을 세로축에 나타내고 있으며 이들의 각각의 집단의 표본평균은 $\overline{X_1}$, $\overline{X_2}$이다.

[그림 12-1] 세 종류의 실험결과 중에 온도에 따라 빵의 평균밀도가 다르다고 쉽게 판단할 수 있는 그림은 어느 것일까? 아마 세 번째 경우가 평균이 서로 다른 것으로 판단하기가 가장 쉬울 것이다. 왜냐하면 세 번째 경우는 $\overline{X_1}$ 과 $\overline{X_2}$ 의 차이가 크면서 또한 각 온도 안에서 자료의 분산이 작기 때문이다. 즉 세 번째 경우가 가장 확실히 온도라는 처리에 의해 빵의 밀도에 차이가 있음을 쉽게 알 수 있는데 그 이유는 처리에 따라서는 변동 량이 크면서 또한 각 처리 내에서는 변동 량이 적기 때문이다.

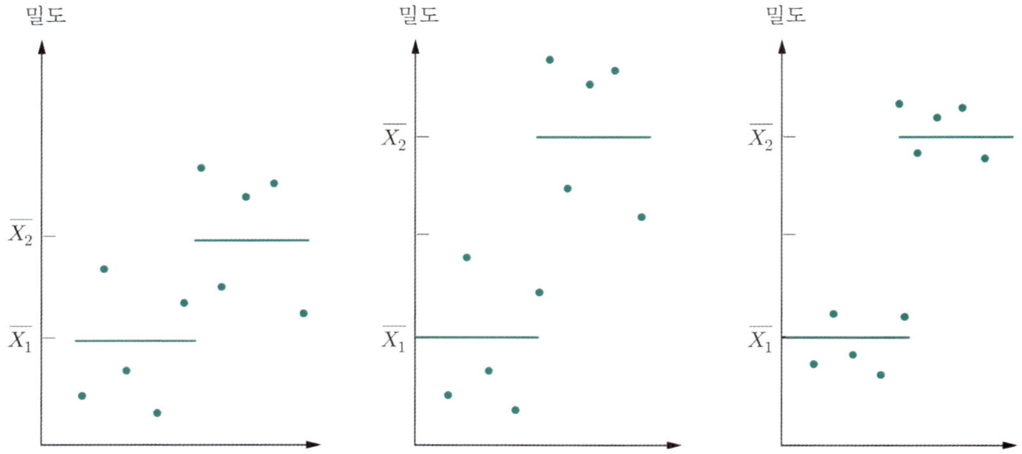

[그림 12-1] 온도에 따른 빵의 밀도 실험결과

분산분석법의 원리가 바로 이것으로 관측된 변동량을 분산개념으로 파악하는 것이다. 즉 분산분석법이란 이러한 분산이 처리집단끼리의 **그룹 간**(between the group)에서 얻어진 분산과 각 처리집단 내 즉, **그룹 내**(within the group)에서 얻어진 분산을 비교함으로써 가설검정을 통해서 평균의 차이를 파악하려는 통계분석 기법이다. 이 경우 그룹 간의 분산은 크고 그룹 내의 분산은 적을수록 처리의 효과가 있는 것으로 결론내리기가 쉽다. 이것을 구체적 수식으로 표현해 보자. 표본 관찰값은 다음과 같이 분리할 수 있다.

$X_{ij} - \overline{X}$	$=$	$(\overline{X_i} - \overline{X})$	$+$	$(X_{ij} - \overline{X_i})$
(총편차)		(처리효과)		(오차)
(총변동)		(그룹간 변동)		(그룹내 변동)

또한 아래와 같은 등식이 성립한다.

$$\sum_{i=1}^{2}\sum_{j=1}^{5}(X_{ij}-\overline{X})^2 = \sum_{i=1}^{2}5(\overline{X_i}-\overline{X})^2 + \sum_{i=1}^{2}\sum_{j=1}^{5}(X_{ij}-\overline{X_i})^2$$

좌변의 첫 항을 보면 편차의 총제곱합(total sum of squares)이 되고 있는데 이것을 TSS로 나타낸다. 우변의 첫째 항

$$(\overline{X_1}-\overline{X})^2 + (\overline{X_2}-\overline{X})^2$$

은 두 가지 처리의 효과가 잘 드러나는 식이므로 처리에 따른 제곱합(treatment sum of squares)이라 하여 SST로 나타낸다. 그룹간 변동이라고도 한다. 우변의 두 번째 항

$$\sum_{j=1}^{5}(X_{1j}-\overline{X_1})^2+\sum_{j=1}^{5}(X_{2j}-\overline{X_2})^2$$

은 각 처리 내에서 오차의 제곱합(error sum of squares)이므로 SSE라고 표시하며 **그룹내 변동**이라고도 한다. 그러면

$$TSS = SST + SSE$$

가 된다. [그림 12-1]에서 시각적으로 보았을 때 세 번째 그림의 경우에 처리효과가 확연했던 것은 SST는 크고 SSE는 작기 때문이라고 설명할 수 있다. 따라서 처리의 효과를 판단하기 위한 검정통계량으로서 SST와 SSE의 비 $\dfrac{SST}{SSE}$를 생각하여 이 값이 클수록 처리의 효과가 있는 것으로 간주하려고 한다. 이것이 분산분석법의 기본적인 원리이다.

지금까지는 편차의 제곱합이므로 이제는 각항을 적당한 수로 나누어 분산으로 만들어 보자. 좌변은 편차의 총제곱합이므로 $n-1=10-1=9$로 나누면 분산이 되고, 우변의 첫 항은 처리의 수가 2개 이므로 $2-1$로 나누면 분산이 된다. 이렇게 분산을 만들기 위하여 나누어 주는 수를 분산분석에서는 자유도라고 부른다. 자유도 또한 아래의 식처럼 분해된다.

$$\underset{(10-1)}{TSS\text{의 자유도}} = \underset{(2-1)}{SST\text{의 자유도}} + \underset{(10-2)}{SSE\text{의 자유도}}$$

편차의 제곱합인 SST와 SSE를 각자의 자유도로 나눈 것을 **평균제곱**(mean square)이라 하여 MST와 MSE로 부르는데

$$\text{즉, } MST=\frac{SST}{2-1},\quad MSE=\frac{SSE}{10-2}$$

이것은 분산의 추정량이기도 하다. 분산분석에서 사용하고자 하는 검정통계량 $\dfrac{MST}{MSE}$는 분산의 추정량의 비이므로 F 분포를 따르게 된다(제7장 통계적 추론을 위한 준비 참조).

$$F=\frac{MST}{MSE} \sim F(2-1,10-2)$$

따라서 분산분석에서는 F 값이 커서 기각역인 $F> F_{\alpha}(2-1,10-2)$에 들어오면 처리에 따른 차이가 있는 것으로 판단하게 되는 것이다.

3 일원분산분석법

앞에서는 하나의 요인이 두 개의 수준을 가지며 각 수준에서 실험의 횟수가 5인 경우를 다루어 분산분석의 기본원리를 설명했으나 이것을 일반화하여 하나의 요인이 k개의 수준을 가지며 각 수준에서 n_i번 씩 반복한다고 하자. 자료의 구조는 [표 12-1]과 같다. 여기서 x_{ij}는 i 번째 처리에서의 j 번째 관측값이다.

[표 12-1] **일원배치법의 자료 구조**

	처리1	처리2	$\cdots$	처리k	
	x_{11} x_{12} $\vdots$ x_{1n_1}	x_{21} x_{22} $\vdots$ x_{2n_2}	$\cdots$ $\cdots$ $\vdots$ $\cdots$	x_{k1} x_{k2} $\vdots$ x_{kn_k}	
평균	$\overline{x_1}$	$\overline{x_2}$	$\cdots$	$\overline{x_k}$	$\overline{x}$ (총평균)

관측값의 총개수는 $n_1 + n_2 + \cdots + n_k = n$이다.

분산분석은 k 개의 모집단에서 각각 추출된 표본을 이용하여 각 모평균 μ_i가 모두 서로 같다고 볼 수 있는지를 검정하는 것이다. 즉,

$$H_0:\ \mu_1 = \mu_2 = \cdots = \mu_k \text{ (처리에 따른 효과가 없다)}$$
$$H_1:\ H_0 \text{ 가 아니다 (처리에 따른 효과가 있다)}$$

즉, 대립가설은 최소한 2개의 평균은 서로 같지 않다는 것이다.

앞 절에서와 마찬가지로 총제곱합은 처리제곱합과 오차제곱합의 합으로 표시 될 수 있는데, 이를 식으로 나타내면 다음과 같다.

$$\sum_{i=1}^{k}\sum_{j=1}^{n_i}(X_{ij}-\overline{X})^2 = \sum_{i=1}^{k} n_i(\overline{X_i}-\overline{X})^2 + \sum_{i=1}^{k}\sum_{j=1}^{n_i}(X_{ij}-\overline{X_i})^2$$

총제곱합 = 처리제곱합(그룹간변동) + 오차제곱합(그룹내변동)

TSS $\quad SST \quad SSE$

자유도: $(n-1)$ $\quad (k-1) \quad (n-k)$

평균제곱합 MST와 MSE 는

$$MST = \frac{SST}{k-1}, \quad MSE = \frac{SSE}{n-k}$$

가 된다. 검정통계량으로서는 F

$$F = \frac{MST}{MSE}$$

를 사용하며 이와 같은 결과를 표로 요약하여 나타낸 것을 **분산분석표**(ANOVA table)라고 하며 [표12-2]와 같다.

[표 12-2] 일원배치법의 분산분석표

요인	제곱합	자유도	평균제곱	F
처리 (그룹간변동)	$SST = \sum_{i=1}^{k} n_i (\overline{X}_i - \overline{X})^2$	$k-1$	$MST = \frac{SST}{k-1}$	$F = \frac{MST}{MSE}$
오차 (그룹내변동)	$SSE = \sum_{i=1}^{k}\sum_{j=1}^{n_i} (X_{ij} - \overline{X}_i)^2$	$n-k$	$MSE = \frac{SSE}{n-k}$	
합계	$TSS = \sum_{i=1}^{k}\sum_{j=1}^{n_i} (X_{ij} - \overline{X})^2$	$n-1$		

위의 분산분석표에서 분산의 비인 $F = MST/MSE$는 귀무가설이 참일때 자유도가 $(k-1, n-k)$인 F분포에 따름을 이용하여 기각역은

$$F > F_{\alpha}(k-1, n-k)$$

이 된다.

일원분산분석법

$H_0: \mu_1 = \mu_2 = \cdots = \mu_k$

H_1: H_0가 아니다.

검정통계량: $F = \frac{MST}{MSE}$

기각역 : $F > F_{\alpha}(k-1, n-k)$

일원분산분석법의 이론을 이원, 삼원… 분산분석법으로 확장해가기 위해서는 수학적으로 모집단모형을 정의해 두면 편리하다. 일원분산분석법의 수학적 모형은 다음과 같이 요약될 수 있다.

일원분산분석법의 모집단 모형

$X_{ij} = \mu + \alpha_i + \epsilon_{ij}, \quad i = 1, \cdots, k : \; j = 1, \cdots, n_i$

단, μ: 총평균

α_i: i 수준의 처리효과

ϵ_{ij}: 오차항으로서 서로 독립인 $N(0, \sigma^2)$을 따르는 확률변수

아래의 두 귀무가설은 서로 동치이다.

$$H_0: \mu_1 = \mu_2 = \cdots = \mu_k$$
$$H_0: \alpha_1 = \alpha_2 = \cdots = \alpha_k$$

예제 12.1

다음의 지료는 어느 지역의 대・중・소기업 중에서 각각 4개의 기업을 임의로 추출한 후 동일상품에 대한 단위당 생산비용을 조사한 것이다. 이 자료로부터 동일상품의 생산비용이 기업의 크기에 따라서 차이가 있는지를 파악하고자 한다.

[표 12-3] 기업의 크기에 따른 생산비용

(단위 : 만원)

회사의 종류 / 기업	소기업	중기업	대기업	
1	7.1	7.9	7.1	
2	6.9	7.8	7.3	
3	6.8	8.2	7.0	
4	7.2	8.1	7.4	
평균	7.0	8.0	7.2	7.4

다음의 질문에 답하시오.

(1) 전체제곱합(TSS)를 구하라.

(2) 그룹간변동(SST)를 구하라.

(3) 그룹내변동(SSE)를 구하라.

(4) 분산분석표를 작성하시오.

(5) 기업크기에 따라서 생산비용에 차이가 있는지 유의수준 5%로 검정하여보라.

풀이 (1) 전체제곱합(TSS)는

$$\begin{aligned}\text{TSS} &= \sum_{i=1}^{3}\sum_{j=1}^{4}(x_{ij}-\overline{x})^2 \\ &= (7.1-7.4)^2+(6.9-7.4)^2+\cdots+(7.4-7.4)^2 \\ &= 2.54\end{aligned}$$

(2) 그룹간변동(SST)은

$$\begin{aligned}\text{SST} &= \sum_{i=1}^{3}(\overline{x}_i-\overline{x})^2 \\ &= 4\{(7.0-7.4)^2+(8.0-7.4)^2+\cdots+(7.2-7.4)^2\} \\ &= 2.24\end{aligned}$$

(3) 그룹내변동(SSE)은

$$\begin{aligned}\text{SSE} &= \sum_{i=1}^{3}\sum_{j=1}^{4}(x_{ij}-\overline{x}_i)^2 \\ &= (7.1-7.4)^2+\cdots+(7.2-7.2)^2+(7.9-8.0)^2+\cdots \\ &\quad +(8.1-8.0)^2+(7.1-7.2)^2+\cdots+(7.4-7.2)^2 \\ &= 0.30\end{aligned}$$

SSE = TSS − SST = 2.54−2.24 = 0.30로 간단히 구할 수도 있다.

(4) 분산분석표는 다음과 같이 정리할 수 있다.

[표 12-4] 기업크기에 따른 생산비용의 분산분석표

변동요인	제곱합	자유도	평균제곱	검정통계량
처리	2.24	3−2=2	2.24/2=1.12	1.12/0.033
오차	0.03	12−3=9	0.3/9=0.033	=33.6
합계	2.54	12−1=11		

(5) 검정통계량의 33.6이 $F_{0.05}(2,9)=4.26$보다 크기 때문에 기각역에 포함되어 귀무가설을 기각한다. 따라서 단위당 생산비용은 기업의 크기에 따라서 차이가 있다고 볼 수 있다.

SPSS로 [표 12-3] 기업크기에 따른 생산비용 자료를 분산분석하면 아래의 표를 얻는다.

생산비용 분산분석

	제곱합	df	평균 제곱	F	유의확률
집단-간	2.240	2	1.120	33.600	.000
집단-내	.300	9	.033		
합계	2.540	11			

여기서 F 통계량 값의 유의확률이 $0.000 < \alpha = 0.05$이므로 생산비용이 같다는 귀무가설을 기각한다. 즉 기업크기에 따라 생산비용이 모두 같지는 않다는 것이다. 이처럼 통계패키지를 사용하면 유의확률이 제공되므로 기각역을 구할 필요없이 간단히 가설검정을 행할 수 있다.

예제 12.2

토양내의 박테리아 함량을 측정하기 위하여 대상을 4개 지구로 나누고 각 지역에서 토양을 채취하여 멸균수로 묽게 한 다음 일정시간 배양용기에서 배양 후 균(박테리아)의 군집을 세어 본 결과 다음의 [표 12-5]를 얻었다. 각 지역 별 균의 군집 수 간에는 유의한 차이가 있는가?

[표 12-5] 지역별 박테리아 군집 수

지역별	I	II	III	IV	
균의 군집수	72 69 63 53 51	47 52 45 30	56 58 56	69 67 62	
계 자료수 평균	308 5 61.6	174 4 43.5	170 3 56.7	198 3 66	850 15 56.7

풀이 H_0 : 각 지역별 박테리아의 평균수는 동일하다.

H_1 : 모든 지역에서 박테리아의 평균수가 동일한 것은 아니다.

이 검정을 위하여 분산분석표를 만들어 보면 다음과 같다.

[표 12-6] 박테리아 수의 분산분석표

요인	제곱합	자유도	평균제곱	F
처리	1,076	3	358.3	6.73
오차	649	11	59.0	
합계	1,725	14		

자료에서 $n=15,\ k=4$이므로 검정통계량의 자유도는 $(k-1, n-k)=(4-1, 15-4)=(3, 11)$ 이므로 기각역은

$$F > F_{0.01}(3,11)=6.22$$

이다. 검정통계량의 F값이 6.73으로 이것은 기각치인 6.22보다 크므로 기각역에 포함되어 각 지역에 있어서의 박테리아의 수가 동일하다는 귀무가설 H_0은 기각된다. 즉 지역에 따라 박테리아의 수에는 차이가 인정된다.

4 이원분산분석법

이원분산분석법은 요인이 둘인 경우에 그 영향을 조사하기 위하여 사용하는 분산분석법으로서 각 수준에서 실험회수가 한번 뿐일 때 **반복이 없는 이원분산분석법**이라하고 실험회수가 2회 이상일 때 **반복이 있는 이원분산분석법**이라 한다. 두 방법의 큰 차이는 반복이 있는 이원분산분석법의 경우 두 요인 A, B가 서로 섞여 어떤 영향을 미칠 것인가 하는 교호작용 효과를 확인 할 수 있다는 점이다.

(1) 반복이 없는 경우

2개의 요인을 A, B로 표시하고

요인 A의 수준을 $A_1,\ A_2,\ \cdots,\ A_k$

요인 B의 수준을 $B_1,\ B_2,\ \cdots,\ B_l$

로 표시하기로 하자. 전체는 $k \times l$ 개의 처리가 있게 되며 확률화의 원칙은 $k \times l$회의 실험순서를 임의로 랜덤하게 시행해야 한다는 것이다. 즉 A의 순서를 고정시켜두고 B의 수준을 변화시키며 차례대로 하는 실험 등은 확률화의 원칙에 어긋난다. 반복이 없는 이원분산분석법의 자료구조는 [표 12-7]와 같다.

[표 12–7] 반복이 없는 이원분산분석법의 자료 구조

요인A 수준 \ 요인B 수준	B_1	B_2	$\cdots$	B_l	평균
A_1	x_{11}	x_{12}	$\cdots$	x_{1l}	$\bar{x}_{1.}$
A_2	x_{21}	x_{22}	$\cdots$	x_{2l}	$\bar{x}_{2.}$
$\vdots$	$\vdots$	$\vdots$		$\vdots$	$\vdots$
A_k	x_{k1}	x_{kj}	$\cdots$	x_{kl}	$\bar{x}_{k.}$
평균	$\bar{x}_{.1}$	$\bar{x}_{.2}$	$\cdots$	$\bar{x}_{.l}$	$\bar{\bar{x}}$ (총평균)

반복이 없는 이원분산분석법의 모집단모형은 다음과 같다.

반복이 없는 이원분산분석법의 모집단 모형

$$X_{ij} = \mu + \alpha_i + \beta_j + \epsilon_{ij}, \quad i = 1, \cdots, k : \ j = 1, \cdots, l$$

단, μ : 총평균

α_i : A의 i 번째 수준의 처리효과

β_j : B의 j 번째 수준의 처리효과

ϵ_{ij} : 오차항으로서 서로 독립인 $N(0, \sigma^2)$을 따르는 확률변수

이원분산분석법에서 관심이 있는 가설은 요인 A의 각 수준에서의 효과가 같은가 하는 것과, 마찬가지로 요인 B의 각 수준에서의 효과가 같은가 하는 것이다. 이에 대한 귀무가설은 각각 다음과 같다.

요인 A H_0: $\alpha_1 = \alpha_2 = \cdots = \alpha_k$

요인 B H_0: $\beta_1 = \beta_2 = \cdots = \beta_l$

일원분산분석법과 마찬가지로 다음과 같이 표시될 수 있다.

총편차제곱합 =	요인A의 편차제곱합 +	요인B의 편차제곱합 +	오차제곱합
TSS	SSA	SSB	SSE
자유도: $(kl-1)$	$(k-1)$	$(l-1)$	$((k-1)(l-1))$

[표 12-8] 반복이 없는 이원배치법의 분산분석표

요인	제곱합	자유도	평균제곱	F
요인A	$SSA=\sum_{i=1}^{k}(\overline{X}_{i.}-\overline{\overline{X}})^2$	$k-1$	$MSA=\frac{SSA}{k-1}$	$\frac{MSA}{MSE}$
요인B	$SSB=\sum_{j=1}^{l}(\overline{X}_{.j}-\overline{\overline{X}})^2$	$l-1$	$MSB=\frac{SSB}{l-1}$	$\frac{MSB}{MSE}$
오차	$SSE=TSS-(SSA+SSB)$	$(k-1)(l-1)$	$MSE=\frac{SSE}{(k-1)(l-1)}$	
합계	$TSS=\sum_{i=1}^{k}\sum_{j=1}^{l}(X_{ij}-\overline{\overline{X}})^2$	$n-1$	$MSE=\frac{SSE}{(k-1)(l-1)}$	

다음과 같은 검정법이 제안되어 있다.

반복이 없는 이원분산분석법

(1) $H_0:\ \alpha_1=\alpha_2=\cdots=\alpha_k$

검정통계량: $F=\frac{MSA}{MSE}$

기각역: $F>F_\alpha(k-1,(k-1)(l-1))$

(2) $H_0:\ \beta_1=\beta_2=\cdots=\beta_l$

검정통계량: $F=\frac{MSB}{MSE}$

기각역 : $F>F_\alpha(l-1,(k-1)(l-1))$

예제 12.3

다음 [표 12-9]는 네 품종의 돼지새끼에게 비타민혼합을 달리 한 세 종류의 사료 A, B, C를 일정기간 동안 주고, 그 체중증가량을 조사 기록하여 얻은 결과표이다. 사료간, 품종간에 체중증가의 유의성을 5%의 유의수준으로 검정하라.

[표 12-9] 돼지의 체중증가량

품종 \ 사료	A	B	C	평균
I	7.0	14.0	8.5	9.83
II	16.0	15.5	16.5	16.00
III	10.5	15.0	9.5	11.67
IV	13.5	21.0	13.5	16.00
평균	11.75	16.38	12.0	13.38(총평균)

풀이 자료에서 $n = 12,\ k = 4,\ l = 3, \alpha = 0.05$이다.

[표 12-10] **분산분석표**

요인	제곱합	자유도	평균제곱	F
품종	87.73	3	29.24	6.22
사료	54.12	2	27.06	5.75
오차	28.12	6	4.70	
합계	170.06	11		

① H_0 : 돼지품종 간에 체중증가의 차이는 없다.

H_1: H_0 가 아니다.

기각역은 $F > F_{0.05}(3,6) = 4.76$인데 F값이 6.22로 기각역 속에 포함되므로 귀무가설은 유의수준 5%에서 기각된다. 즉, 돼지품종에 따라서 체중증가에 차이가 있다.

② H_0 : 사료 간에 체중증가의 차이는 없다

H_1: H_0 가 아니다

기각역은 $F > F_{0.05}(2,6) = 5.14$ 인데 F값이 5.75로 기각역 속에 포함되므로 귀무가설은 유의수준 5%에서 기각된다. 즉, 사료에 따라서 체중증가에 차이가 있다.

따라서 돼지품종과 사료에 따라서 체중증가에 차이가 없다는 가설은 기각된다. ■

SPSS로 [표 12-9] 돼지의 체중증가량의 자료를 분산분석하면 아래의 표를 얻는다.

개체-간 효과 검정

종속 변수 : 체중증가량

소스	제 Ⅲ 유형 제곱합	자유도	평균 제곱	F	유의확률
모형	2288.542a	6	381.424	81.130	.000
사료	54.125	2	27.063	5.756	.040
품종	87.729	3	29.243	6.220	.028
오차	28.208	6	4.701		
합계	2316.750	12			
a. R 제곱 = .988 (수정된 R 제곱 = .976)					

사료 및 품종 두 요인의 효과를 살펴보면 두 요인 모두 F 통계량값의 유의확률이 0.05보다 적어 체중 증가량에 유의한 영향을 미치고 있음을 알 수 있다. 즉, 사료의 종류와 돼지 품종에 따라서 체중 증가에 차이가 있다.

(2) 반복이 있는 경우

어떤 실험이든 각 수준에서 1회의 실험을 시행하는 것보다 가능하면 2회 이상의 실험을 반복하는 것이 실험결과의 신뢰를 높일 수 있어서 바람직하다. 여기서는 두 개의 요인 A, B의 수준 수가 각각 k, l 이고, 반복수가 m 회인 이원분산분석법을 생각하기로 한다. 반복이 있는 이원분산분석법에서의 시행은 klm 회의 전체실험이 임의로 선택된 순서에 의해서 이루어져야 한다.

[표 12-11] 반복이 있는 이원분산분석법 자료구조

인자B 수준 / 인자A 수준	B_1	B_2	…	B_l	평균
A_1	x_{111} x_{112} ⋮ x_{11m}	x_{121} x_{122} ⋮ x_{12m}	… … …	x_{1l1} x_{1l2} ⋮ x_{12m}	$\bar{x}_{1..}$
A_2	x_{211} x_{212} ⋮ x_{21m}	x_{221} x_{222} ⋮ x_{22m}	… … …	x_{2l1} x_{2l2} ⋮ x_{2lm}	$\bar{x}_{2..}$
⋮	⋮	⋮		⋮	⋮
A_k	x_{k11} x_{k12} ⋮ x_{k1m}	x_{k21} x_{k22} ⋮ x_{k2m}	… … …	x_{kl1} x_{kl2} ⋮ x_{klm}	$\bar{x}_{k..}$
평균	$\bar{x}_{.1.}$	$\bar{x}_{.2.}$	…	$\bar{x}_{.l.}$	$\bar{\bar{x}}$ (총평균)

반복이 있는 이원분산분석법의 모집단 모형

$X_{ijk} = \mu + \alpha_i + \beta_j + (\alpha\beta)_{ij} + \epsilon_{ijk}$

$i = 1, \cdots, k$: $j = 1, \cdots, l$: $k = 1, \cdots, m$

단, μ:총평균

α_i : 요인 A의 i 번째 수준의 처리효과

β_j : 요인 B의 j 번째 수준의 처리효과

$(\alpha\beta)_{ij}$: 요인 A 와 B 의 교호작용 효과

ϵ_{ijk} : 오차항으로서 서로 독립인 $N(0, \sigma^2)$을 따르는 확률변수

반복이 있는 이원분산분석법에서 관심이 있는 가설은 요인 A, 요인 B의 각 수준에서의 효과가 같은가 하는 것 이외에 교호작용의 효과가 확실히 존재하는가 하는 것이다. 교호작용에 대한 귀무가설은 다음과 같다.

$$H_0: (\alpha\beta)_{ij} = 0,\ i = 1, 2, \cdots, k,\ j = 1, 2, \cdots, l$$

요인 A와 요인 B에 대한 가설검정법은 앞 절에서 다룬 반복이 없는 경우와 자유도를 제외하고는 똑 같다. 교호작용에 대한 검정법은 다음과 같다.

[표 12-12] **반복이 있는 이원배치법의 분산분석표**

요인	제곱합	자유도	평균제곱	F
요인A	$SSA = \sum_{i=1}^{k} (\overline{X}_{i..} - \overline{\overline{X}})^2$	$k-1$	MSA	$\frac{MSA}{MSE}$
요인B	$SSB = \sum_{j=1}^{l} (\overline{X}_{.j.} - \overline{\overline{X}})^2$	$l-1$	MSB	$\frac{MSB}{MSE}$
교호작용	$SSAB \quad \sum_{i=1}^{k}\sum_{j=1}^{l}(\overline{x}_{ij.} - \overline{x}_{i..} - \overline{x}_{.j.} + \overline{\overline{x}})^2$	$(k-1)(l-1)$	$MSAB$	$\frac{MSAB}{MSE}$
오차	$SSE = TSST - (SSA + SSB + SSAB)$	$kl(m-1)$	MSE	
합계	$TSS = \sum_{k=1}^{m}\sum_{i=1}^{k}\sum_{j=1}^{l} (X_{ijk} - \overline{\overline{X}})^2$	$klm-1$		

반복이 있는 이원분산분석법의 교호작용 검정

H_0: $(\alpha\beta)_{ij} = 0, \quad i = 1,2,\cdots,k, \quad j = 1,2,\cdots,l$

검정통계량: $F = \dfrac{MSAB}{MSE}$

기각역: $F > F_\alpha((k-1)(l-1), kl(m-1))$

두 요인 사이에 상호작용이 있는지를 알려면 일차적으로 두 요인의 모든 수준과 반응의 기대값(평균)을 그림으로 살펴보면 알 수 있다. [그림 12-2]에서 보면 두 요인의 조합들은 직선으로 연결되어 있다. 이 꺾은 선 그래프를 **프로화일**(profile)이라고 하는데 이것들은 각 요인에 대하여 만들어진다.

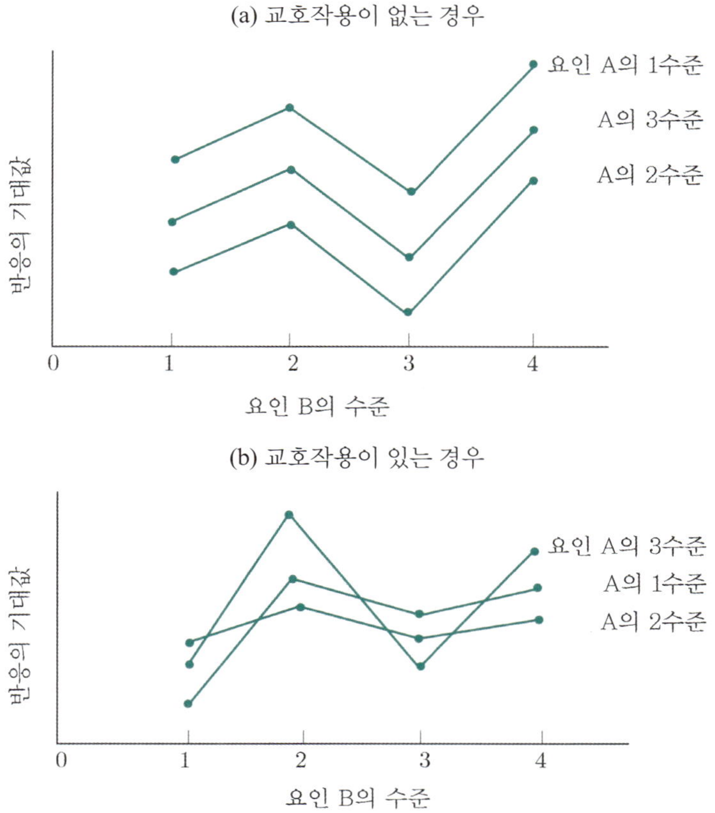

[그림 12-2] 두 요인의 반응 기대값에 대한 프로화일

이 두 그림에서 커다란 차이는 (a)의 경우 거의 평행선으로 그어져 있고 (b)의 경우 꺾은 선이 교차하고 있다. 선분들이 평행하면 두 요인사이에 교호작용이 존재하지 않음을 뜻한다. 한편 아래 그림처럼 A의 각 수준에서의 기대값이 B의 수준에 따라 변하게 될 때에 요인 A와 B는 교호작용이 있다고 한다.

예제 12.4

어느 화학제품의 합성반응에서 합성율(%)의 향상에 미치는 압력과 시간의 영향을 알기 위한 실험을 하였다. 압력의 수준을 1.5, 2.5로 하고, 시간을 4시간, 6시간으로 하여 [표 12-13]와 같은 결과를 얻었다. 각 요인의 영향과 압력과 시간의 교호작용이 있는 지를 조사하여라.

[표 12-13] **화학제품의 합성율**

압력 \ 시간	4	6	평균
1.5	28 30	33 33	$\bar{x}_{1..}=31.0$
2.5	42 38	40 42	$\bar{x}_{2..}=40.5$
평균	$\bar{x}_{.1.}=34.5$	$\bar{x}_{.2.}=37$	$\bar{\bar{x}}=35.75$ (총평균)

풀이 [표 12-14] **화학제품의 합성율에 대한 분산분석표**

요인	제곱합	자유도	평균제곱	F
압력	180.5	1	180.5	60.2
시간	12.5	1	12.5	4.2
교호작용	4.5	1	4.5	1.5
오차	12.5	4	3.0	
합계	209.5	7		

① H_0 : 압력은 합성율에 영향을 미치지 못한다.

H_1 : H_0가 아니다

F 값 $= 60.2 > F_{0.05}(1,4) = 7.71$ 이므로 H_0는 기각된다.

즉, 압력은 합성율에 영향을 미친다.

② H_0 : 반응시간은 합성율에 영향을 미치지 못한다.

H_1 : H_0가 아니다

F 값$=4.2 < F_{0.05}(1,4) = 7.71$ 이므로 H_0는 기각되지 못하고 채택된다.

즉, 반응시간은 합성율에 영향을 미치지 못한다.

③ H_0 : 압력과 반응시간의 교호작용 효과는 없다.

H_1 : 압력과 반응시간의 교호작용 효과는 있다.

F 값$=1.5 < F_{0.05}(1,4) = 7.71$ 이므로 H_0는 기각되지 못하고 채택된다.

즉, 압력과 반응시간의 교호작용 효과는 없다.

따라서 압력만이 합성율에 유의한 영향을 준다고 볼 수 있다.

참고로 프로화일을 그리기 위하여 두 요인의 평균값을 구해 보았다. [그림 12-3]에서 보면 일차적으로 압력과 시간의 교호작용 효과는 없어 보인다.

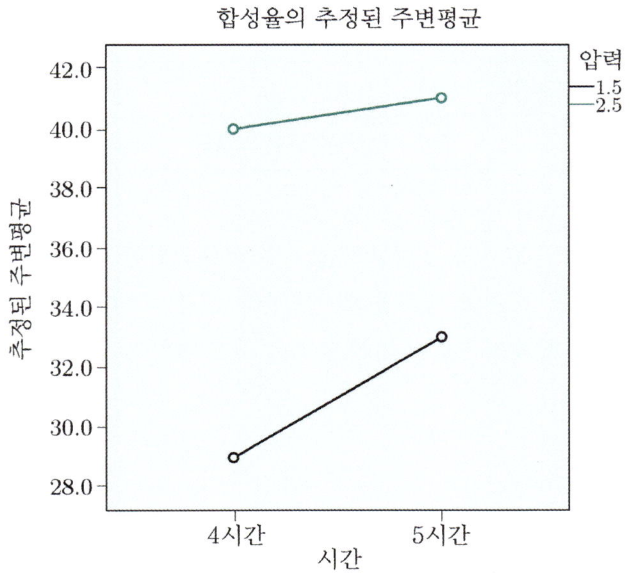

[그림 12-3] **평균 합성율의 프로화일**

[표 12-15] 합성율의 평균값 자료

압력 \ 시간	4	6	평균
1.5	$\bar{x}_{11} = 29$	$\bar{x}_{12} = 33$	$\bar{x}_{1..}$=31.0
2.5	$\bar{x}_{21} = 40$	$\bar{x}_{22} = 41$	$\bar{x}_{2..}$=40.5
평균	$\bar{x}_{.1.}$=34.5	$\bar{x}_{.2.}$=37	$\bar{\bar{x}}$=35.75 (총평균)

SPSS로 [표 12-14] 합성율 자료를 분산분석하면 아래의 표를 얻는다.

개체-간 효과 검정

종속 변수:합성율

소스	제 III 유형 제곱합	자유도	평균 제곱	F	유의확률
모형	10422.000a	4	2605.500	868.500	.000
시간	12.500	1	12.500	4.167	.111
압력	180.500	1	180.500	60.167	.001
시간 * 압력	4.500	1	4.500	1.500	.288
오차	12.000	4	3.000		
합계	10434.000	8			
a. R 제곱 = .999 (수정된 R 제곱 = .998)					

시간과 압력 두 요인의 효과를 살펴보면 압력만이 유의확률이 0.001이므로 α=0.05에서 합성율에 유의한 영향을 미치고 있음을 알 수 있다. 그리고 상호작용 효과는 유의확률이 0.288로서 α=0.05에서 통계적으로 유의한 영향을 주지 못한 것으로 나타났다.

연습문제

1. (1) 다음의 일원분산분석표에서 빈칸을 채우시오.

(2) 귀무가설과 대립가설을 설정하고 0.05수준에서 귀무가설을 검정하시오.

인자	제곱합	자유도	평균제곱합	F값
처리	6,752	2	3,376	(다)
오차	30,178	(가)	(나)	
전체	36,930	29		

2. S-보험회사에서는 보험 판매액에 있어서 남녀 간에 차이가 나는지를 알아보고자 한다. 그런데 보험 판매액은 연령에 따라서 다를 것으로 예상되기 때문에 연령을 세 그룹으로 나누어 연간 판매액(백만원)을 조사하여 다음을 얻었다. 두 요인의 기대 반응치에 대한 프로화일을 그려보고, 두요인 사이의 관계를 유추해 보시오.

(백만원)

성별 \ 연령	30세미만	30~40세	40세 이상
남	98 89 86	108 99 114	104 111 100
여	99 102 102	115 109 121	106 99 92

3. 2번 문제의 보험회사 판매액의 분산분석표이다. 두 요인에 대하여 교호작용이 있는지를 가설검정하고 3번의 결과와 비교하시오.

요인	제곱합	자유도	평균제곱	F
연령	684	2	342	3.89
성별	72	1	72	4.75
교호작용	228	2	114	3.89
오차	430	12	35.83	
합계	1,414	17		

13

회귀분석법

1. 회귀분석이란?
2. 회귀모형의 추론
3. 회귀모형의 타당성 검토

13 회귀분석법

1 회귀분석이란?

상호연관이 있어 보이는 변수들의 관계를 설명하는 대표적인 개념으로 회귀분석과 상관분석이 있다. 상관분석은 두 변수 사이에 관계가 있는지 없는지 만을 분석하는 것이고 회귀분석은 한 변수에 대하여 영향을 끼치는 다른 변수들의 관계를 함수로 나타내어 분석하는 통계적 기법이다. 이 개념들은 유전학과 같은 계량생물학 분야에서 시작되었지만 그 후 방법론이 발전하면서 적용범위가 점차 넓어져 최근에는 자연과학뿐 아니라 사회조사 및 마케팅 자료 등 다양한 분야에 적용됨으로서 변수들 사이의 복잡한 함수관계를 추정하는데 가장 널리 사용되는 분석기법이다

어느 회사 제품의 판매수익이 광고비 지출액에 따라 변동한다면 이들 두 변수사이의 함수관계를 추정하여 판매수익을 예측하거나 광고비가 매출액에 미치는 효과를 분석할 수 있을 것이다. 또는 어느 제약회사에서 개발한 새로운 약의 복용량 정도가 알레르기 증상의 경감기간에 미치는 영향을 알아보고자 한다면 이들의 함수관계를 분석함으로써 알레르기 증상을 최소화하여 환자의 상태를 편하게 할 수 있는 복용량의 추정도 가능할 것이다. 위의 두 가지 예에서 판매수익이나 알레르기 경감기간 등의 변수들은 다른 변수의 영향을 받는 변수로서 종속변수 혹은 반응변수라 부르고, 이와는 달리 광고비나 복용량과 같이 다른 변수에 영향을 주는 변수들을 독립변수 혹은 설명변수라 한다. 따라서 회귀분석이란 독립변수와 종속변수 간 함수관계를 통계적으로 찾아보는 분석방법이라고 말할 수 있다. 종속변수에 대하여 독립변수가 하나인 경우의 함수관계를 분석하는 것을 **단순회귀분석**(simple regression analysis)이라하고 여러 개의 독립변수사이의 함수관계를 분석하는 것을 **중회귀분석**(重回歸, multiple regression analysis)라고 한다. 특히 회귀모형에서 함수의 형태가 선형(일차식)인 경우를 **선형회귀분석**(linear regression analysis)이라 한다.

회귀분석을 사용하는 목적은 크게 세 가지로 분류될 수 있다.

① 종속변수와 독립변수들 사이의 함수관계가 어떠한 형태(선형 또는 비선형 등)를 가지고 있는지를 파악하는 것
② 종속변수에 영향을 미치는 중요한 독립변수들을 추정·검정하는 것
③ 추정된 회귀함수를 이용하여 주어진 독립변수의 값에서 종속변수의 변화를 예측하는 것.

(1) 단순선형회귀모형

두 변수의 관계에는 수학적 함수관계와 통계적 함수관계가 있다. 수학적 함수관계란 $y=f(x)$ 형식의 모형을 설정하는 것으로 어느 한 변수의 값을 알면 다른 변수의 값이 정확하게 결정되는 관계이므로 확정적 모형이라고도 한다. 반면에 통계적 함수관계 $Y=f(x)+\epsilon$ (여기서 ϵ 은 확률오차)은 독립변수의 값에 대하여 종속변수의 값이 정확하게 하나로 결정되지 않는 경우를 말한다. 이렇게 확률오차가 있다는 가정하의 모형이므로 확률적 모형이라 한다. 확률오차는 모형의 확정적 요소에 대한 신뢰구간 추정이나 가설검정에 주요한 역할을 하며 예측 값에 대한 오차의 크기를 추정하는데 이용된다.

예를 들면 어느 제품의 판매수익과 광고비 사이의 관계를 분석할 때 광고비의 수준이 같더라도 판매수익의 차이는 있을 수 있는데 그 이유는 상품의 판매수익은 광고비 이외에 소비자의 소득수준, 경기상태 등 다른 변수들의 영향을 받을 수 있기 때문이다. 여기서 다른 변수들의 영향은 오차 항에 포함되어 있다고 볼 수 있다. 광고비가 판매수익에 어떠한 영향을 미치는가를 알아보기 위하여 전국의 대리점 중에서 8개를 임의로 추출하여 다음과 같이 [표 13-1]에 자료를 정리하였다

[표 13-1] 대리점의 광고비와 판매수익

대리점	광고비(백만원)	판매수익(천만원)
1	2	8
2	3	9
3	6	18
4	4	17
5	7	21
6	4	14
7	8	27
8	6	22

독립변수 x의 여러 값들에 대해 종속변수 y가 어떠한 함수형태를 가지고 변화하는지를 대략적으로 알아보기 위해서는 우선 첫 단계로 두 변수의 관측 값들을 좌표평면에 산점도로 그려보는 것이 필수적이다. 미리 산점도를 그려보면 대략적인 함수관계를 알 수 있으므로 적절한 회귀모형을 설정하는데 중요한 정보를 얻을 수 있기 때문이다.

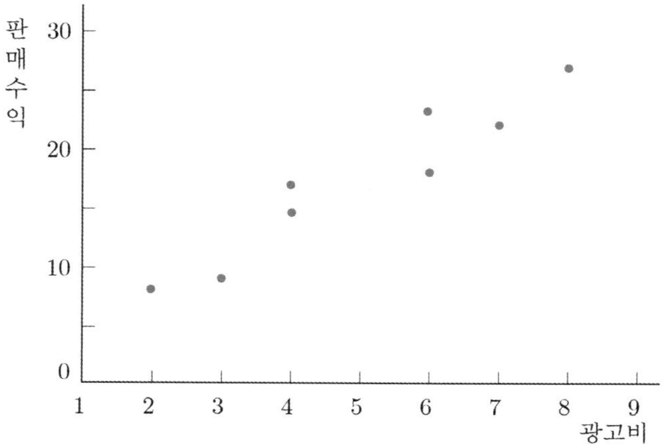

[그림 13-1] **8개 대리점의 판매수익 산점도**

[그림 13-1]에서 광고비를 x축에 표시하고 판매수익을 y축에 표시하였다. 이 산점도를 통하여 두 변수간의 관계를 한 눈에 파악할 수 있게 된다. 즉 광고비가 많을수록 판매수익이 많아진다는 사실이다. 그리고 그 추세를 어느 정도 정확하게 추정하기 위하여 이 산점도 위에 일차 직선을 그을 수 있다. 이 직선을 **회귀직선**(regression line)이라고 한다. 이러한 예와 같이 독립변수가 하나이고 독립변수와 종속변수의 관계가 직선인 경우를 **단순선형회귀**(simple linear regression)라 한다.

단순선형회귀모형

$Y = \beta_0 + \beta_1 x + \epsilon$

단, x : 주어진 독립변수의 값

Y : 독립변수에 대응하는 종속변수의 값

ϵ : 오차 항으로 서로 독립이고 $N(0, \sigma^2)$을 따르는 확률변수

과연 이 세상의 현상을 이와 같이 간단한 일차식으로 표현 할 수 있을 것인가 하고 의문

을 가지는 사람도 있을지 모르겠다. 물론 복잡하고 기이한 세상의 일은 일차식이 아니라 몇 차식을 가지고도 정확한 관계식을 통해 설명해내기가 불가능할 것이다. 하지만 이렇게 단순한 일차식으로도 충분히 도움이 될 수 있다는 것이 통계학의 묘미이다. 함수식이 단순한 만큼 분석결과의 해석이나 사용 방법에 대해서는 세심한 주의가 필요하다. 반응변수 Y는 상수항 $\beta_0 + \beta_1 x$ 과 오차확률변수 ϵ 으로 구성되어 있다. 그리고

$$E(\epsilon) = 0,\ Var(\epsilon) = \sigma^2$$

이므로

$$\begin{aligned} E(Y) &= E(\beta_0 + \beta_1 x + \epsilon) = \beta_0 + \beta_1 x + E(\epsilon) \\ &= \beta_0 + \beta_1 x \end{aligned}$$

$$\begin{aligned} Var(Y) &= Var(\beta_0 + \beta_1 x + \epsilon) \\ &= Var(\epsilon) = \sigma^2 \end{aligned}$$

가 된다. 위의 식을 보면 반응변수 Y의 분산은 일정하지만 평균은 설명변수 x 의 영향을 받으며 일차식으로 설명되는 모형임을 설명하고 있다.

(2) 중선형회귀모형

현실적으로는 종속변수에 영향을 미치는 독립변수를 두 개 이상 고려해야 되는 경우가 빈번하므로 독립변수의 수를 증가시켜서 선형모형을 일반화 시키고자한다. 여러 개의 독립변수의 일차식이 종속변수에 어떻게 영향을 미치고 있는가를 분석하는 것이 중선형회귀분석이다. 앞의 예에서 회사대리점의 판매수익이 단지 광고비만이 아니라 추가로 투자액이나 종업원의 수 등에 영향을 받는다고 생각할 수 있다. 또한 대입 수능시험 성적(y)을 종속변수로 하고 내신등급(x_1)과 최종 모의고사 성적(x_2)⋯ 등을 독립변수로 하여 수능성적의 예측을 좀 더 정확히 해 볼 수 있을 것이다.

중회귀분석에서는 단순회귀분석과는 달리 독립변수를 여러 개 사용하므로 '좋은' 독립변수를 선택하는 일이 중요하다. 독립변수들을 선택할 때는 일차적으로 종속변수와 상관관계가 커야하지만 독립변수들 사이에는 상관관계가 적은 것을 택해야 한다. 독립변수들끼리 상관관계가 크면 종속변수에 대한 설명력이 다 같이 떨어지게 되기 때문이다. 두개의 독립변수들 사이에 상관관계가 있을 때 이것을 **공선성**(collinearity)이라고 하며 특히 세 개 이상 변수들 간의 관계를 **다중공선성**(multicollinearity)이라고 한다. 공선성을 알아보기 위한 가장 간단한 방법은 독립변수들 간의 상관관계를 조사하는 것이지만 그러나 보다 엄격

히 점검하기 위한 지표도 연구되어 있다.

독립변수의 선택

① 독립변수는 종속변수와 상관관계가 클 것
② 독립변수들 사이에는 상관관계가 적을 것

종속변수 Y에 대해 독립변수x_i 가 k개$(k \ge 2)$인 중선형회귀모형의 일반적 형태는 다음과 같다.

중선형회귀모형

$$Y = \beta_0 + \beta_1 x_1 + \beta_2 x_2 + \cdots + \beta_k x_k + \epsilon$$

단, $x_1, x_2, \cdots, x_k$: 주어진 k 개의 독립변수의 값
Y : 독립변수들에 대응하는 종속변수의 값
ϵ : 오차항으로 서로 독립이고 $N(0, \sigma^2)$을 따르는 확률변수

$$\begin{aligned} E(Y) &= \beta_0 + \beta_1 x_1 + \beta_2 x_2 + \cdots + \beta_k x_k + E(\epsilon) \\ &= \beta_0 + \beta_1 x_1 + \beta_2 x_2 + \cdots + \beta_k x_k \end{aligned}$$

$$Var(Y) = Var(\epsilon) = \sigma^2$$

종속변수 Y는 분산은 일정하지만 평균은 독립변수들 $x_1, x_2, \cdots, x_k$의 선형함수로 설명되는 모형이다.

2 회귀모형의 추론

(1) 단순선형회귀모형

단순선형회귀모형 $Y = \beta_0 + \beta_1 x + \epsilon$에 대한 추론을 위해서는 미지의 값들인 절편 β_0와 기울기 β_1을 추정하는 것이 최우선 과제이다. 단순선형모형에서는 주어진 관측 값

(x_1, y_1), (x_2, y_2), $\cdots$, (x_n, y_n)으로부터의 산점도에 적합한 직선을 그리는 것과 같다. 이렇게 그려진 직선을 추정회귀직선이라 한다. β_0와 β_1의 추정값을 각각 $\hat{\beta}_0$와 $\hat{\beta}_1$이라하면 추정회귀직선은

$$\hat{Y} = \hat{\beta}_0 + \hat{\beta}_1 x$$

이다. 관측값 y_i와 추정된 회귀직선에 의한 추정값 $\hat{y}_i$의 차이를 **잔차**(residual)

$$\hat{\epsilon}_i = y_i - \hat{y}_i$$

라 한다. 절편 β_0와 기울기 β_1을 추정 하는 방법에는 여러 가지가 있으나 여기서는 가장 일반적으로 사용하고 있는 **최소제곱법**(method of least squares)에 의한 추정법을 소개한다. 최소제곱법으로 얻어진 추정량을 **최소제곱추정량**(least squares estimator, LSE)이라하며 이로부터 얻어진 직선 $\hat{y} = \hat{\beta}_0 + \hat{\beta}_1 x$를 최소제곱회귀직선이라고 한다.

[표 13-1] 대리점의 광고비와 판매수익 자료의 산점도에서 회귀직선을 그려 본 것이 [그림 13-2]이다.

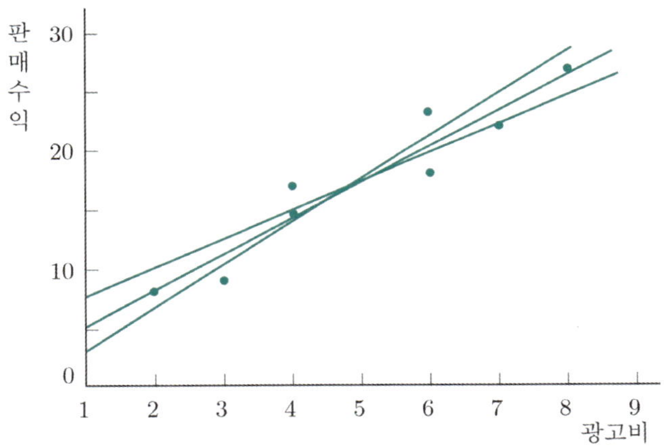

[그림 13-2] 산점도와 회귀직선들

[그림 13-2]에서 두 변수는 직선주변에 흩어져 있으므로 두 변수 x, y 사이의 관계는 직선임을 추측할 수 있고 회귀분석에서 직선 식을 적합 시키는 것이 타당하다. 우리가 구하고자 하는 회귀직선은 이들 점으로부터 가장 근접한 것이어야 한다. [그림13-2]에서 임의로 그은 직선들 중에 어떤 것이 자료와 가장 근접한 것일까? 산점도상의 점들에 가장 적합한 직선이 추정회귀직선 $\hat{y} = \hat{\beta}_0 + \hat{\beta}_1 x$ 이다. 이 적합한 직선 위의 y 좌표를 $\hat{y}_i$ 라하고 실

제 관측된 값을 y_i라 할 때 잔차 $\hat{\epsilon}$는 다음의 식과 같다.

$$\hat{\epsilon}_i = y_i - \hat{y}_i = y_i - (\hat{\beta}_0 + \hat{\beta}_1 x_i)$$

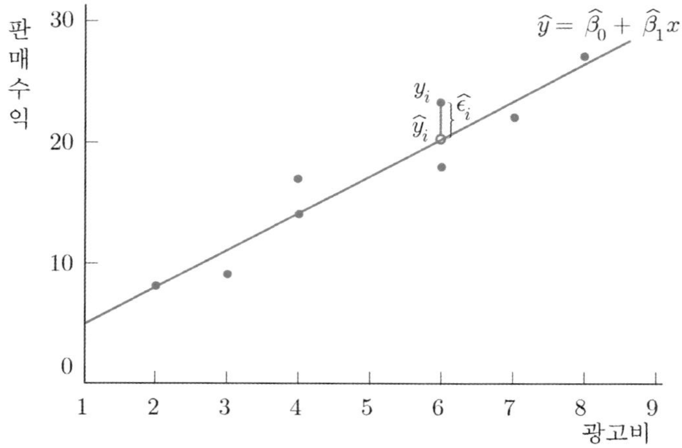

[그림 13-3] **선형회귀직선과 추정오차 $\hat{\epsilon}_i$**

모든 잔차 $\hat{\epsilon}_i$ 의 제곱합을 Q 라두자.

$$Q = \sum_{i=1}^{n} \hat{\epsilon}_i^{\,2} = \sum_{i=1}^{n} (y_i - \hat{y}_i)^2 = \sum_{i=1}^{n} \left\{ y_i - (\hat{\beta}_0 + \hat{\beta}_1 x_i) \right\}^2$$

최소제곱법(least squates method)은 잔차의 제곱합 Q 의 값이 최소가 되도록 하는 $\hat{\beta}_0$와 $\hat{\beta}_1$을 추정하는 방법이다. Q 를 최소화하는 $\hat{\beta}_0$와 $\hat{\beta}_1$를 찾는 방법은 Q 를 $\hat{\beta}_0$ 와 $\hat{\beta}_1$ 에 대하여 편미분하여 0 으로 두면서 얻어진 연립방정식을 푸는 것이다. 이 연립방정식을 정규방정식이라 이름 하는데 아래와 같다.

$$\sum_{i=1}^{n} y_i = n\hat{\beta}_0 + \hat{\beta}_1 \sum_{i=1}^{n} x_i$$

$$\sum_{i=1}^{n} x_i y_i = \hat{\beta}_0 \sum_{i=1}^{n} x_i + \hat{\beta}_1 \sum_{i=1}^{n} x_i^2$$

이 정규방정식의 해 $\hat{\beta}_0$와 $\hat{\beta}_1$를 구한 결과는 아래에 정리하여 두었다. 최소제곱법에 의하여 얻은 최소제곱회귀직선 $\hat{y} = \hat{\beta}_0 + \hat{\beta}_1 x$을 이용하여 x의 여러 가지 변화에 따른 Y값을 예측할 수 있다. 이 때 기울기 $\hat{\beta}_1$를 흔히 **추정 회귀계수**라고 한다.

최소제곱회귀직선

적합된 회귀직선 : $\hat{y} = \widehat{\beta_0} + \widehat{\beta_1} x$

$$\widehat{\beta_1} = \frac{\sum_{i=1}^{n} x_i y_i - n\overline{x}\,\overline{y}}{\sum_{i=1}^{n} x_i^2 - n\overline{x}^2}, \quad \widehat{\beta_0} = \overline{y} - \widehat{\beta_1}\,\overline{x}$$

최소제곱추정량 $\widehat{\beta_0}, \widehat{\beta_1}$은 모수 β_0, β_1의 불편추정량이며 또한 분산을 최소로 하는 유효추정량임이 밝혀져 있다.

예제 13.1

[표 13-1]에서 주어진 자료를 근거로 하여 최소제곱법을 이용하여 회귀직선을 구하고 잔차의 합을 구해보라.

풀이 [표 13-2] 회귀식을 위한 중간계산

대리점	광고비(x_i)	판매수익(y_i)	$x_i y_i$	x_i^2
1	2	8	16	4
2	3	9	27	9
3	6	18	108	36
4	4	17	68	16
5	7	21	147	49
6	4	14	56	16
7	8	27	216	64
8	6	22	132	36
합계	40	136	770	230

이 중간 계산표를 이용하여 기울기와 절편을 구해보자.

$$n = 8,\ \overline{x} = 5,\ \overline{y} = 17$$

이므로

$$\hat{\beta}_1 = \frac{\sum_{i=1}^{n} x_i y_i - n\bar{x}\,\bar{y}}{\sum_{i=1}^{n} x_i^2 - n\bar{x}^2} = \frac{770 - 8 \times 5 \times 17}{230 - 8 \times 5^2} = 3$$

$$\hat{\beta}_0 = \bar{y} - \hat{\beta}_1 \bar{x} = 17 - 3 \times 5 = 2$$

이다. 따라서 최소제곱회귀식은

$$\hat{y} = 2 + 3x$$

가 된다. 기울기는 3이므로 광고비가 백만원씩 들어감에 따라 판매수익이 3천만 원씩 늘어간다고 할 수 있다. 절편은 2이므로 광고를 전혀 하지 않아도 판매수익이 2천만 원이라고 하는 것이 되는데 이는 현실적이지 못하다. 따라서 절편의 수치는 큰 의미가 없다. 만일 광고비가 4백만 원이라면 판매수익은 1억4천만 원이라고 추정할 수 있다. 자료에서 광고비가 2백만 원~8백만 원 사이이므로 이 범위 내에서 판매수익의 예측이 유효하다. 이 범위를 벗어나면 회귀함수의 모양이 달라질 수도 있으므로 신뢰성이 약해진다.

또한 위에서 얻어진 추정회귀선에서 잔차를 구하려면

$$\hat{\epsilon}_i = y_i - \hat{y}_i = y_i - (2 + 3x_i)$$

식을 이용한다. 위의 예에서 8개의 잔차를 구하면 [표 13-3]과 같다.

[표 13-3] 추정 회귀식에서의 잔차

관찰번호	x_i	y_i	$\hat{y}_i$	$\hat{\epsilon}_i$
1	2	8	8	0
2	3	9	11	−2
3	6	18	20	−2
4	4	17	14	3
5	7	21	23	−2
6	4	14	14	0
7	8	27	26	1
8	6	22	20	2
합계	40	136	136	0

위의 표에서 잔차의 합이 0인 것을 확인할 수 있다.

(2) 중선형회귀모형

k 개의 독립변수 $x_1, x_2, \cdots, x_k$ 의 각각에 대해 n개의 관측 값이 주어지는 경우, 이들 관측 값에서 회귀관계를 가장 잘 설명할 수 있는 추정회귀방정식 $\hat{y} = \hat{\beta}_0 + \hat{\beta}_1 x_1 + \cdots + \hat{\beta}_k x_k$을 구하는 것이 최우선 과제이다. 단순선형회귀모형의 경우처럼 잔차의 제곱합

$$
\begin{aligned}
Q &= \sum_{i=1}^{n} \hat{\epsilon}_i^{\,2} = \sum_{i=1}^{n} (y_i - \hat{y}_i)^2 \\
&= \sum (y_i - \hat{\beta}_0 - \hat{\beta}_1 x_1 - \hat{\beta}_2 x_2 - \cdots - \hat{\beta}_k x_k)^2
\end{aligned}
$$

을 최소로 하는 최소제곱추정량 $\hat{\beta}_0, \hat{\beta}_1, \cdots, \hat{\beta}_k$을 구한다. Q를 최소화하기 위하여 $\hat{\beta}_0$, $\hat{\beta}_1, \cdots, \hat{\beta}_k$ 대하여 편미분하여 0 으로 두어 연립방정식의 해를 구하면 된다. 독립변수의 수가 여러 개인 경우에는 계산이 어려우나 요즈음은 통계를 위한 컴퓨터 패키지의 개발이 잘 되어 있어 쉽게 해결할 수가 있다.

독립변수가 두 개인 경우의 회귀계수의 추정량 $\hat{\beta}_0, \hat{\beta}_1, \hat{\beta}_2$은 아래의 정규방정식의 해로 나타난다.

$$
\begin{aligned}
&\hat{\beta}_0 n + \hat{\beta}_1 \sum x_1 + \hat{\beta}_2 \sum x_2 = \sum y \\
&\hat{\beta}_0 \sum x_1 + \hat{\beta}_1 \sum x_1^2 + \hat{\beta}_2 \sum x_1 x_2 = \sum x_1 y \\
&\hat{\beta}_0 \sum x_2 + \hat{\beta}_1 \sum x_1 x_2 + \hat{\beta}_2 \sum x_2^2 = \sum x_2 y
\end{aligned}
$$

단순회귀분석의 경우와 마찬가지로 최소제곱추정량 $\hat{\beta}_0, \hat{\beta}_1, \cdots, \hat{\beta}_k$은 모수 $\beta_0, \beta_1, \cdots, \beta_k$의 불편추정량이며 또한 분산을 최소로 하는 유효추정량임이 밝혀져 있다.

예제 13.2

소비는 실수입과 가족 수에 의존한다고 가정하였을 때 소비가 실수입과 가족 수에 의하여 어떻게 달라지는가를 살펴보고자 한다. 가령 10세대의 소비와 실수입 그리고 가족 수가 아래와 같을 때 소비를 y, 실수입을 x_1, 가족수를 x_2라 하고 주어진 자료로부터 회귀식을 구해보자.

[표 13-4] 실수입과 가족수에 따른 소비 자료

세대	1	2	3	4	5	6	7	8	9	10
소비 y	10	9	7	8	9	10	12	13	11	11
실수입 x_1	13	11	10	12	14	16	18	17	15	14
가족수 x_2	3	3	2	3	2	3	3	4	4	3

풀이 [표 13-5] 중회귀식을 위한 중간 계산

세대	소비 y (십만원)	실수입 x_1 (십만원)	가족수 x_2 (인)	x_1^2	x_2^2	x_1x_2	x_1y	x_2y
1	10	13	3	169	9	39	130	30
2	9	11	3	121	9	33	99	27
3	7	10	2	100	4	20	70	14
4	8	12	3	144	9	36	96	24
5	9	14	2	196	4	28	126	18
6	10	16	3	256	9	48	160	30
7	12	18	3	324	9	54	216	36
8	13	17	4	289	16	68	221	42
9	11	15	4	225	16	60	165	44
10	11	14	3	196	9	42	154	33
합계	100 $\sum y$	140 $\sum x_1$	30 $\sum x_2$	2020 $\sum x_1^2$	94 $\sum x_2^2$	428 $\sum x_1x_2$	1437 $\sum x_1y$	298 $\sum x_2y$

중회귀식을 위한 중간 계산의 값들을 정규방정식에 대입하면

$$10\hat{\beta}_0 + 140\hat{\beta}_1 + 30\hat{\beta}_2 = 100$$

$$140\hat{\beta}_0 + 2020\hat{\beta}_1 + 428\hat{\beta}_2 = 1437$$

$$30\hat{\beta}_0 + 428\hat{\beta}_1 + 94\hat{\beta}_2 = 298$$

이다. 이 연립방정식으로부터 구한 해는

$$\hat{\beta}_0 = 0.182, \quad \hat{\beta}_1 = 0.477, \quad \hat{\beta}_2 = 1.045$$

이다. 따라서 최소제곱법에 의한 회귀방정식은

$$\hat{y} = 0.182 + 0.477x_1 + 1.045x_2$$

이다. 실수입 x_1 이 1만원 증가하고 가족 수 x_2가 고정되었을 때 4,770원의 소비가 증가되고, 실수입이 고정되고 가족 수가 1인 증가하면 104,500원 만큼의 소비가 증가됨을 알 수 있다.

3 회귀모형의 타당성 검토

자연과학이나 사회과학 분야를 막론하고 변수간의 함수관계는 경험적으로 주어지므로 어떤 모형이 적합한지는 확신할 수가 없다. 따라서 추정된 모형을 바탕으로 설정된 모형이 적절한지, 모형에서의 가정이 충족되어 모형이 타당하다고 할 수 있는지를 검토해야 한다. 모형의 타당성 검사방법으로는 잔차의 검토와 타당성 판정에 대한 통계적 검정 방법이 있다.

(1) 잔차의 검토

자료가 회귀모형에 적합한지를 검토할 때 흔히 잔차를 많이 이용한다. 모형의 가정이 옳다면 잔차 $\hat{\epsilon}_i$ 는 확률오차 ϵ_i에 대한 기본가정인 등분산성, 무작위성, 정규성을 만족할 것이다. 따라서 잔차 $\hat{\epsilon}_i$ 가 등분산성, 무작위성, 정규성의 가정을 만족하는지를 검토해야 한다. 잔차를 이용하여 모형의 타당성을 조사하기 위해서는 잔차에 대한 산점도를 그리는 것이 첫 단계이다. x 축에는 설명변수를 놓고 y 축에 잔차를 놓은 $(x_i, \hat{\epsilon}_1)$의 산점도를 그려보면 회귀모형의 타당성을 검토하는데 도움이 된다.

① **등분산성:** 수평축 0을 중심으로 그림을 그려 잔차의 분산이 거의 동일한지 검토한다. [그림 13-4]의 (가)의 경우에 모든 x 값에 대해 잔차의 형태가 0을 중심으로 수평밴드를 형성하여 분산이 거의 동일하므로 등분산성의 가정이 충족된다. 그러나 (나)의 경우는 x 값이 증가함에 따라 밴드의 폭이 커져서 잔차의 분산이 점점 커지는 경향을 나타낸다. 따라서 등분산성의 가정을 의심하게 되는데 이 경우에는 자료를 변환하는 방법으로 등분산성을 만족시키는 방법을 취하기도 한다.

② **무작위성:** (가)처럼 잔차의 그림이 0을 중심으로 무작위하게 상하로 흩어져 있으면 바람직하지만 (다)와 (라)처럼 곡선 등의 조직적인 형태를 취한다면 잔차가 순수한 오차가 아니라 잔차 속에 아직 패턴이 남아 있음을 보여준다. 지금의 경우라면 선형회귀모형보다는 이차곡선 또는 다른 형태의 모형이 더 타당하겠다.

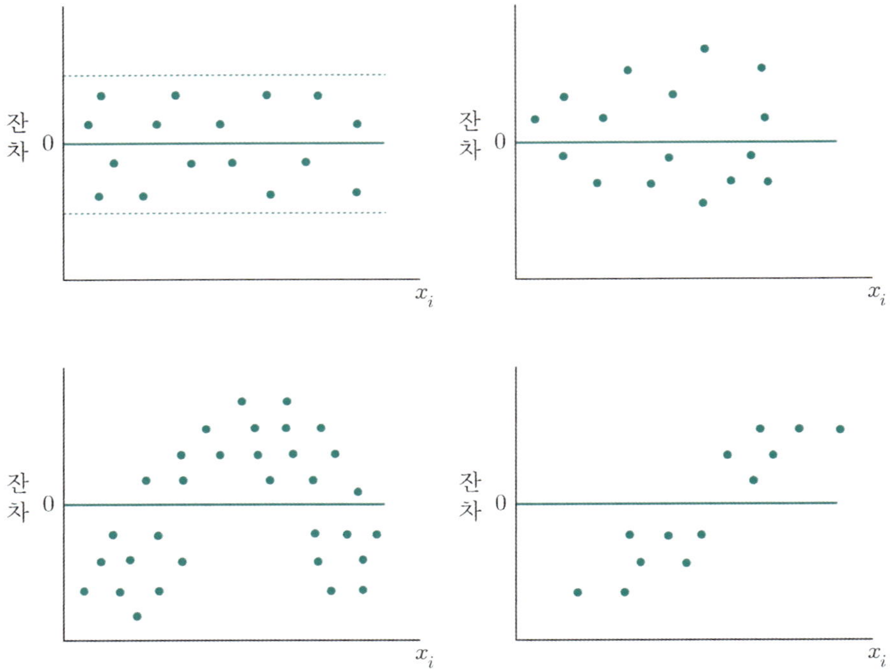

[그림 13-4] 잔차의 산점도 유형

③ **정규성**: 오차의 항이 정규분포를 따르는지에 대한 검토를 하기 위해서는 잔차에 대한 정규확률그림(정규Q-Q 도표)을 그려 직선적인 형태로 나타나는 지를 조사하는 방법도 있지만, 가장 간단한 것은 잔차를 여러 등급으로 나눈 뒤 0을 중심으로 점도표를 그려보면 정규성의 정도를 개략적으로 알 수 있다. [그림 13-5]처럼 점도표가 정규분포와 비슷한 형태를 가지면 확률오차의 가정이 옳다고 할 수 있다.

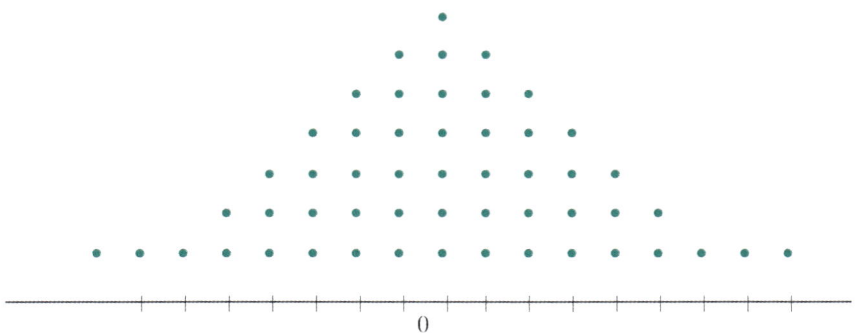

[그림 13-5] 정규성에 대한 검토

(2) 회귀모형의 유의성 검정

추정된 회귀모형은 통계적으로 의미가 있는 경우에만 쓰는 것이므로 과연 의미가 있는 것인지에 대한 판단이 필요하다. 이러한 판단을 위하여 회귀방정식이 통계적으로 유의한가를 검정해야 하는데 그에 따른 것이 제12장에서 다루었던 분산분석표와 그에 따른 F검정이다. 총제곱합(TSS)은 회귀라는 처리에 의한 제곱합(SSR)과 오차제곱합(SSE)으로 나누어지며, 제곱합과 자유도를 이용하여 회귀분석의 분산분석표를 만들면 다음과 같다.

[표 13-6] **중회귀분석의 분산분석표**

요인	제곱합	자유도	평균제곱	F
회귀	$SSR=\sum_{i=1}^{n}(\hat{y}_i-\bar{y})^2$	k	$MSR=\frac{SSR}{k}$	$F=\frac{MSR}{MSE}$
잔차	$SSE=\sum_{i=1}^{n}(y_i-\hat{y}_i)^2$	$n-(k+1)$	$MSE=\frac{SSE}{n-k-1}$	
합계	$TSS=\sum_{i=1}^{n}(y_i-\bar{y})^2$	$n-1$		

회귀분석의 적합도 검정

H_0: 회귀선은 유의하지 못하다

H_1: 회귀선은 유의하다

검정통계량: $F=\frac{MSR}{MSE}$

기각역: $F > F_\alpha(k, n-k-1)$

추정된 회귀방정식이 주어진 자료를 얼마나 잘 설명하고 있는가를 나타내는 측도로서 **중결정계수** R^2이 있다. 단순회귀방정식의 경우에는 r^2으로 표시하며

$$R^2=\frac{SSR}{SST}=1-\frac{SSE}{SST}$$

이다. 만일 모든 자료가 회귀방정식 위에 있으면 오차가 없는 것($SSE=0$)이므로 $R^2=1$이 된다. 따라서 값의 범위는 $0 \le R^2 \le 1$이 된다. 결정계수 R^2은 종속변수의 분산 중에

서 몇 %가 독립변수에 의하여 설명되는가를 나타내는 값으로 회귀직선에 의하여 종속변수 y 의 변동을 설명할 수 있는 비율이다.

예제 13.4

어느 화학실험에서 이 반응에 첨가되는 어떤 촉진제의 양(x)에 따라 생성되는 반응량(y)의 변화를 측정하여 [표 13-7]과 같은 결과를 얻었다. 측정은 촉진제를 첨가한 후 1분 후에 생성되는 화학반응량(g)으로 하였다. 산점도를 그려보니 x 와 y의 관계가 직선임을 알게 되어 선형회귀직선식에 적합시키기로 하였다. 직선식을 구하고 모형이 적당한지 판단하라. 또한 결정계수를 구해보라.

[표 13-7] **촉진제(x)와 반응량(y)의 자료**

실험번호	1	2	3	4	5	6	7	8	9	10
촉진제 양(x)	1	1	2	3	4	4	5	6	6	7
반응량(y)	2.1	2.5	3.1	3.0	3.8	3.2	4.3	3.9	4.4	4.8

풀이 (1) 선형회귀식 $\hat{y} = \hat{\beta}_0 + \hat{\beta}_1 x$를 최소제곱법으로 구하기 위하여 아래와 같은 중간계산표를 만들면 편리하다.

[표 13-8] **회귀식을 위한 중간계산**

실험번호	x	y	$x_i y_i$	x_i^2
1	1	2.1	2.1	1
2	1	2.5	2.5	1
3	2	3.1	6.2	4
4	3	3.0	9.0	9
5	4	3.8	15.2	16
6	4	3.2	12.8	16
7	5	4.3	21.5	25
8	6	3.9	23.4	36
9	6	4.4	26.4	36
10	7	4.8	33.6	49
합계	39	35.1	152.7	193

이것을 이용하여 기울기와 절편을 구하면

$$\widehat{\beta_1} = \frac{\sum_{i=1}^{n} x_i y_i - n\overline{x}\,\overline{y}}{\sum_{i=1}^{n} x_i^2 - n\,\overline{x}^2} = \frac{152.7 - 10 \times 3.9 \times 3.51}{193 - 10 \times 3.9^2} = 0.387$$

$$\widehat{\beta_0} = \overline{y} - \widehat{\beta_1}\,\overline{x} = 3.51 - 0.387 \times 3.9 = 2.0$$

이다. 따라서 회귀식은

$$\hat{y} = 2.0 + 0.387\,x$$

(2) 회귀직선의 유의성 검정을 위하여 분산분석표를 만들어 보자.

[표 13-9] **회귀식을 위한 분산분석표**

요인	제곱합	자유도	평균제곱	F
회귀	6.11	1	6.11	66.05
잔차	0.74	8	0.0925	
합계	6.85	9		

귀무가설 H_0: 회귀선은 유의하지 못하다, (즉, $H_0: \beta_1 = 0$)
에 대한 검정통계량의 값은 66.05이고 기각역은 $F > F_{0.05}(1,8) = 5.32$이므로 귀무가설을 기각한다. 즉 회귀선는 유의하다고 할 수 있다. 여기서 결정계수 값은

$$\frac{SSR}{SST} = \frac{6.11}{6.85} = 0.89$$

이므로 총변동중에서 회귀직선에 의하여 설명되는 부분이 89%나 됨을 알 수 있다.

SPSS로 [표 12-14]합성율 자료의 산점도를 그리고 분산분석을 행하면 아래의 표를 얻는다.

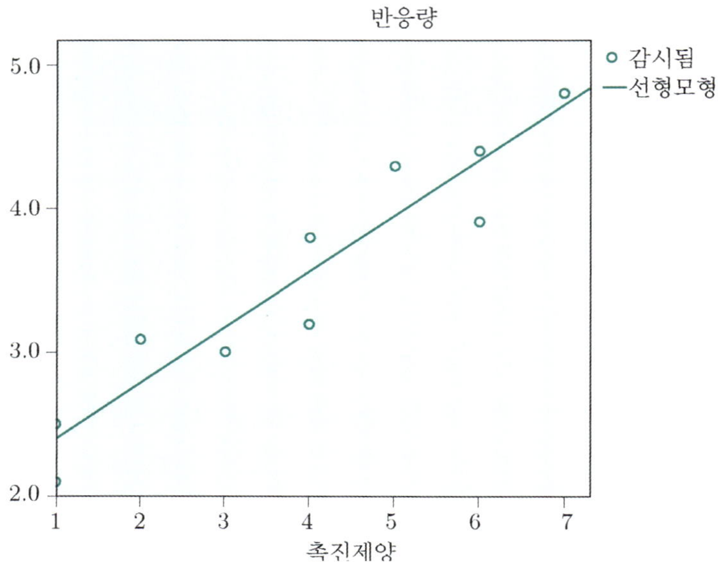

[그림 13-6] 합성율 자료에 대한 추정회귀직선

모형 요약

모형	R	R 제곱	수정된 R 제곱	추정값의 표준오차
1	.945a	.892	.879	.3036

a. 예측값: (상수), 촉진제양

분산분석[b]

모형		제곱합	자유도	평균 제곱	F	유의확률
1	회귀 모형	6.111	1	6.111	66.284	.000a
	잔차	.738	8	.092		
	합계	6.849	9			

a. 예측값: (상수), 촉진제양 b. 종속변수: 반응량

계수[a]

모형		비표준화 계수		표준화 계수	t	유의확률
		B	표준오차	베타		
1	(상수)	2.002	.209		9.600	.000
	촉진제양	.387	.047	.945	8.141	.000

a. 종속변수: 반응량

모형 요약표를 보면 결정계수 R^2 은 0.892로서 종속변수 분산의 89.2%가 독립변수에 의해 설명됨을 알 수 있다.

분산분석표에서 F통계량값의 유의확률이 0.000 $<\alpha = 0.05$ 이므로 H_0: 회귀선은 유의하지 못하다는 귀무가설은 기각되어 회귀직선은 의미가 있다고 할 수 있다.

계수표에서는 비표준화 계수 B에 의해 다음과 같은 회귀식이 도출된다.

$$\hat{y} = 2.002 + 0.387x$$

이 표에서 촉진제 양에 대한 회귀계수는 양(+)의 방향으로 나타났으며 매우 유의적이므로 (유의확률 0.000) 귀무가설은 기각되고 대립가설이 지지된다. 따라서 촉진제 양은 반응량에 매우 영향을 미치며 특히 회귀계수가 양의 값을 가지므로 촉진제 양의 증가에 따라 반응량이 증가하는 경향이 있는 것으로 해석할 수 있다.

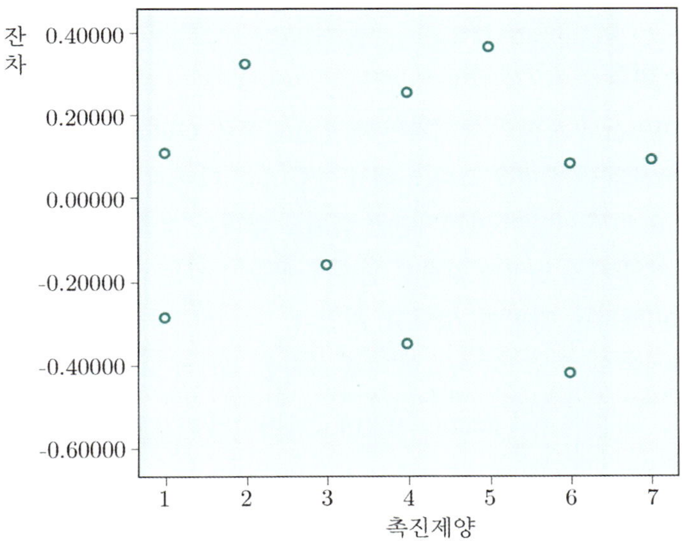

[그림 13-7] **합성율 자료에 대한 잔차의 산점도**

[그림 13-7]은 합성율 자료에 대한 잔차를 그린 산점도이다. 산점도를 살펴보면 수평축 0을 중심으로 잔차가 무작위로 흩어져 있으므로 오차의 가정은 만족된다고 여겨진다.

정규 Q-Q 도표는 자료의 분포가 정규성을 만족하는지의 여부를 보여주는 그림이다. 자료들이 정규직선에 거의 일치하는 것으로 보이면 이 자료가 정규분포라고 할 수 있으므로 지금의 잔차는 정규분포로 볼 수 있다고 보인다.

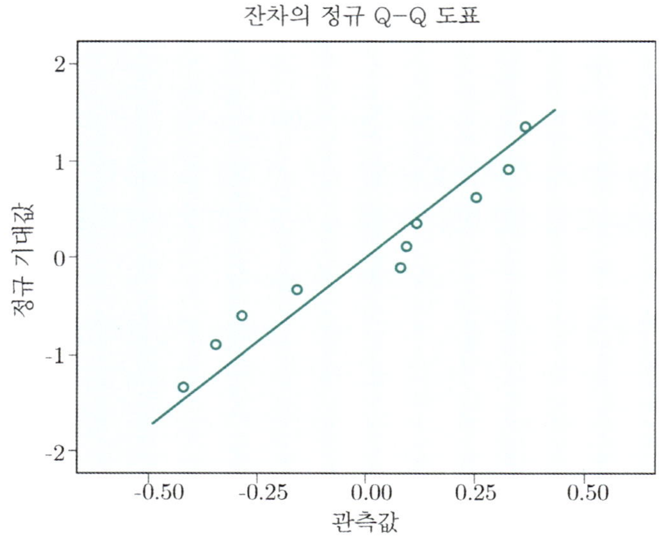

■ 회귀분석의 어원

다윈의 사촌이면서 우생학의 창시자인 영국의 갈톤(F. Galton)은 키에 대한 유전관계를 연구하다가 아버지의 키가 매우 크다고 해서 아들이 그 아버지만큼 크지는 않고, 아버지의 키가 아주 작다고 해서 아들이 아버지만큼 작지도 않다는 것을 알았다. 갈톤은 이러한 현상에 대해 아버지의 키가 양극단 값으로 갈수록 아들의 키는 인간 전체의 평균 키에 회귀(回歸, regression)하려는 경향이 있다고 하였다. 이러한 경험적 연구 후에 피어슨(K, Pearson)은 1078가족의 아버지와 아들의 키를 조사한 결과를 회귀분석하여

$$\text{아들의 키} = 33.76 + 0.516 \times \text{아버지의 키 (단위: inch)}$$

와 같은 함수관계를 도출하였다. 이 선형회귀식에 의하면

아버지 키가 63인치(160cm)이면 아들의 키는 66.3인치(168cm)
아버지 키가 78인치(198cm)이면 아들의 키는 74인치 (188cm)

가 된다. 이처럼 키가 큰 아버지는 자신보다 키가 조금 더 작은 아들을 가지며 키가 작은 아버지는 자신보다 조금 더 키 큰 아들을 갖는 경향을 보이는데 갈톤은 이러한 현상을 평균으로의 회귀라고 하였다. 원래 회귀라는 단어의 의미는 한 바퀴 돌아 제자리로 돌아간다는 뜻인데 이처럼 회귀분석에서의 회귀도 평균으로 되돌아간다는 사실을 함의하고 있다.

연습문제

1. 어느 회사의 매출액 자료가 다음과 같이 주어져 있을 때 질문에 답하시오.

(단위 : 억원)

연도	2004	2005	2006	2007	2008
매출액	5	4	7	6	8

(1) 산점도를 그려보시오.

(2) 회귀직선을 구하고 그려보시오.

(3) 이 직선을 이용하여 2009년도의 매출의 예측 값을 구해보시오.

(4) 결정계수를 구하시오.

2. 다음과 같은 자료가 주어져 있을 때

(단위 : 1000$)

연도	1999	2000	2001	2002	2003
총소비	4	6	5	7	8

(1) 산점도를 그려보시오.

(2) 회귀직선식을 구하고 그려보시오.

(3) 2004년도의 총 소비액을 추정하시오.

(4) 결정계수를 구하시오.

3. 알레르기에 대한 새로운 약을 개발하고 있는 어느 제약회사는 그 약의 복용량 정도가 알레르기 증상의 경감기간에 얼마나 영향을 주는가를 알아보기 위하여 10명의 환자에 대하여 실험을 하였다. 각각의 환자에게 적당량의 약을 복용시킨 후 약효가 소멸되는 것을 느끼는 즉시 알려주도록 부탁하여 아래의 자료를 얻었다.

용량(mg)	3	3	4	5	6	6	7	8	8	9
경감일수(일)	9	5	12	9	14	16	22	18	24	22

(1) 산점도를 그려보시오.

(2) 회귀직선을 구하고 그려보시오.

(3) 이 직선을 이용하여 약을 5.5mg 복용하면 증상의 경감기간이 얼마나 될지를 예측해 보시오.

부록 • 1

SPSS 실습편

통계패키지 SPSS는 메뉴를 고르기 쉽고 대화상자도 단순하여 사용자들이 원하는 통계분석을 마우스로 클릭만하면 고급통계분석까지도 가능하다는 것이 큰 장점이다. 따라서 많은 사람들이 SPSS를 사용하여 자료를 정리하고 분석하고 있으며 그 사용범위도 다양한 전문분야로 크게 확장되어 가고 있는 추세이다. SPSS는 거의 매년 버전이 업그레이드 되면서 보다 많은 메뉴와 기능이 포함되고 있지만 사실 보통의 사용자들은 몇 가지 메뉴만을 주로 사용하므로 큰 차이를 못 느낀다. 따라서 초보자라고 하더라도 주로 사용하는 기본적인 메뉴를 익혀둔 뒤 사용해 가면서 차츰 필요한 것을 더 알아 가면 되므로 부담없이 시작하면 된다. 여기서는 현재 버전인 SPSS 22.0을 기준으로 설명한다. SPSS를 처음 실행하면 [그림 1] 같은 초기화면이 나온다. 초기화면에서 **[취소]**를 클릭하면 아래와 같은 데이터 편집기가 나오는데 이 상태에서 자료를 입력하고 통계작업을 행하게 된다.

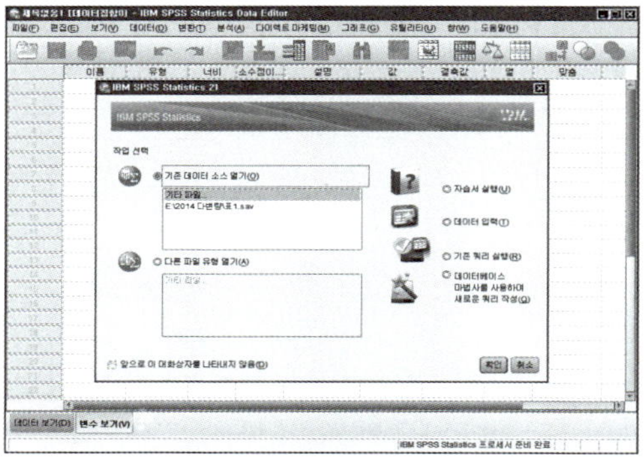

[그림 1] SPSS 초기화면

[그림 2] 데이터 편집기

1. 자료를 정리하는 방법 – 본문 5장

[표 1]은 체중조절 프로그램에 참여한 사람 25명을 대상으로 설문조사하여 얻은 자료이다. 먼저 자료를 입력한 다음 여러 가지 기술통계량들을 구하고 도수분포표와 막대그래프, 원그래프, 줄기-잎 그림과 상자그림 등을 그려보자.

[표 1] 설문조사 자료

번호	성별	연령	교육정도	처음 체중	한달후 체중
01	1	35	1	78	77
02	2	30	2	62	61
03	1	28	2	85	84
04	2	40	2	68	66
05	2	41	1	65	67
06	1	19	1	89	87
07	2	25	3	56	54
08	1	37	3	79	78
09	2	48	3	66	65
10	1	42	결측	82	80
11	2	30	3	58	60
12	1	28	3	92	89
13	1	27	3	86	87
14	2	26	1	70	68
15	2	33	3	69	68
16	1	35	2	92	90
17	2	23	2	72	70
18	1	29	2	89	88
19	2	34	1	59	60
20	2	38	1	70	71
21	1	41	3	91	88
22	2	50	2	70	68
23	1	51	2	88	85
24	2	49	2	67	66
25	2	28	2	72	70

(성별: 1-남, 2-여, 교육정도: 1-중졸이하, 2-고졸, 3-대졸이상)

(1) 자료 입력하기

자료입력은 데이터 편집기의 셀 하나에 데이터 하나를 입력하면 된다. 결측값의 경우는 빈칸으로 그냥 두면 자동으로 시스템 결측처리가 된다. [표 1]의 자료를 전부 입력하면 [그림 3]과 같은 화면이 된다. 자료를 입력한 다음에 변수이름과 변수에 대한 설명을 입력하기 위하여 화면의 왼쪽 아래의 **[변수보기]**를 클릭하면 [그림 4]와 같은 화면이 나온다.

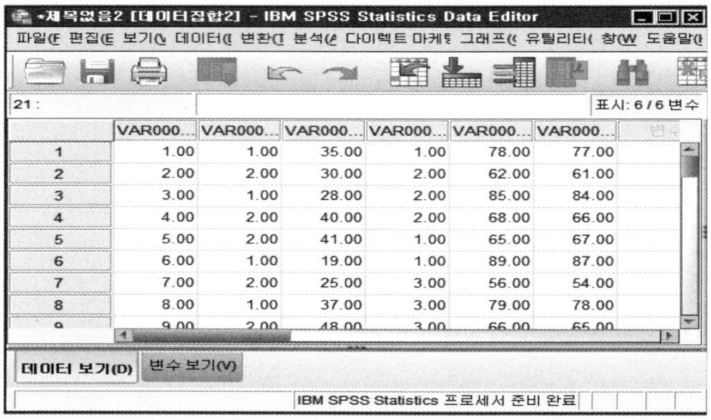

[그림 3] 자료입력화면

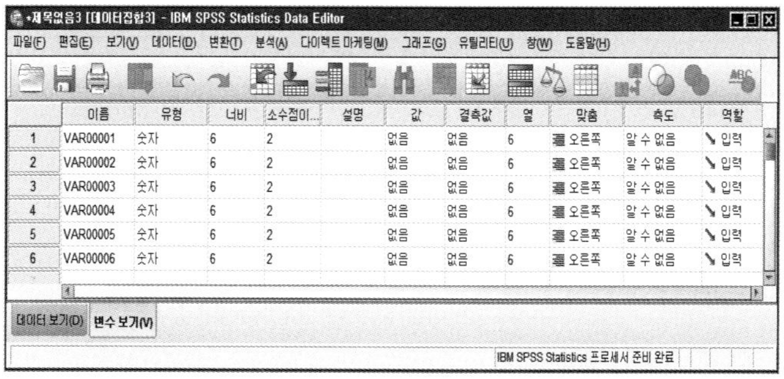

[그림 4] 변수보기 화면

[이름]에는 변수이름인 번호, 성별, 나이, 교육정도, 처음체중, 한달후 체중을 입력한다. **[유형]**은 지금의 자료가 모두 숫자이므로 숫자로 한다. 만일 사람이름과 같이 문자가 있으면 문자를 지정하면 된다. **[너비]**는 자료의 자리수를 확보하는 것을 의미하며 **[소수점]**은 자료를 소수점아래 몇 자리로 지정할지를 묻는 것이다. 지금의 자료는 소수점 이하의 자리가 없으므로 0으로 한다. **[설명]**에 변수에 대한 설명을 적어주면 나중에 결과창에서 무엇에 대한 결과인지를 보여주므로 매우 유용하다. **[값]**은 변수값에 대한 설명으로서 '성별'은 1-남, 2-여 그리고 '교육정도'는 1-중졸이하, 2-고졸, 3-대졸이상이라고 [그림 5]와 같은 방법으 로 입력한다. **[결측값]**은 무응답자료가 있을 때 계산에서 제외하기 위해서 특별히 결측값을 지정할 때 사용하며 지정하지 않으면 점(.)이 입력된다. 만일 9를 결측값으로 지정하려하면 이산형 결측값에 9를 입력하면 된다. **[측도]**는 명목, 서열, 척도로 구분하는데 등간자료와 비율자료는 척도로 입력한다. 변수보기에 입력한 결과는 다음과 같다.

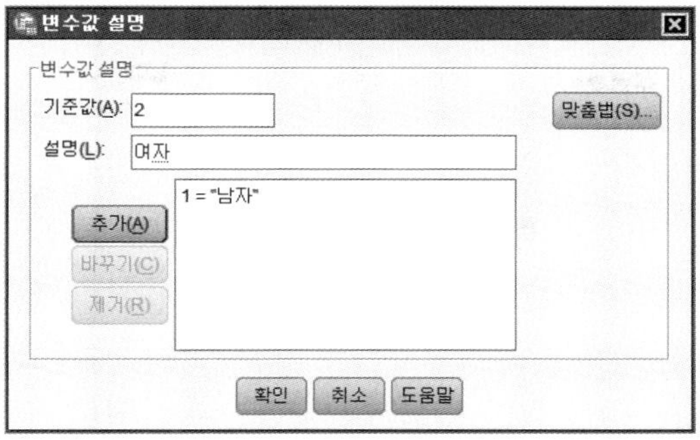

[그림 5] 변수값 설명의 예

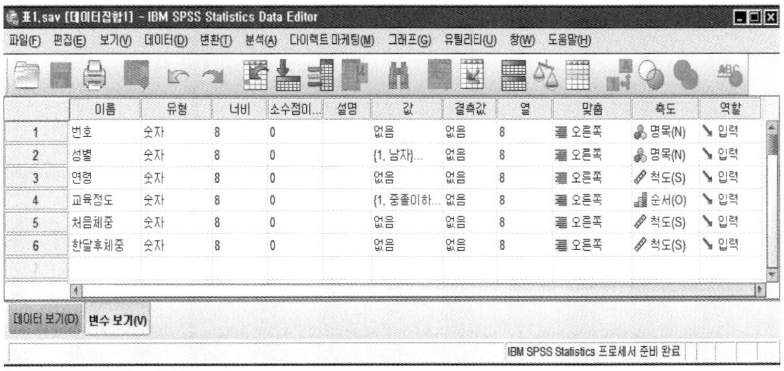

[그림 6] 입력된 변수보기 화면

자료입력이 끝나면 주메뉴에서 **[파일]**을 눌러 파일이름을 주고 저장하면 된다. 저장된 SPSS 데이터의 확장자는 *.sav 이다.

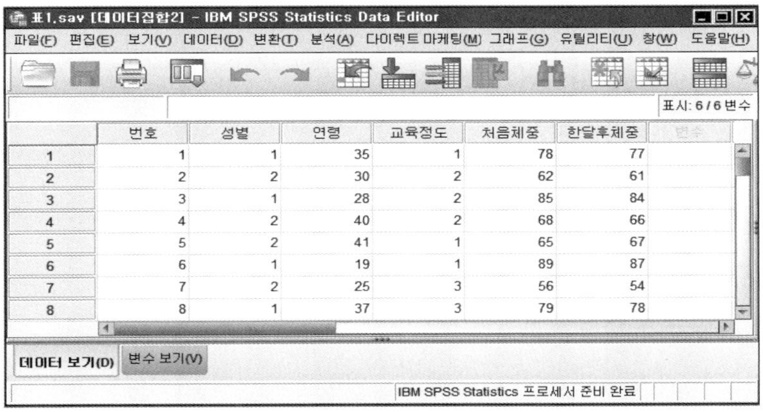

[그림 7] 자료입력화면

(2) 기술통계량 구하기

자료입력이 끝났으면 입력한 변수 중에서 '연령'과 '처음체중'에 대하여 기술통계량을 구해보자. 주메뉴에서 **[분석→기술통계량→기술통계]** 클릭하면 기술통계의 대화상자가 열리는데 왼쪽 창에 나열되어 있는 변수들 중에서 원하는 변수를 마우스로 찍어두고 ⇥를 클릭하면 선택된 변수가 오른쪽 창으로 이동하게 된다. [그림 8]의 위쪽에 있는 기술통계 대화상자에서 오른쪽의 **[옵션]**을 클릭하여 필요한 통계량들을 체크하여 **[계속]**을 누르고 **[확인]**을 누르면 출력결과에 요구한 기술통계량의 통계표가 나온다.

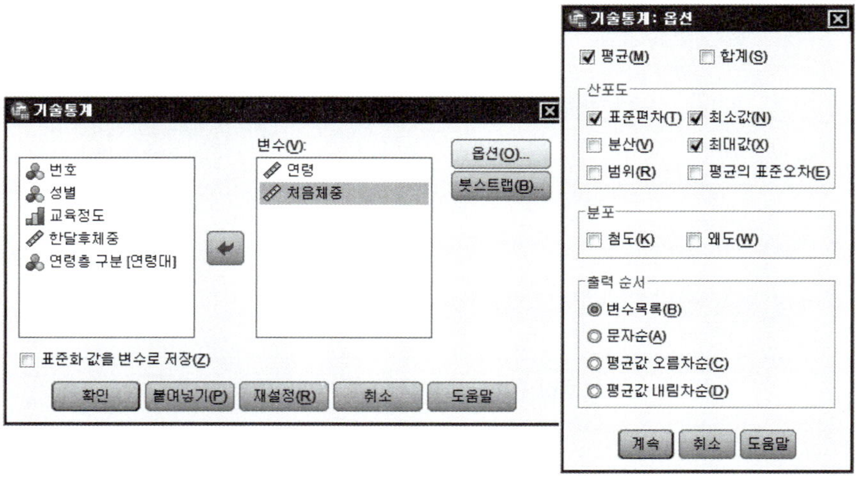

기술통계량

	N	최소값	최대값	평균	표준편차
연령	25	19	51	34.68	8.863
처음체중	25	56	92	75.00	11.525
유효수 (목록별)	25				

[그림 8] 기술통계 대화상자와 통계표

기술통계량은 또 다른 방법으로 **[분석→기술통계량→데이터 탐색]**에서 **〈종속변수〉**에 원하는 변수명을 지정하면 [그림 9]에서 보는 바와 같이 풍부한 기술통계량의 결과를 얻을 수 있다. 이처럼 SPSS에서는 여러 가지 방법으로 원하는 분석결과를 얻을 수 있다.

기술통계

			통계량	표준오차
연령	평균		34.68	1.773
	평균의 95% 신뢰구간	하한	31.02	
		상한	38.34	
	5% 절삭평균		34.61	
	중위수		34.00	
	분산		78.560	
	표준편차		8.863	
	최소값		19	
	최대값		51	
	범위		32	
	사분위수 범위		13	
	왜도		.364	.464
	첨도		-.713	.902

[그림 9] 기술통계표

(3) 도수분포표 구하기

① 범주형자료인 경우

[표 1]의 자료에서 범주형자료인 '성별'과 '교육정도'에 대하여 도수분포표를 만들어보자. 주메뉴에서 **[분석→기술통계량→빈도분석]**을 클릭하여 나온 대화상자에서 **〈변수〉**에 '성별'과 '교육정도'를 이동시켜 **[확인]**하면 출력결과에 도수분포표 [그림 10]이 나온다.

빈도표

성별

		빈도	퍼센트	유효 퍼센트	누적퍼센트
유효	남자	11	44.0	44.0	44.0
	여자	14	56.0	56.0	100.0
	합계	25	100.0	100.0	

교육정도

		빈도	퍼센트	유효 퍼센트	누적퍼센트
유효	중졸이하	6	24.0	25.0	25.0
	고졸	10	40.0	41.7	66.7
	대졸이상	8	32.0	33.3	100.0
	합계	24	96.0	100.0	
결측	시스템 결측값	1	4.0		
합계		25	100.0		

[그림 10] 성별과 교육정도의 도수분포표

빈도분석 결과를 살펴보면 성별의 경우에는 결측값이 한 명도 없지만 교육정도에는 결측값이 한 명 있다. 이 경우 결측값을 제외한 응답자 값이 유효퍼센트에 표시되어 있다.

② 연속형자료인 경우

연속형자료에서 도수분포표를 만들기 위해서는 자료를 먼저 계급구간을 주어 범주형자료로 바꾸어 주어야한다. 여기서는 '연령'을 20대이하, 30대, 40대 이상으로 연령층을 구분하여 '연령대'라고 하는 새로운 변수를 만들어 보자. **[변환→다른변수로 코딩변경→새로운 변수]**에서 새로운 변수명인 '연령대'를 출력변수 이름에 입력한다. 그 다음 아래에 있는 **〈기존값 및 새로운 값〉** 버튼을 클릭하면 [그림 11]과 같이 변경할 조건을 입력 할 수 있는 창이 열린다. 거기서 미리 정의한 구분에 따라 범위를 주고 새로운 값의 기준값에 숫자를 준다. 그리고 **[데이터 보기]**를 누르면 [그림 12]처럼 '연령대'라고 하는 새로운 변수가 추가된 데이터가 생성되어 있음을 볼 수 있다. 여기서 **[변수보기]**를 클릭하여 1-20대이하, 2-30대, 3-40대이상으로 변수값 설명을 해준다.

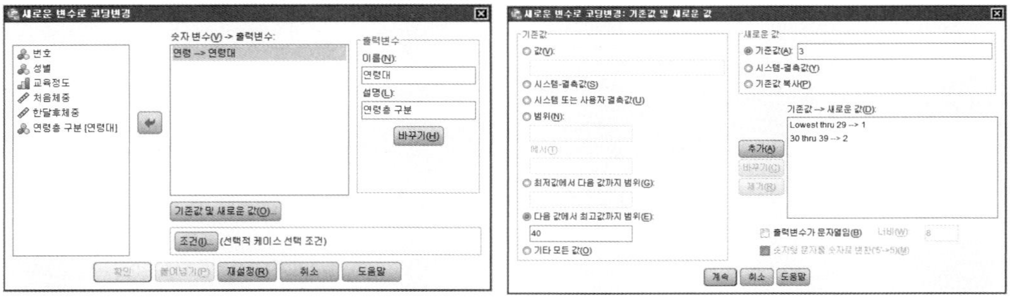

[그림 11] 새로운 변수로 코딩변경

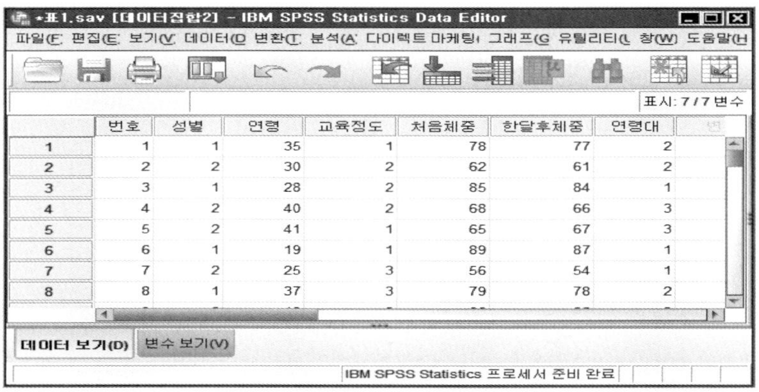

[그림 12] 변수 연령대가 추가된 자료

이와같이 하여 범주형자료가 생성되면 **[분석→기술통계량→빈도분석]**으로 도수분포표를 구할 수 있다.

연령층 구분

		빈도	퍼센트	유효 퍼센트	누적퍼센트
유효	20대 이하	9	36.0	36.0	36.0
	30대	8	32.0	32.0	68.0
	40대 이상	8	32.0	32.0	100.0
	합계	25	100.0	100.0	

[그림 13] 연령대 도수분포표

(4) 그래프 그리기

그래프를 그리는 방법은 여러 가지가 있지만 주메뉴에서 **[그래프→레거시 대화상자]**에서 원하는 그래프를 찾는 것이 가장 손쉽다.

① **원도표**

[표 1]에서 '교육정도'에 대하여 원도표를 그려보자. 먼저 주메뉴에서 **[그래프→레거시 대화상자→원]**을 클릭하여 나온 대화상자에서 **〈케이스 집단들의 요약값〉**을 정의하고 **〈조각 기준변수〉**에 '교육정도'를 옮기고 **[확인]**을 누르면 원도표가 출력결과 창에 뜬다([그림 15]).

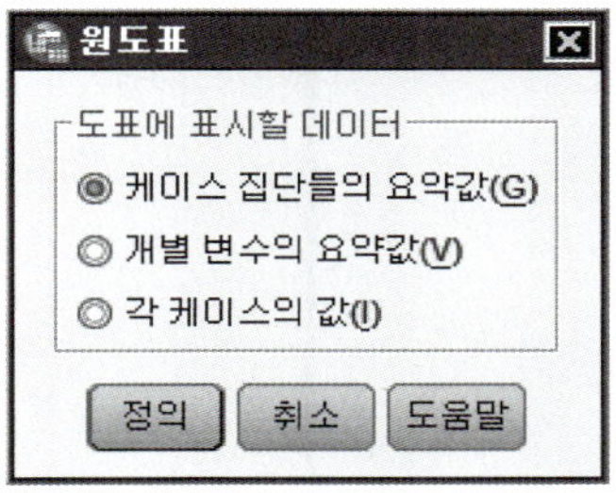

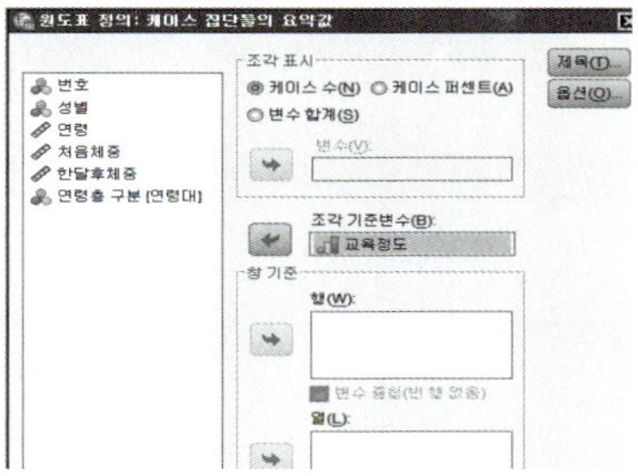

[그림 14] 원도표 대화상자

- 케이스 집단들의 요약값: 한 개 변수의 범주에 대한 요약값으로 도표를 작성함
- 개별 변수의 요약값: 두 개 이상의 숫자변수에 대한 요약값으로 도표를 작성함
- 각 케이스의 값: 각 관측치의 단일 숫자변수를 요약하여 도표를 작성함

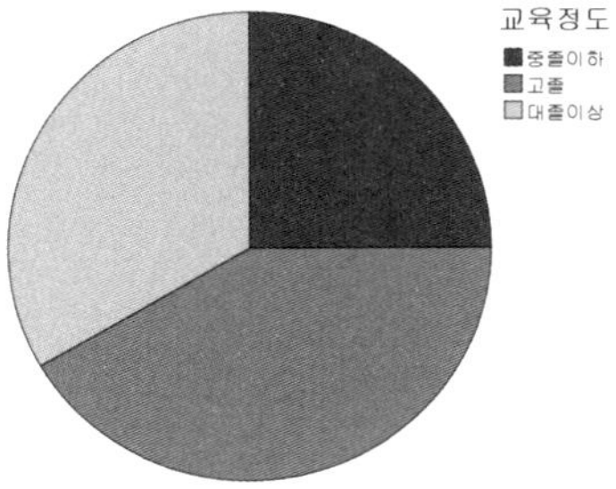

[그림 15] 교육정도의 원도표

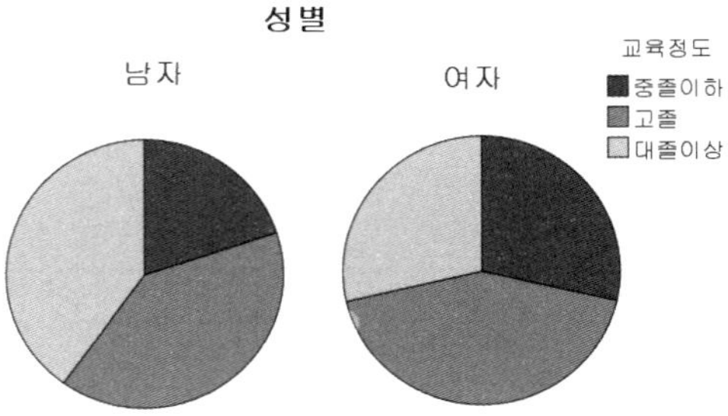

[그림 16] 성별에 따른 교육정도의 원도표

한편, 원도표 대화상자 [그림 14]에 있는 **〈창기준〉 (열)**에 성별을 지정하면 남녀별로 교육정도에 대한 원도표 두 개가 나란히 [그림 16]처럼 나타난다.

② 막대도표

'교육정도'에 대하여 막대도표를 그려보자. **[그래프 → 레거시 대화상자 → 막대도표]**에서 **〈케이스 집단들의 요약값〉**을 정의하고 **〈범주축〉**에 '교육정도'를 지정하고 **[확인]**을 누르면 막대도표가 나타난다.

③ 히스토그램

'연령'에 대하여 히스토그램을 그려보자. **[그래프 → 레거시대화상자 → 히스토그램]**에서 **〈변수〉**에 '연령'을 지정하고 **[확인]**을 누르면 [그림 17]이 나타난다. 히스토그램에서도 대화상자의 **〈창기준〉 (열)**에 '성별'을 지정하면 남녀별로 '연령'의 히스토그램이 나란히 그려진다.

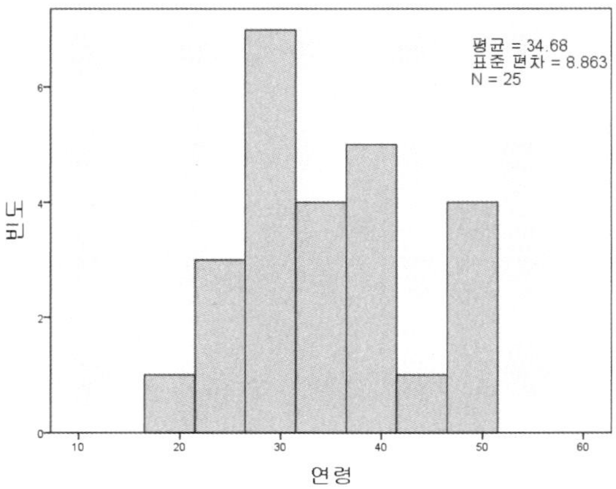

[그림 17] 연령에 대한 히스토그램

만일에 그래프를 수정하거나 편집하고자 할 때는 그래프를 더블클릭하면 도표편집기가 활성화되는데 거기서 원하는 특성을 찾아 작업을 수행하면 된다. 예를 들어 히스토그램에서 구간의 수를 다섯개로 바꾸고 싶다면, 히스토그램을 더블클릭하여 도표편집기 [그림 18]을 열고 특성창에서 **[히스토그램 옵션]**을 선택하여 **〈사용자정의〉**의 **〈구간수〉**에 '5'를 입력하고 **[적용]**을 누르면 구간수가 다섯 개인 히스토그램 [그림 19]가 얻어진다.

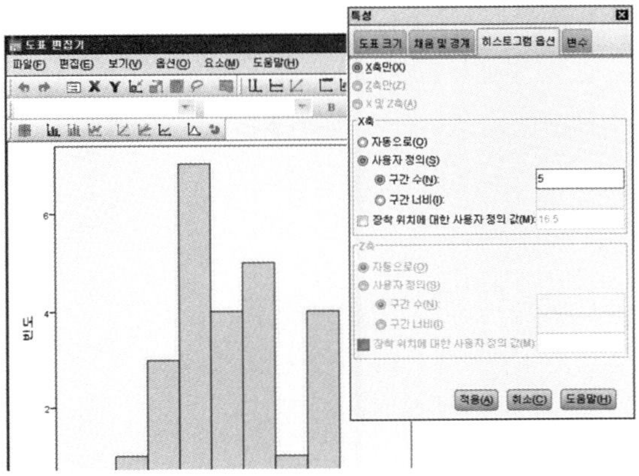

[그림 18] 도표 편집기

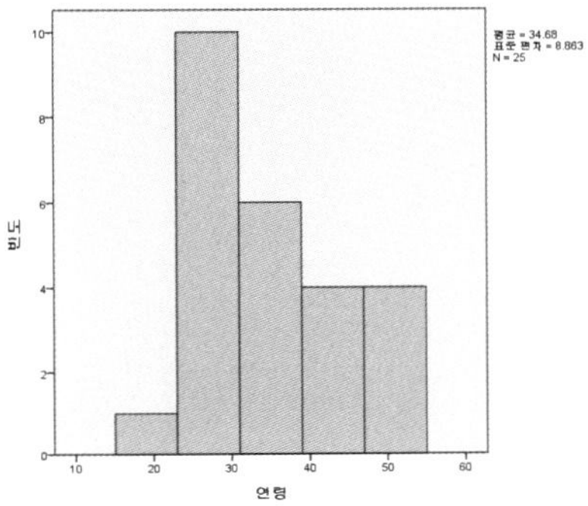

[그림 19] 구간수가 5인 히스토그램

④ 줄기-잎 그림

'연령'에 대해 줄기-잎 그림을 그려보자. 줄기-잎 그림은 주메뉴의 [그래프 → 레거시 대화상자]에는 없고 **[분석 → 기술통계량 → 데이터탐색]**의 대화상자에서 **〈도표〉**에 설정되어 있다.

```
연령 Stem-and-Leaf Plot
 Frequency    Stem &  Leaf
     1.00        1 .  9
     1.00        2 .  3
     7.00        2 .  5678889
     4.00        3 .  0034
     4.00        3 .  5578
     4.00        4 .  0112
     2.00        4 .  89
     2.00        5 .  01
 Stem width:       10
 Each leaf:       1 case(s)
```

[그림 20] 연령에 대한 줄기-잎 그림

⑤ 상자그림

'연령'에 대하여 상자그림을 그려보자. 상자그림은 줄기-잎 그림과 같이 데이터탐색에도 설정 되어있지만 **[그래프→레거시 대화상자→상자도표]**에서 그릴 수 있다. 상자도표의 변수선택을 묻는 대화상자에서 **〈개별변수의 요약값〉**을 선택하면 [그림 21]처럼 그려진다. 한편 '연령'에 대한 상자그림을 남녀별로 그리고자 할 때는, 즉 한 변수를 여러 범주로 나누어 상자그림을 그리고 싶을 때에는 **〈케이스 집단들의 요약값〉**을 택하여 **〈변수〉**에 '연령'을 **〈범주축〉**에 '성별'을 넣고 **[확인]**하면 성별에 따른 연령의 상자그림이 [그림 22]처럼 그려진다.

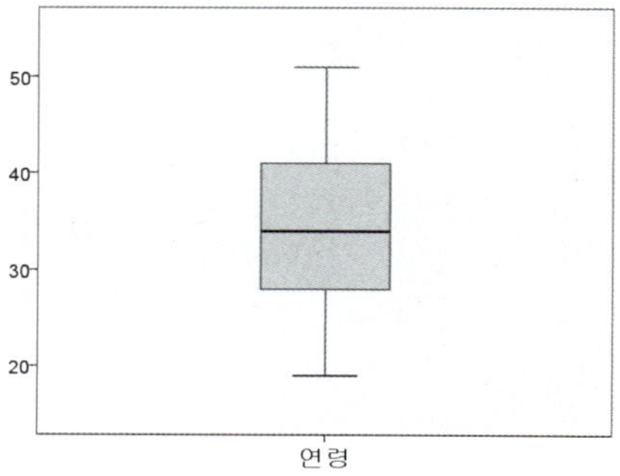

[그림 21] 연령의 상자도표

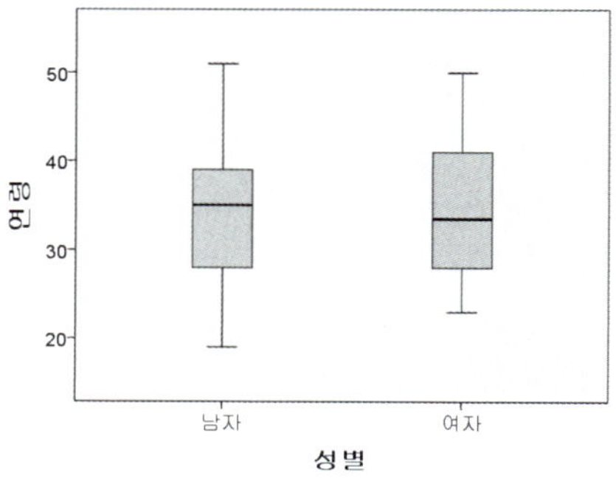

[그림 22] 성별에 따른 연령의 상자도표

(5) 가중 케이스 값

주어진 자료가 [표 5-2]처럼 빈도표로 요약되어 있는 경우는 [가중케이스]를 지정하면 해당 범주의 도수만큼 자료수가 있는 것으로 인식하여 분석을 하게 되다.

[표 5-2] 가출청소년 자료

가출이유	도수
부모와의 갈등	86
친구따라	37
개인적 고민	33
돈벌기 위해	6
기타	18
합계	180

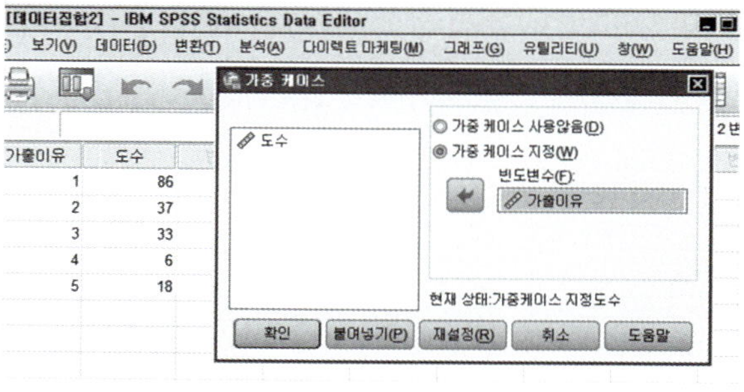

[그림 23] 가중케이스 대화상자

[표 5-2]의 입력방법은 [그림 23]처럼 변수로 '가출이유'를 주고 그에 해당하는 범주의 도수로 자료를 입력한 다음 **[변수보기]**에서 '가출이유' 1~5에 대해 변수값을 정의하면 된다. 이 경우에는 통계처리를 행하기 전에 반드시 주메뉴에서 **[데이터 → 가중케이스]**로 대화상자 [그림 23]을 열고 **〈가중케이스 지정〉**에서 **〈빈도변수〉**를 설정해야한다는 것이 중요한 점이다. 가중케이스로 지정이 끝나면 앞에서 행했던 것과 같은 방법으로 빈도분석, 막대도표, 원도표 등을 그리고 통계분석을 행하면 된다.

가출이유

		빈도	퍼센트	유효 퍼센트	누적퍼센트
유효	부모와의 갈등	86	47.8	47.8	47.8
	친구따라	37	20.6	20.6	68.3
	개인적 고민	33	18.3	18.3	86.7
	돈벌기 위해	6	3.3	3.3	90.0
	기타	18	10.0	10.0	100.0
	합계	180	100.0	100.0	

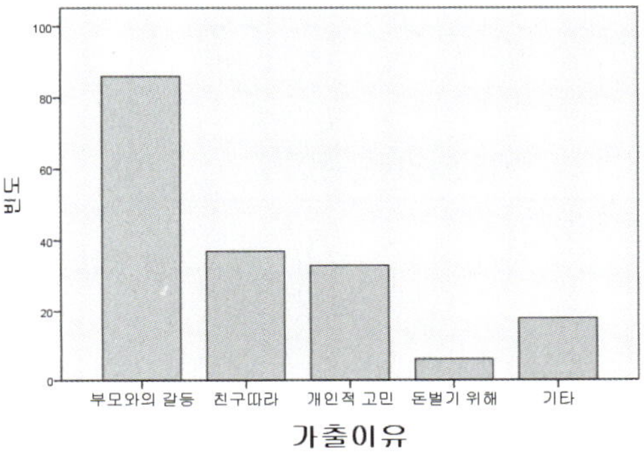

[그림 24] 가출이유의 도수분포표와 막대그래프

2. 다변량 자료 다루기 – 본문 6장

(1) 분할표 만들기

자료 [표 1]에서 '성별'과 '교육정도'에 대한 2차원 분할표를 작성하여 보자. **[분석 → 기술통계량 → 교차분석]**을 선택한 다음 교차분석 대화상자에서 '성별'을 **〈행〉** 칸으로 '교육정도'를 **〈열〉**칸으로 옮기고 **[확인]**을 누르면 된다. 또한 분할표에서 만일 열의 빈도 합계치에 대한 퍼센트를 구하고 싶다면 교차분석의 대화상자 **〈셀〉**을 클릭하여 셀출력 대화상자 [그림 25]를 열고 **〈퍼센트〉**에서 **〈열〉**을 클릭하면 아래와 같은 분할표가 나타난다.

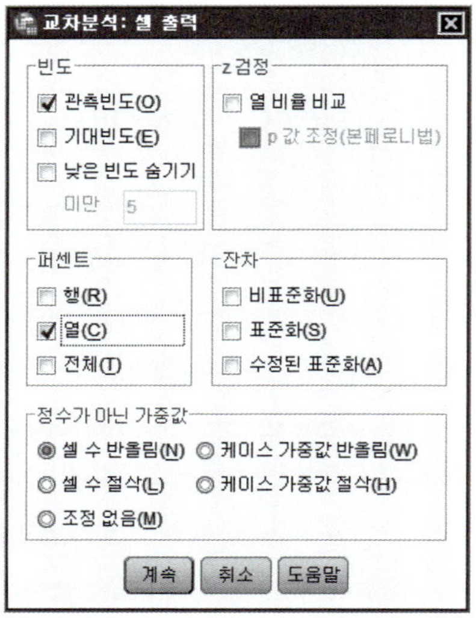

성별 * 교육정도 교차표

			교육정도			전체
			중졸이하	고졸	대졸이상	
성별	남자	빈도	2	4	4	10
		교육정도 중 %	33.3%	40.0%	50.0%	41.7%
	여자	빈도	4	6	4	14
		교육정도 중 %	66.7%	60.0%	50.0%	58.3%
전체		빈도	6	10	8	24
		교육정도 중 %	100.0%	100.0%	100.0%	100.0%

[그림 25] 셀출력대화상자와 분할표

다음은 [표 6-6]의 '나이'에 따른 '실적점수'의 분할표를 입력해보자. 분할표의 자료입력 방법은 [그림 26]과 같이 입력한 후 '나이'와 '실적점수'에 대하여 변수값 설명을 하고 분석을 행하기 전 반드시 앞에서 배운 가중케이스 지정하는 것을 잊어서는 안 된다. [그림 28]과 같은 모양의 막대그림을 그리기 위해서는 **[그래프→레거시 대화상자]**를 클릭하여 나온 대화상자 [그림 27]에서 **〈수평누적〉**을 정의하고 **〈범주축〉**에 '나이'를 **〈수평누적 기준변수〉**에 '실적점수'를 입력하고 확인을 누르면 나온다.

[표 6-6] 나이에 따른 실적점수

나이 \ 실적점수	상	중	하	합계
40세 미만	6	18	10	34
40대	10	16	14	40
50세 이상	8	20	6	34
합계	24	54	30	108

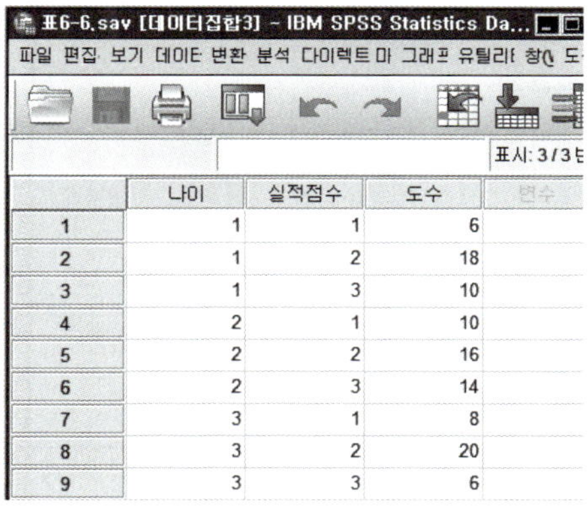

	나이	실적점수	도수	변수
1	1	1	6	
2	1	2	18	
3	1	3	10	
4	2	1	10	
5	2	2	16	
6	2	3	14	
7	3	1	8	
8	3	2	20	
9	3	3	6	

[그림 26] 분할표의 입력화면

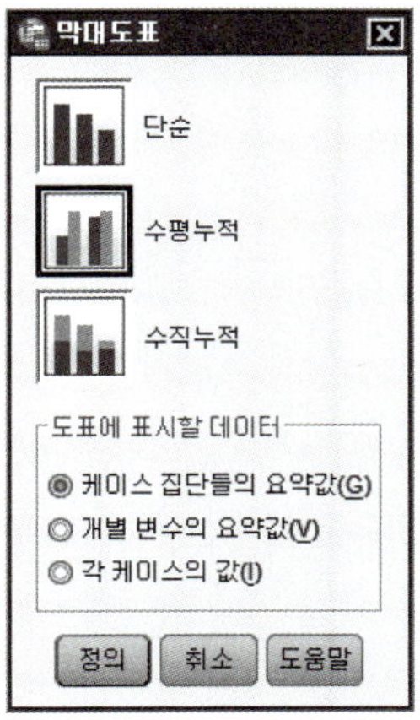

[그림 27]막대도표대화상자

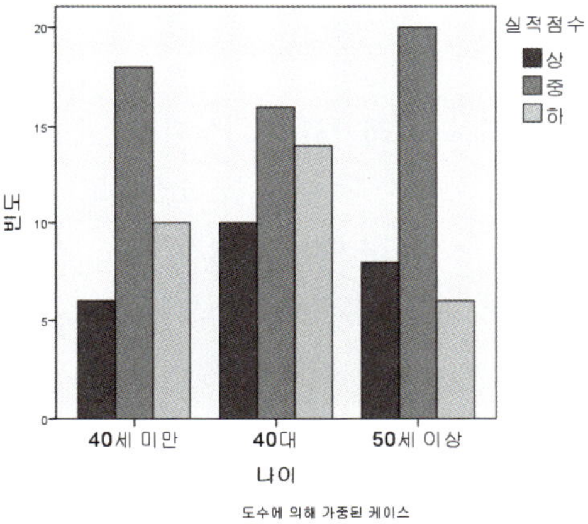

[그림 28] 나이에 따른 실적점수의 막대그래프

(2) 산점도와 상관계수

본문 [표 6-11] 어느 기업의 광고비, 상여금, 매출액 자료를 사용하여 산점도와 상관계수를 구해보자. 상관계수는 **[분석→상관분석→이변량 상관계수]**를 클릭하여 구하고자 하는 변수를 선택하면 된다. 특별히 여기서 광고비를 통제한 상태에서 매출액과 상여금의 상관계수를 구하려면 **[분석→상관분석→편상관계수]**를 클릭하여 열리는 대화상자 [그림 29]에서 **〈제어변수〉**에 '광고비'를 지정해주면 된다. [그림 29]의 편상관계수표를 보면 광고비를 통제했을 경우는 상여금과 매출액의 상관이 없음을 알 수 있다.

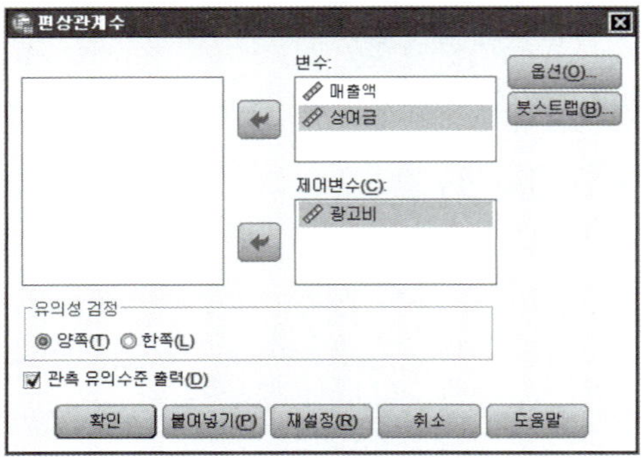

상관

통제변수			매출액	상여금
광고비	매출액	상관	1.000	-.006
		유의수준(양측)	.	.989
		df	0	7
	상여금	상관	-.006	1.000
		유의수준(양측)	.989	.
		df	7	0

[그림 29] 편상관계수 대화상자와 결과표

대부분의 자료는 'Pearson'의 상관계수로 구하면 되지만 [표 6-9]와 같이 순위자료인 경우는 'Spearman'을 체크하여 구하면 된다.

산점도는 **[그래프→레거시 대화상자→산점도/점도표]**의 대화상자 [그림 30]에서 두 변수의 관계를 나타내고자 할 때는 **〈단순산점도〉**를, 세 변수이상의 관계를 나타내고자 할 때는 **〈행렬산점도〉**를 정의하여 구하고자 하는 변수를 선택하면 된다. [그림 30]은 '광고비', '상여금', '매출액'의 산점도행렬을 구하는 과정과 그 결과를 보여준다.

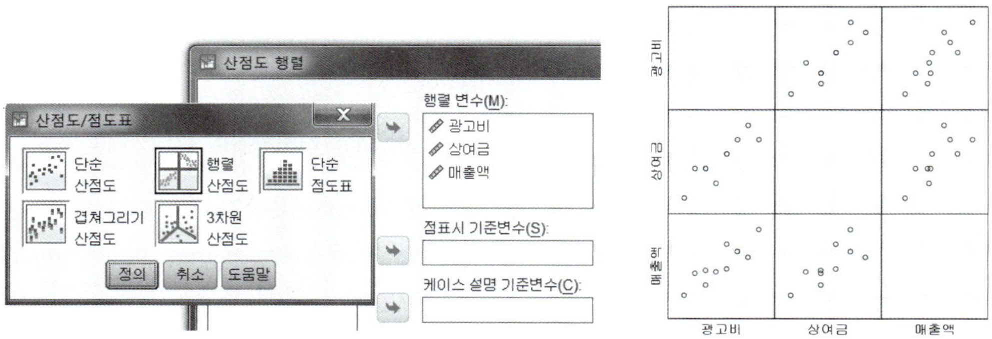

[그림 30] 산점도 대화상자와 산점도 행렬

3. 추정 · 검정하기 – 본문 8~10장

(1) 모평균의 구간추정 ~ 본문 8장

[표 1]에서 '연령'에 대한 95% 신뢰구간을 구해보기로 하자. 앞에서 '연령'에 대한 기술통계량을 얻기 위하여 [데이터 탐색]을 했던 출력결과 [그림 9]를 보면 95% 신뢰구간이

(31.02, 38.94)라고 구해져 있는 것을 볼 수 있다. 신뢰계수를 바꾸고 싶으면 **[분석→데이터 탐색]**에서 **〈통계량〉**을 클릭하면 열리는 대화상자 [그림 31]에서 원하는 신뢰계수를 지정하면 된다.

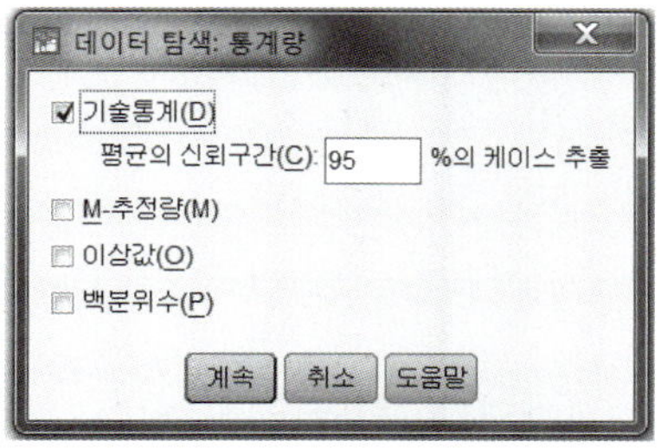

기술통계

			통계량	표준오차
연령	평균		34.68	1.773
	평균의 95% 신뢰구간	하한	31.02	
		상한	38.34	
	5% 절삭평균		34.61	

[그림 31] 신뢰구간

(2) 모평균의 가설검정 ~ 본문 9장

[표 1]의 체중조절 프로그램에 참가하는 사람들의 연령은 30세이상이라고 할 수 있는지를 가설검정 해보자. 즉 $H_0 : \mu = 30$ vs. $H_1 : \mu > 30$

[분석→평균비교→일표본 T검정] 대화상자 [그림 32]의 **〈검정변수〉**에 검정하고자 하는 변수 '연령'을 **〈검정값〉**에 귀무가설의 값인 **'30'**을 입력하고 **[확인]**을 누르면 출력결과 [그림 32]가 나타난다.

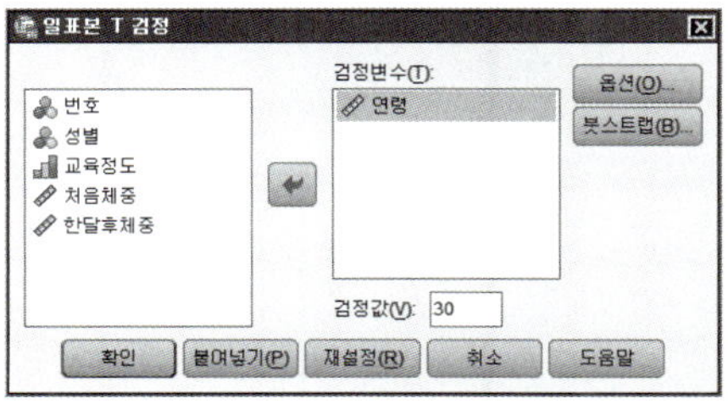

일표본 통계량

	N	평균	표준편차	평균의 표준오차
연령	25	34.68	8.863	1.773

일표본 검정

	검정값 = 30					
					차이의 95% 신뢰구간	
	t	자유도	유의확률 (양쪽)	평균차	하한	상한
연령	2.640	24	.014	4.680	1.02	8.34

[그림 32] 일표본 T 검정 대화상자와 결과표

분석결과 자료의 수는 25개이고 평균은 34.68이다. 일표본 검정결과를 보면 t-통계량값은 2.640 이고 이에 대한 양측검정의 유의확률이 0.014이다. 지금의 경우는 단측검정을 행하므로 유의확률은 0.007이고 이것은 유의수준 $\alpha = 0.05$보다 적으므로 귀무가설은 기각되어 연령은 30세 이상이라고 볼 수 있다.

(2) 두 모집단에서 모평균 차의 가설검정 ~ 본문 10장

① 독립표본 분석

본문 예제 10-2의 날땅콩과 군땅콩이 쥐의 체중에 영향을 미치는지를 가설검정 해보자.

날땅콩:	61	60	56	63	56	63	59	56	44	61
군땅콩:	55	54	47	59	51	61	57	54	62	58

두 개의 독립표본을 검정하기위한 자료는 [그림 33]과 같이 입력하며 대응표본 검정과는 입력형태가 다르므로 각별히 주의해야 한다. 여기서는 검정하고자 하는 변수 '체중'과 그룹을 나타내는 변수로 '그룹'을 입력했다. 그룹을 나타내는 변수는 정수로 입력하여야 한다. 독립표본의 검정과정은 **[분석→평균비교→독립표본 T검정]**의 대화상자에서 **〈검정변수〉**에 '체중'을 **〈집단변수〉**에 '그룹'을 설정하면 집단변수에는 '그룹(?,?)'이 나타난다. 이때 **〈집단정의〉**를 클릭하여 [그림 34]와 같이 두 개의 그룹을 정의했던 정수를 설정하고 **[계속]**하여 **[확인]**하면 [그림 35]와 같은 결과가 나타난다.

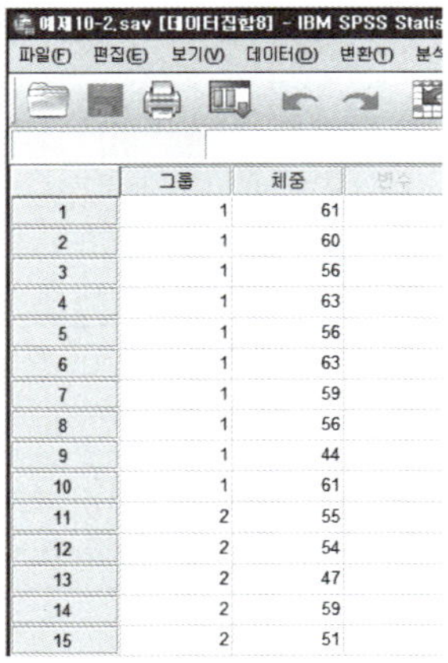

[그림 33] 독립표본의 자료입력

[그림 34] 독립표본 검정

[그림 35]의 독립표본 검정결과를 보면 '등분산이 가정됨'과 '등분산이 가정되지 않음'의 결과를 제시하고 있다. 여기서 Levene의 등분산검정의 귀무가설은 '두 그룹간은 등분산이다' 인데 유의학률이 0.827으로 유의수준 0.05하에서 귀무가설이 채택되어 등분산이 같

다고 판단된다. 따라서 '등분산이 가정됨'의 행만 보면 되고, 이때 두 표본간의 평균차이는 2.1, 통계량은 0.918, 자유도는 18이며 이에 대한 유의확률은 0.371로서 유의수준 0,05하에서 귀무가설($\mu_1 - \mu_2 = 0$)을 기각할 수 없다. 두 그룹의 평균차이는 없다, 즉 날땅콩과 군땅콩은 쥐의 체중에 영향을 끼치지 못한다는 것으로 나타났다.

집단통계량

	그룹	N	평균	표준편차	평균의 표준오차
체중	날땅콩	10	57.90	5.587	1.767
	군땅콩	10	55.80	4.590	1.451

독립표본 검정

		Levene의 등분산 검정		평균의 동일성에 대한 t-검정						
									차이의 95% 신뢰구간	
		F	유의확률	t	자유도	유의확률 (양쪽)	평균차	차이의 표준오차	하한	상한
체중	등분산이 가정됨	.049	.827	.918	18	.371	2.100	2.286	-2.704	6.904
	등분산이 가정되지 않음			.918	17.347	.371	2.100	2.286	-2.717	6.917

[그림 35] 독립표본 검정결과

또한 두 모집단의 평균차에 대한 신뢰구간은 (-2.704, 6.904)로서 귀무가설에서 주장한 $\mu_1 - \mu_2 = 0$이 신뢰구간에 포함되므로 귀무가설을 채택하게 됨을 확인할 수 있다.

② 대응표본 분석

[표 1]에서 체중조절 프로그램을 실시한 결과 한달 후에 체중감소에 효과가 있는 지를 살펴보자. 대응비교는 한 개체 내에서 두 개의 자료를 얻어 비교하는 것이므로 독립표본 t-검정의 자료입력 형태와는 다르다. 대응비교를 위하여 **[분석 → 평균비교 → 대응표본]**을 클릭하면 대화상자 [그림 36]이 열린다. **〈대응변수〉** 대응1에서 '변수1'에 '처음체중'을 '**변수2**'에 '한달후 체중'를 옮겨준다. 대응할 변수쌍이 또 있으면 대응2에 넣어주겠지만 지금은 '처음체중 · 한달후 체중'이라는 한 쌍의 대응뿐이므로 **[확인]**을 누르면 결과 [그림 37]이 나온다.

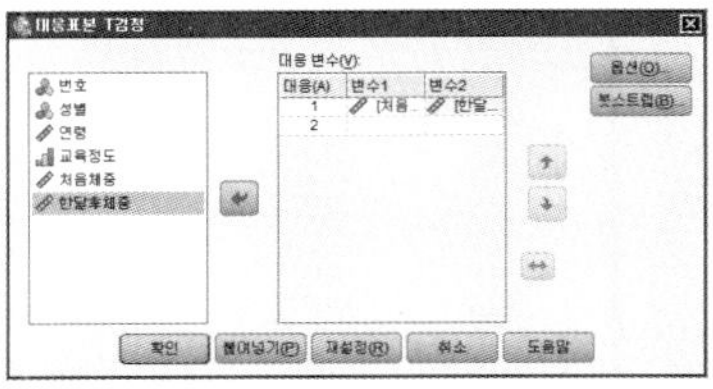

[그림 36] 대응비교 T검정

대응표본 통계량

		평균	N	표준편차	평균의 표준오차
대응 1	처음체중	75.00	25	11.525	2.305
	한달후체중	73.88	25	10.918	2.184

대응표본 상관계수

		N	상관계수	유의확률
대응 1	처음체중 & 한달후체중	25	.993	.000

대응표본 검정

		대응차					t	자유도	유의확률 (양쪽)
					차이의 95% 신뢰구간				
		평균	표준편차	평균의 표준오차	하한	상한			
대응 1	처음체중 - 한달후체중	1.120	1.453	.291	.520	1.720	3.855	24	.001

[그림 37] 대응표본 검정결과

위의 분석결과를 보면 대응표본에서는 독립표본과 달리 상관계수를 제시하고 있다. 상관계수가 0.993고 유의확률이 0.000므로 상관관계가 없다는 귀무가설이 기각된다. 따라서 '처음체중'과 '한달후 체중'의 상관관계는 있으며 상관계수로 보아 매우 크다고 할 수 있다. 검정결과표를 보면 유의확률이 0.001이므로 귀무가설(차이가 없다)을 기각하고 한 달간 체중조절 프로그램을 실시한 결과 체중이 줄었다고도 결론내릴 수게 된다. 또한 대응표본 결과를 보면 평균의 차이는 1.120kg이고, 이에 대한 신뢰구간을 보아도 (0.520, 1.720)로서 0을 포함하고 있지 않고 모두 양수 값이므로 처음 체중이 큰 것을 알 수 있다.

4. 범주형 자료분석 – 본문 11장

(1) 적합도 검정

예제 11-1의 음주운전으로 체포된 사람들의 연령분포가 같다고 할 수 있는지 검정해보자.

나이	16-25	26-35	36-45	46-55	56이상	합
체포자 수	28	23	20	16	13	100

예제 11-1자료는 범주형 자료이므로 가중케이스로 입력을 한다. 적합도 검정은 **[분석→비모수 검정→레거시 대화상자→카이제곱검정]**로 처리하며 그 대화상자 [그림 38]에서 **〈검정변수〉**에 '연령대'를 지정한다. 이 예제에서는 모든 그룹에 대하여 같은 비율을 설정하므로 **〈기대값〉**에서 "**모든 범주가 동일**"을 선택하여 **[확인]**을 누르면 아래의 결과 [그림 39]가 나온다. 만일에 각 범주마다 다른 비율로 귀무가설을 설정할 경우는 **〈값〉**을 설정하여 주면 된다. 예제 11-2의 완두콩 유전실험처럼 귀무가설 비율이 9:3:3:1인 경우라면 **〈값〉**에 9, 3, 3, 1을 차례로 입력해주면 된다.

예제 11-1은 "**모든 범주가 동일**"을 선택하였으므로 기대빈도가 모든 범주에 동일하게 20.0이 계산되어져 있음을 [그림 39]에서 확인할 수 있다. 카이제곱 검정통계량 값 6.9에 대한 유의확률이 근사적으로 0.141이므로 유의수준 0.05하에서 귀무가설이 기각되지 않는다. 따라서 주어진 모든 연령그룹에서 음주운전으로 체포된 사람들의 비율은 같다고 볼 수 있다.

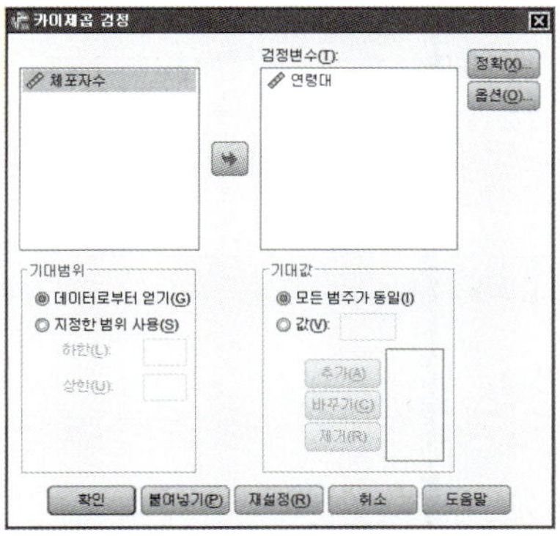

[그림 38] 적합도검정 대화상자

연령대

	관측수	기대빈도	잔차
16~25	28	20.0	8.0
26~35	23	20.0	3.0
36~45	20	20.0	.0
46~55	16	20.0	-4.0
56이상	13	20.0	-7.0
합계	100		

검정 통계량

	연령대
카이제곱	6.900[a]
자유도	4
근사 유의확률	.141

a. 0 셀 (.0%)은(는) 5보다 작은 기대빈도를 가집니다. 최소 셀 기대빈도는 20.0입니다.

[그림 39] 적합도검정 결과표

일반적으로 카이제곱검정은 각 셀의 도수가 5 이상인 것이 좋다. [그림 39] 아래에 "0셀(0%)은(는) 5보다 작은 기대빈도를 가지는 셀입니다"라는 것은 5보다 작은 기대빈도를 가지는 셀이 0개이므로 카이제곱검정의 결과를 신뢰할 수 있다는 의미이다.

(2) 독립성 · 동일성 검정

앞에서 [표 1]자료의 '성별'과 '교육정도'에 대하여 분할표를 만들어 보았었다. 이제는 '성별'과 '교육정도'라는 두 요인이 독립인지 관계가 있는지 여부를 알기 위하여 독립성 검정을 행해보자. SPSS에서는 독립성과 동일성 검정을 교차분석으로 지원하고 있다. **[분석→기술통계량→교차분석]**에서 교차분석 대화상자가 나오면 분석하고자 하는 변수를 행과 열에 지정한다. 교차분석에서 사용하는 검정통계량 값을 구하기 위하여 **〈통계량〉**을 클릭하여 '**카이제곱**'을 선택하고 **[계속]**을 클릭하면 다시 교차분석 대화상자 [그림 40]이 나오는데 각 셀에 기대도수를 표시하고자하면 **〈셀〉**을 클릭하여 '기**대빈도**'를 체크하면 된다.

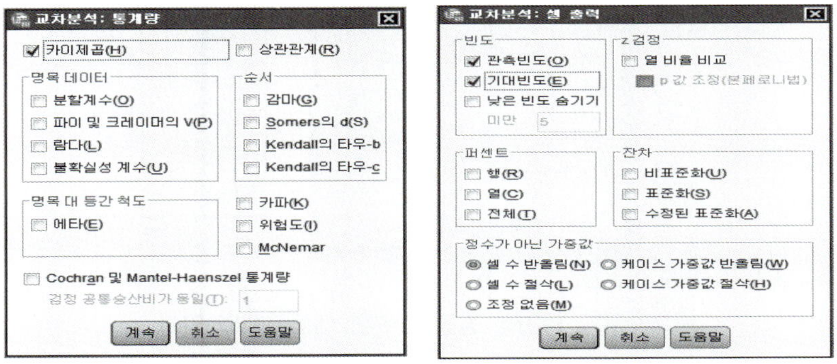

[그림 40] 교차분석 대화상자

성별 * 교육정도 교차표

			교육정도			전체
			중졸이하	고졸	대졸이상	
성별	남자	빈도	2	4	4	10
		기대빈도	2.5	4.2	3.3	10.0
	여자	빈도	4	6	4	14
		기대빈도	3.5	5.8	4.7	14.0
전체		빈도	6	10	8	24
		기대빈도	6.0	10.0	8.0	24.0

카이제곱 검정

	값	자유도	점근 유의확률 (양측검정)
Pearson 카이제곱	.411[a]	2	.814
우도비	.413	2	.814
선형 대 선형결합	.388	1	.533
유효 케이스 수	24		

a. 5 셀 (83.3%)은(는) 5보다 작은 기대 빈도를 가지는 셀입니다. 최소 기대빈도는 2.50입니다.

[그림 41] 교차분석 출력결과

[그림 41]의 교차분석 결과를 보면 카이제곱값에 대한 유의확률이 0.814이므로 "성별과 교육정도는 독립이다"는 귀무가설이 기각되지 않는다. 그러나 아래에 "5셀(83.3%)은(는) 5보다 작은 기대빈도를 가지는 셀입니다"라는 주의가 나타나는 것에 유의하여야한다. 만일 기대빈도가 5보다 작은 셀의 수가 20%이상 된다면 카이제곱검정의 결과를 믿을 수 없다는 의미이다. 그런 경우에는 셀의 범주를 줄여서 셀에 포함되는 빈도수를 늘여주는 것이 좋다.

다음은 예제 11-4의 남학생과 여학생의 과목 선호도가 동일한 가를 묻는 **동일성검정**을 행하여보자. 동일성검정을 위하여 **[분석→기술통계량→교차분석]**에서 **카이제곱검정**을 [그림 42]처럼 설정하여 그 결과를 보면 남학생과 여학생의 과목 선호도가 동일하다는 귀무가설이 유의확률 0.135로 받아들여짐을 알 수 있다. 또한 각 셀의 빈도수가 커서 카이제곱의 결과가 신뢰할 만하다고 하겠다.

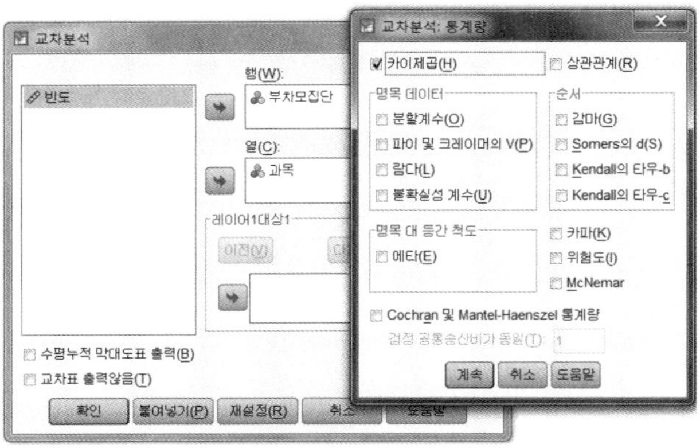

카이제곱 검정

	값	자유도	점근 유의확률 (양측검정)
Pearson 카이제곱	4.000[a]	2	.135
우도비	4.010	2	.135
선형 대 선형결합	.000	1	1.000
유효 케이스 수	500		

a. 0 셀 (.0%)은(는) 5보다 작은 기대 빈도를 가지는 셀입니다. 최소 기대빈도는 70.00입니다.

[그림 42] 동일성 검정을 위한 대화상자와 결과

5. 분산분석법 – 본문 제12장

(1) 일원분산분석법

예제 12-1의 승용차 리터당 주행거리의 데이터를 입력해보자. 분산분석은 자료입력 방법을 잘 알아두어야 한다. 분산분석은 두 개의 독립표본에서 평균비교의 확장이므로 자료입력은 [그림 43]처럼 입력한다. 일원배치 분산분석은 **[분석→평균비교→일원배치분산분석]**을 클릭하여 **〈종속변수〉**에 '주행거리'를 **〈요인분석〉**에 '자동차'를 지정한 후 **〈옵션〉**에서 '기술통계량'과 '분산의 동질성' 및 '평균도표'를 선택한다.

[그림 43] 일원배치 분산분석 자료입력과 대화상자

분산의 동질성 검정

주행거리

Levene 통계량	df1	df2	유의확률
1.028	2	8	.401

분산분석

주행거리

	제곱합	df	평균 제곱	거짓	유의확률
집단-간	7.560	2	3.780	1.638	.253
집단-내	18.460	8	2.307		
합계	26.020	10			

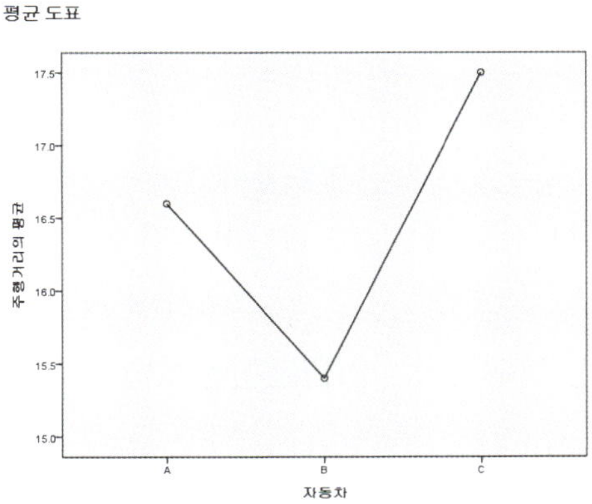

[그림 44] 일원배치 분산분석 출력결과

[그림 44]의 결과를 보면 분산의 동질성검정에서는 유의확률이 0.401이므로 귀무가설이 기각되지 않으므로 세 그룹간의 분산은 같다고 할 수 있다. 분산분석표를 보면 유의확률이 0.253로서 집단간의 차이가 없다고 하는 귀무가설이 채택된다. [그림 44]의 평균도표는 자동차에 따라 주행거리의 평균을 그린 것이다.

만일 분산분석을 실행한 결과 귀무가설이 기각되어 그룹간의 차이가 있다고 밝혀지면 어떤 처리집단에 의해 귀무가설이 기각되었는가를 알아낼 필요가 있다. 이것은 <사후분석>에 의하여 다중비교 방법으로 얻어진다. 다중비교에는 여러 방법이 있는데 Duncan과 Tukey 방법이 많이 쓰인다. Tukey 방법을 실행하기 위해서는 분산분석 대화상자 [그림 43]에서 **〈사후분석〉**을 눌러 'Tukey'를 선택해주고 **[계속]**하여 **[확인]** 하면 [그림 45]와 같은 사후분석 결과표를 얻게 된다.

다중 비교

주행거리
Tukey HSD

(I) 자동차	(J) 자동차	평균차(I-J)	표준오차	유의확률	95% 신뢰구간 하한값	95% 신뢰구간 상한값
A	B	1.2000	1.1602	.578	-2.115	4.515
	C	-.9000	1.0741	.692	-3.969	2.169
B	A	-1.2000	1.1602	.578	-4.515	2.115
	C	-2.1000	1.1602	.227	-5.415	1.215
C	A	.9000	1.0741	.692	-2.169	3.969
	B	2.1000	1.1602	.227	-1.215	5.415

동일 집단군

주행거리

Tukey HSD[a,b]

자동차	N	유의수준 = 0.05에 대한 부집단 1
B	3	15.400
A	4	16.600
C	4	17.500
유의확률		.213

동일 집단군에 있는 집단에 대한 평균이 표시됩니다.

a. 조화평균 표본 크기 3.600을(를) 사용합니다.

b. 집단 크기가 동일하지 않습니다. 집단 크기의 조화평균이 사용됩니다. I 유형 오차 수준은 보장되지 않습니다.

[그림 45] 사후분석 결과

지금 예제의 경우에는 그룹 간에 차이가 없는 경우이므로 [그림 45]의 사후분석 결과를 보면 모든 경우에 유의확률이 0.05보다 크고 신뢰구간들도 모두 0을 포함하고 있음을 볼 수 있다. 동일 집단군도 하나의 집단으로 판단된다.

(2) 반복이 있는 이원분산분석법

반복이 있는 이원분산분석 자료인 예제 12-4는 [그림 46]처럼 입력한다. 이원분산분석은 **[분석 → 일반선형모형 → 일변량]**에서 지원되는데, 이 때의 대화상자에서 **〈종속변수〉**에 '합성율'을 **〈모수요인〉**에 '시간'과 '압력'을 지정하고 **〈모형〉**을 눌러 모형에 따른 절편포함의

V표시를 지우고 **〈도표〉**를 눌러 **〈수평축〉**에 '시간'을 **〈선구분변수〉**에 '압력'을 지정하면 다음의 결과 [그림47]을 얻는다.

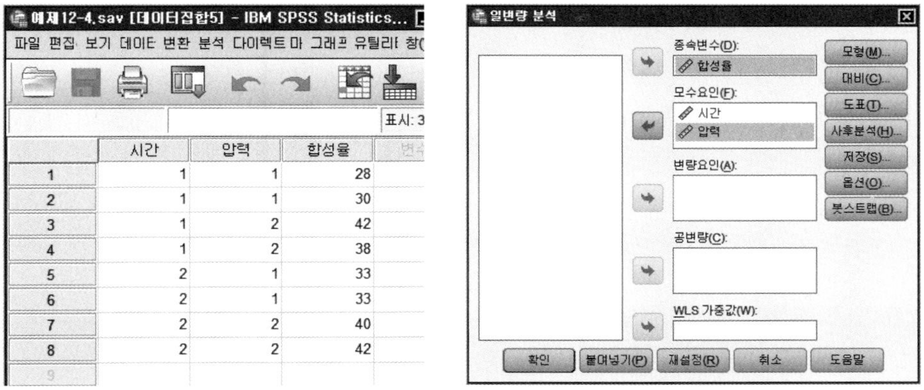

[그림 46] 반복이 있는 이원분산분석법 자료와 대화상자

개체-간 효과 검정

종속 변수:합성율

소스	제 III 유형 제곱합	자유도	평균 제곱	F	유의확률
모형	10422.000[a]	4	2605.500	868.500	.000
시간	12.500	1	12.500	4.167	.111
압력	180.500	1	180.500	60.167	.001
시간 * 압력	4.500	1	4.500	1.500	.288
오차	12.000	4	3.000		
합계	10434.000	8			

a. R 제곱 = .999 (수정된 R 제곱 = .998)

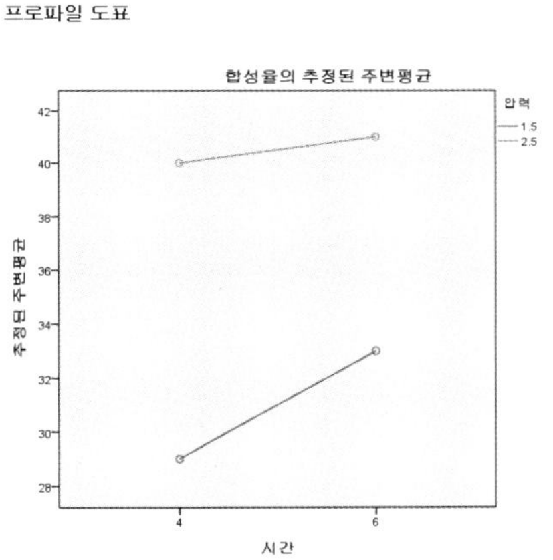

[그림 47] 이원분산분석표와 프로파일

[그림 47]의 분산분석표에서 두 요인인 '시간'과 '압력'에 대한 유의확률을 살펴보면 시간에 대한 유의확률은 0,111로서 유의수준 0.05보다 크므로 합성율에 영향을 미치지 못한다고 결론지을 수 있고 압력은 유의확률이 0.001로서 합성률에 영향을 미치고 있음을 알 수 있다. 한편 시간과 압력의 교호작용의 유의확률은 0.288 로서 교호작용은 없음을 알 수 있다. 프로파일 도표에서도 교호작용이 없음을 보여주고 있다.

6. 회귀분석법 – 본문 제13장

(1) 단순 선형회귀

[표 13-1]의 '광고비'와 '판매수익'에 대한 자료의 산점도를 먼저 그려보고 회귀분석을 행하여 보자. 회귀분석은 **[분석 → 회귀분석 → 선형]**을 누르면 선형회귀분석의 대화상자 [그림 48]이 나오는데 여기서 **〈종속변수〉**에 '판매수익'을 **〈독립변수〉**에 '광고비'를 지정하고 **[확인]**을 누르면 그 회귀분석 결과를 얻을 수 있다.

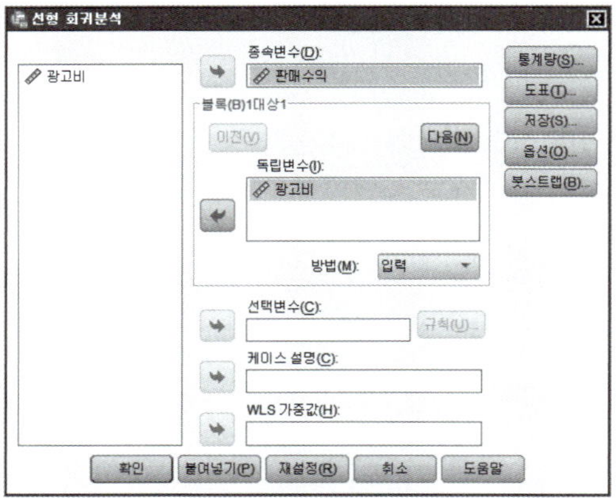

모형 요약

모형	R	R 제곱	수정된 R 제곱	추정값의 표준오차
1	.955[a]	.912	.898	2.082

a. 예측값: (상수), 광고비

분산분석[b]

모형		제곱합	자유도	평균 제곱	F	유의확률
1	회귀 모형	270.000	1	270.000	62.308	.000[a]
	잔차	26.000	6	4.333		
	합계	296.000	7			

a. 예측값: (상수), 광고비
b. 종속변수: 판매수익

계수[a]

모형		비표준화 계수		표준화 계수		
		B	표준오차	베타	t	유의확률
1	(상수)	2.000	2.038		.981	.364
	광고비	3.000	.380	.955	7.894	.000

a. 종속변수: 판매수익

[그림 48] 회귀분석 대화상자와 결과표

[그림 48]의 모형요약을 보면 R제곱이 0.912 이므로 회귀선에 의하여 자료를 91.2%정도 설명한다고 말할 수 있다. 분산분석표에서는 회귀모형에 대한 유의확률이 0.000으로서 모형이 유의함을 알 수 있다. 계수에 대한 결과를 보면 광고비에 대한 회귀계수는 유의확률이 0.000으로 유의하여 모형식은 $y = 2 + 3x$ 로 나타낼 수 있다.

다음은 회귀모형의 타당성을 검토하기 위해서 잔차를 구해보자. 잔차는 [그림 48]의 회귀분석대화상자에서 **〈저장〉**을 누르면 대화상자 [그림 49]가 뜨는데 거기에서 **〈잔차〉**의 '비표준화'를 클릭하면 표준화되지 않은 잔차가 계산되어 저장된다. 이것을 확인해보기 위하여 **[데이터보기]**를 클릭하면 [그림 49]에서 보듯이 변수명 'RES_1' 이름으로 비표준화 잔차가 추가되어 나열되어있다. 잔차의 등분산성, 무작위성 등을 검토하려면 '광고비'를 x축으로 하고 '잔차'를 y축으로 하여 산점도를 그려보고 이것을 통하여 잔차의 등분산성, 무작위성 등을 검토해 볼 수 있다.

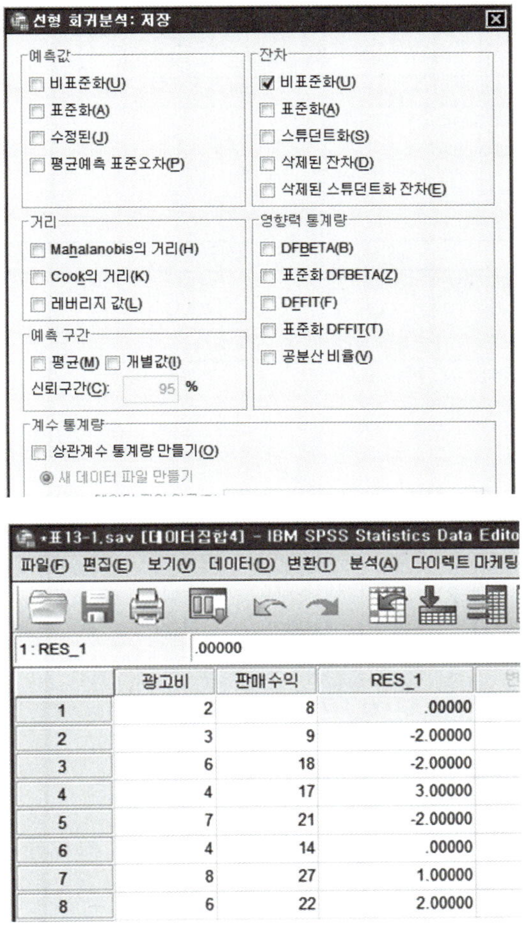

[그림 49] 선형회귀분석에서 저장의 대화상자와 저장된 잔차

(2) 중선형회귀모형

'실수입'과 '가족수'에 따라 '소비'가 영향을 받는지를 조사하고자 하는 자료 [표13-4]는 독립변수가 두 개인 경우이므로 중선형회귀모형에 적합시켜야 한다. 중선형회귀모형은 **[분석 → 회귀분석 → 선형]**에서 지원된다. **〈독립변수〉**에 '실수입'과 '가족수'를 **〈종속변수〉**에 '소비'를 선택하고 단순선형회귀와 같이 **〈저장〉**에 잔차를 비표준화로 하여 저장하여두

었다가 모형의 타당성을 검토하는 데 사용하면 된다. 이 예제에서 얻어진 결과는 [그림 50]과 같다.

모형 요약[b]

모형	R	R 제곱	수정된 R 제곱	추정값의 표준오차
1	.931[a]	.867	.830	.754

a. 예측값: (상수), 가족수, 실수입

b. 종속변수: 소비

분산분석[b]

모형		제곱합	자유도	평균 제곱	F	유의확률
1	회귀 모형	26.023	2	13.011	22.900	.001[a]
	잔차	3.977	7	.568		
	합계	30.000	9			

a. 예측값: (상수), 가족수, 실수입

b. 종속변수: 소비

계수[a]

모형		비표준화 계수		표준화 계수	t	유의확률
		B	표준오차	베타		
1	(상수)	.182	1.470		.124	.905
	실수입	.477	.114	.675	4.200	.004
	가족수	1.045	.440	.382	2.375	.049

a. 종속변수: 소비

[그림 50] 중회귀분석 결과표

모형요약을 보면 R제곱이 0.876으로서 회귀선에 의하여 자료를 87.6%정도 설명한다고 할 수 있다. 분산분석표에서는 회귀모형에 대한 유의확률은 0.001으로서 모형이 유의함을 알 수 있다. 계수에 대한 결과를 보면 실수입과 가족수에 대한 회귀계수는 유의확률이 유의수준 0.05에서로 유의함을 알 수 있다. 모형식은 $y = 0.182 + 0.477x_1 + 1.045x_2$로 나타낼 수 있다.

부록 • 2

- [표 1] 난수표
- [표 2] 표준정규분포표
- [표 3] $t-$분포표
- [표 4] 카이제곱분포표
- [표 5] $F-$분포표

[표 1] 난수표

10480	15011	01536	02011	81647	91646	67179	14194	62590	36207	20969	99570	91291	90700
22368	46573	25595	85393	30995	89198	27982	53402	93965	34095	52666	19174	39615	99505
24130	48360	22527	97265	76393	64809	15179	24830	49340	32081	30680	19655	63348	58629
42167	93093	06243	61680	07856	16376	39440	53537	71341	57004	00849	74917	97758	16379
37570	39975	81837	16656	06121	91782	60468	81305	49684	60672	14110	06927	01263	54613
77921	06907	11008	42751	27756	53498	18602	70659	90655	15053	21916	81825	44394	42880
99562	72905	56420	69994	98872	31016	71194	18738	44013	48840	63213	21069	10634	12952
96301	91977	05463	07972	18876	20922	94595	56869	69014	60045	18425	84903	42508	32307
89579	14342	63661	10281	17453	18103	57740	84378	25331	12566	58678	44947	05584	56941
85475	36857	43342	53988	53060	59533	38867	62300	08158	17983	16439	11458	18593	64652
28918	69578	88231	33276	70997	79936	56868	05859	90106	31595	01547	85590	91610	78188
63553	40961	48235	03427	49626	69445	18663	72695	52180	20847	12234	90511	33703	90322
09429	93969	52636	92737	88974	33488	36320	17617	30015	08272	84115	27156	30613	74952
10365	61129	87529	85689	48237	52267	67689	93394	01511	26358	85104	20285	29975	89868
07119	97336	71048	08178	77233	13916	47564	81056	97735	85977	29372	74461	28551	90707
51085	12765	51821	51259	77452	16308	60756	92144	49442	53900	70960	63990	75601	40719
023368	21382	52404	60268	89368	19885	55322	44819	01188	65255	64835	44919	05944	55157
01011	54092	33362	94904	31273	04146	18594	29852	71585	85030	51132	01915	92747	64951
52162	53916	46369	58586	23216	14513	83149	98736	23495	64350	94738	17752	35156	35749
07056	97628	33787	09998	42698	06691	76988	13602	51851	46104	88916	19509	25625	58104
48663	91245	85828	14346	09172	30168	90229	04734	59193	22178	30421	61666	99904	32812
54164	58492	22421	74103	47070	25306	76468	26384	58151	06646	21524	15227	96909	44592
32639	32363	05597	24200	13363	38005	94342	28728	35806	06912	17012	64161	18296	22851
29334	27001	87637	87308	58731	00256	45834	15398	46557	41135	10367	07684	36188	18510
02488	33062	28834	07351	19731	92420	60952	61280	50001	67658	32586	86679	50720	94953
81525	72295	04839	96423	24878	82651	66566	14778	76797	14780	13300	87074	79666	95725
29676	20591	68086	26432	46901	20849	89768	81536	86645	12659	92259	57102	80428	25280
00742	57392	39064	66432	84673	40027	32832	61362	98947	96067	64760	64584	96096	98253
05366	04213	25669	26422	44407	44048	37937	63904	45766	66134	75470	66520	34693	90449
92921	26418	64117	94305	26766	25940	39972	22209	71500	64568	91402	42416	07844	69618
00582	04711	87917	77341	42206	35126	74087	99547	81817	42607	43808	76655	62028	76630
00725	69884	62797	56170	86324	88072	76222	36086	84637	93161	76038	65855	77919	88006
69011	65797	95876	55293	18988	27354	26575	08625	40801	59920	29841	80150	12777	48501
25976	57948	29888	88604	67917	48708	18912	82271	65424	69774	33641	54262	85963	03547
29763	83473	73577	12908	30883	18317	28290	35797	05998	41688	34952	37888	38917	88050
91567	42595	27958	30134	04024	86385	29880	99730	55536	84855	29080	09250	79656	73211
17955	563349	90999	49127	20044	59931	06115	20542	18059	02008	73708	83517	36103	42791
46503	18584	18845	49618	02304	51038	20655	58727	28168	15475	56942	53389	20562	87338
92157	89634	94824	78171	84610	82834	09922	25417	44137	48413	25555	21246	35509	20468
14577	62765	35605	81263	39667	47358	56873	56307	61607	49518	89656	20103	77490	18062
98427	07523	33362	64270	01638	92477	66969	98420	04880	45585	46565	04102	46880	45709
34914	63976	88720	82765	34476	17032	87589	40836	32427	70002	70663	88863	77775	69348
70060	28277	39475	46473	23219	53416	94970	25832	69975	94884	19661	72828	00102	66794
53976	54914	06990	67245	68350	82948	11398	42878	80287	882267	47363	46634	06541	97809
76072	29515	40980	07391	58745	25774	22987	80059	39911	96189	41151	14222	60697	59583
90725	52210	83974	29992	65831	38857	50490	83765	55657	14361	31720	57375	56228	41546
64364	67412	33339	31926	14883	24413	59744	92351	97473	89286	35931	04110	23726	51900
08962	00358	31662	25388	61642	34072	81249	35648	56891	69352	48373	45578	78547	81788
95012	68379	93526	70765	10593	04542	76463	54328	02349	17247	28865	14777	62730	92277
15664	10493	20492	38391	91132	21999	59516	81652	27195	48223	46751	22923	32261	85653

[표 2] 표준정규분포표

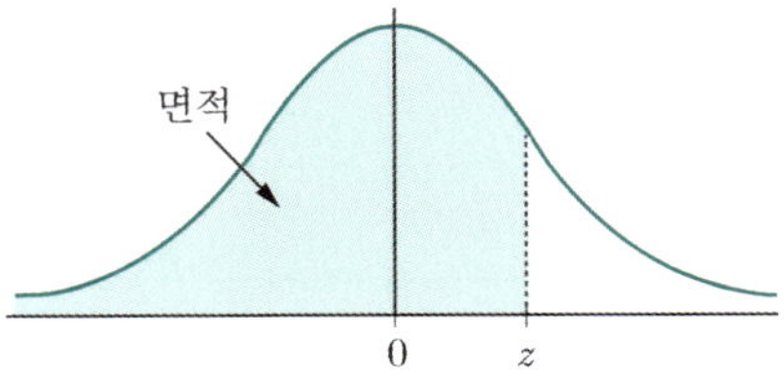

z	.00	.01	.02	.03	.04	.05	.06	.07	.08	.09
0.0	.5000	.5040	.5080	.5120	.5160	.5199	.5239	.5279	.5319	.5359
0.1	.5398	.5438	.5478	.5517	.5557	.5596	.5636	.5675	.5714	.5753
0.2	.5793	.5832	.5871	.5910	.5948	.5987	.6026	.6064	.6103	.6141
0.3	.6179	.6217	.6255	.6293	.6331	.6368	.6406	.6443	.6480	.6517
0.4	.6554	.6591	.6628	.6664	.6700	.6736	.6772	.6808	.6844	.6879
0.5	.6915	.6950	.6985	.7019	.7054	.7088	.7123	.7157	.7190	.7224
0.6	.7257	.7291	.7224	.7357	.7389	.7422	.7454	.7486	.7517	.7549
0.7	.7580	.7611	.7642	.7673	.7704	.7734	.7764	.7794	.7823	.7852
0.8	.7881	.7910	.7939	.7967	.7995	.8023	.8051	.8078	.8106	.8133
0.9	.8159	.8186	.8212	.8238	.8264	.8289	.8315	.8340	.8365	.8389
1.0	.8413	.8438	.8461	.8485	.8508	.8531	.8554	.8577	.8599	.8621
1.1	.8643	.8665	.8686	.8708	.8279	.8749	.8770	.8790	.8810	.8830
1.2	.8849	.8869	.8888	.8907	.8925	.8944	.8962	.8980	.8997	.9015
1.3	.9032	.9049	.9066	.9082	.9099	.9115	.9131	.9147	.9162	.9177
1.4	.9192	.9207	.9222	.9236	.9251	.9265	.9279	.9292	.9306	.9319
1.5	.9332	.9345	.9357	.9370	.9382	.9394	.9406	.9418	.9429	.9441
1.6	.9452	.9463	.9474	.9484	.9495	.9505	.9515	.9525	.9536	.9545
1.7	.9554	.9564	.9573	.9582	.9591	.9599	.9608	.9616	.9625	.9633
1.8	.9641	.9649	.9656	.9664	.9671	.9678	.9686	.9693	.9699	.9706
1.9	.9713	.9719	.9726	.9732	.9738	.9744	.9750	.9756	.9761	.9767
2.0	.9772	.9778	.9783	.9788	.9793	.9798	.9803	.9808	.9812	.9817
2.1	.9821	.9826	.9830	.9834	.9838	.9842	.9846	.9850	.9854	.9857
2.2	.9861	.9864	.9868	.9871	.9875	.9878	.9881	.9884	.9887	.9890
2.3	.9893	.9896	.9898	.9901	.9904	.9906	.9909	.9911	.9913	.9916
2.4	.9918	.9920	.9922	.9925	.9927	.9929	.9931	.9932	.9934	.9936
2.5	.9938	.9940	.9941	.9943	.9945	.9946	.9948	.9949	.9951	.9952
2.6	.9953	.9955	.9956	.9957	.9959	.9960	.9961	.9962	.9963	.9964
2.7	.9965	.9966	.9967	.9968	.9969	.9970	.9971	.9972	.9973	.9974
2.8	.9974	.9975	.9976	.9977	.9977	.9978	.9979	.9979	.9980	.4981
2.9	.9981	.9982	.9982	.9983	.9984	.9984	.9985	.9985	.9986	.9986
3.0	.9987	.9987	.9987	.9988	.9988	.9989	.9989	.9989	.9990	.9990
3.1	.9990	.9991	.9991	.9991	.9992	.9992	.9992	.9992	.9993	.9993
3.2	.9993	.9993	.9994	.9994	.9994	.9994	.9994	.9994	.9995	.9995
3.3	.9995	.9995	.9995	.9996	.9996	.9996	.9996	.9996	.9996	.9997
3.4	.9997	.9997	.9997	.9997	.9997	.9997	.9997	.9997	.9997	.9998

[표 3] t분포표

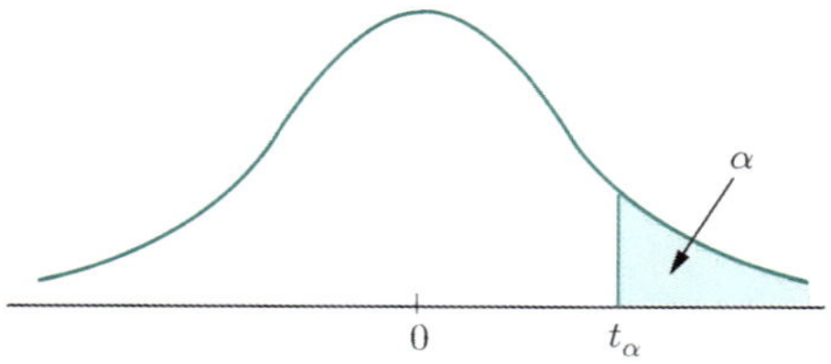

	α					
df	0.25	0.1	0.05	0.025	0.01	0.005
1	1.000	3.078	6.314	12.706	31.821	63.657
2	0.816	1.886	2.920	4.303	6.965	9.925
3	0.765	1.638	2.353	3.182	4.541	5.841
4	0.741	1.533	2.132	2.776	3.747	4.604
5	0.727	1.476	2.015	2.571	3.365	4.032
6	0.718	1.440	1.943	2.447	3.134	3.707
7	0.711	1.415	1.895	2.365	2.998	3.499
8	0.706	1.397	1.860	2.306	2.896	3.355
9	0.703	1.383	1.899	2.262	2.821	3.250
10	0.700	1.372	1.812	2.228	2.764	3.169
11	0.697	1.363	1.796	2.201	2.718	3.106
12	0.695	1.356	1.782	2.179	2.681	3.055
13	0.694	1.350	1.771	2.160	2.650	3.012
14	0.692	1.345	1.761	2.145	2.624	3.9777
15	0.691	1.341	1.753	2.131	2.602	2.947
16	0.690	1.337	1.746	2.120	2.583	2.921
17	0.689	1.333	1.740	2.110	2.567	2.898
18	0.688	1.330	1.734	2.101	2.552	2.878
19	0.688	1.328	1.729	2.093	2.539	2.816
20	0.687	1.325	1.725	2.086	2.528	2.845
21	0.686	1.323	1.721	2.080	2.518	2.831
22	0.686	1.321	1.717	2.074	2.508	2.819
23	0.685	1.319	1.714	2.069	2.500	2.807
24	0.685	1.318	1.711	2.064	2.492	2.797
25	0.684	1.316	1.708	2.060	2.485	2.787
26	0.684	1.315	1.706	2.056	2.479	2.779
27	0.684	1.314	1.703	2.052	2.473	2.771
28	0.683	1.313	1.701	2.048	2.467	2.763
29	0.683	1.311	1.699	2.045	2.462	2.756
30	0.683	1.310	1.697	2.042	2.457	2.750
40	0.681	1.303	1.684	2.021	2.423	2.704
60	0.697	1.296	1.671	2.000	2.390	2.660
120	0.677	1.289	1.658	1.980	2.358	2.617
∞	0.674	1.282	1.645	1.960	2.326	2.576

[표 4] χ^2분포표

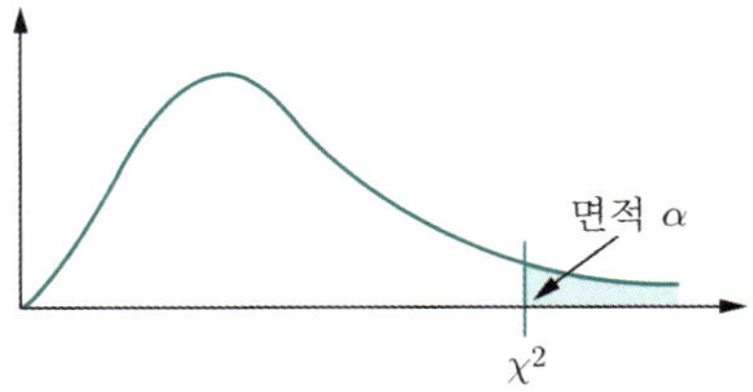

	0.955	0.99	0.975	0.95	0.90	0.10	0.05	0.025	0.01	0.005
1	-	-	0.001	0.004	0.016	2.706	3.841	5.024	6.635	7.879
2	0.010	0.020	0.051	0.103	0.211	4.605	5.991	7.378	9.210	10.597
3	0.072	0.115	0.216	0.352	0.584	6.251	7.815	9.348	11.345	12.838
4	0.207	0.297	0.484	0.711	1.064	7.779	9.488	11.143	13.277	14.860
5	0.412	0.554	0.831	1.145	1.610	9.236	11.071	12.833	15.086	16.750
6	0.676	0.872	1.237	1.635	2.204	10.645	12.592	14.449	16.812	18.548
7	0.989	1.239	1.690	2.167	2.833	12.017	14.067	16.013	18.475	20.278
8	1.344	1.646	2.180	2.733	3.490	13.362	15.507	17.535	20.090	21.955
9	1.735	2.088	2.700	3.325	4.168	14.684	16.919	19.023	21.666	23.589
10	2.156	2.558	3.247	3.940	4.865	15.987	18.307	20.483	23.209	25.188
11	2.603	3.053	3.816	4.575	5.578	17.275	19.675	21.920	24.725	26.757
12	3.074	3.571	4.404	5.226	6.304	18.549	21.026	23.337	26.217	28.299
13	3.565	4.107	5.009	5.892	7.042	19.812	22.362	24.736	27.688	29.819
14	4.075	4.660	5.629	6.571	7.790	21.064	23.685	26.119	29.141	31.319
15	4.601	5.229	6.262	7.261	8.547	22.307	24.996	27.488	30.578	32.801
16	5.142	5.812	6.908	7.962	9.312	23.542	26.296	28.845	31.000	34.267
17	5.697	6.408	7.564	8.672	10.085	24.769	27.587	30.191	33.409	35.718
18	6.265	7.015	8.231	9.390	10.865	25.989	28.869	31.526	34.805	37.156
19	6.844	7.633	8.907	10.117	11.651	27.204	30.144	32.852	36.191	38.582
20	7.434	8.260	9.591	10.851	12.443	28.412	31.410	34.170	37.566	39.997
21	8.034	8.897	10.283	11.591	13.240	29.615	32.671	35.479	38.932	41.401
22	8.643	9.542	10.982	12.338	14.042	30.913	33.924	36.781	40.289	42.796
23	9.262	10.196	11.689	13.091	14.848	32.007	35.172	38.076	41.638	44.181
24	9.886	10.856	12.401	13.848	15.659	33.196	36.415	39.364	42.980	45.559
25	10.520	11.524	13.120	14.611	16.473	34.382	37.652	40.646	44.314	46.928
26	11.160	12.198	13.844	15.379	17.292	35.563	38.885	41.923	45.642	48.290
27	11.808	12.879	14.573	16.151	18.114	36.741	40.113	43.194	46.963	49.645
28	12.461	13.565	15.308	16.928	18.939	37.916	41.337	44.461	48.278	50.993
29	13.121	14.257	16.047	17.708	19.768	39.087	42.557	45.722	49.588	52.336
30	13.787	14.954	16.791	18.493	20.599	40.256	43.773	46.979	50.892	53.672
40	20.707	22.164	24.433	26.509	29.051	51.805	55.758	59.342	63.691	66.766
50	27.991	29.707	32.357	34.764	37.689	63.167	67.505	71.420	76.154	79.490
60	35.534	37.485	40.482	43.188	46.459	74.397	79.082	83.298	88.379	91.952
70	43.275	45.442	48.758	51.739	55.329	85.527	90.531	95.023	100.425	104.215
80	51.172	53.540	57.153	60.391	64.278	96.578	101.879	106.629	112.329	116.321
90	59.196	61.754	65.647	69.126	73.291	107.565	113.145	118.136	124.116	128.299

[표 5] F분포표

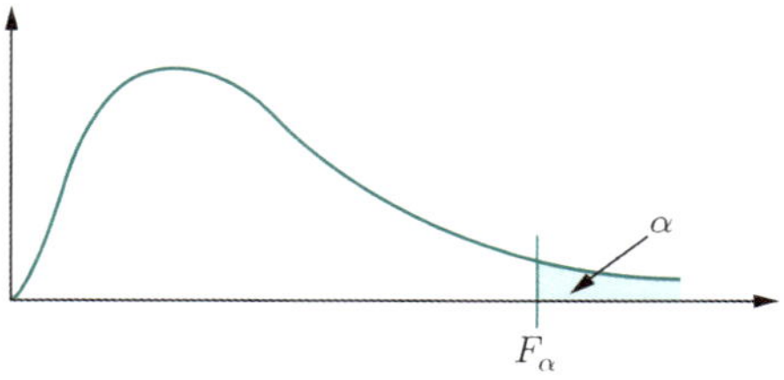

df_1–분자의 자유도
df_2–분모의 자유도

$\alpha = 0.01$

df_2	df_1 1	2	3	4	5	6	7	8	9
1	4052.0	4999.0	5403.0	5625.0	5764.0	5853.0	5928.0	5982.0	6022.0
2	98.50	99.00	99.17	99.25	99.30	99.33	99.36	99.37	99.39
3	34.12	30.82	29.46	82.71	28.24	27.91	27.67	27.49	27.34
4	21.20	18.00	16.69	15.98	15.52	15.21	14.98	14.80	14.66
5	16.26	13.27	12.06	11.39	10.97	10.67	10.46	10.29	10.16
6	13.74	10.92	9.78	9.15	8.75	8.47	8.26	8.10	7.98
7	12.25	9.55	8.45	7.85	7.46	7.19	6.99	6.84	6.72
8	11.26	8.65	7.59	7.01	6.63	6.37	6.18	6.03	5.91
9	10.56	8.02	6.99	6.42	6.06	5.80	5.61	5.47	5.35
10	10.04	7.56	6.55	5.99	5.64	5.39	5.20	5.06	4.94
11	9.65	7.21	6.22	5.67	5.32	5.07	4.89	4.74	4.63
12	9.33	6.93	5.95	5.41	5.06	4.82	4.64	4.50	4.39
13	9.07	6.70	5.74	5.21	4.86	4.62	4.44	4.30	4.19
14	8.86	6.51	5.56	5.04	4.69	4.46	4.28	4.14	4.03
15	8.68	6.36	5.42	4.89	4.56	4.32	4.14	4.00	3.89
16	8.53	6.23	5.29	4.77	4.44	4.20	4.03	3.89	3.78
17	8.40	6.11	5.18	4.67	4.34	4.10	3.93	3.79	3.68
18	8.29	6.01	5.09	4.58	4.25	4.01	3.84	3.71	3.60
19	8.18	5.93	5.01	450	4.17	3.94	3.77	3.63	3.52
20	8.10	5.85	4.94	4.43	4.10	3.87	3.70	3.56	3.46
21	8.02	5.78	4.87	4.37	4.04	..81	3.64	3.51	3.40
22	7.95	5.72	4.82	4.31	3.99	3.76	3.59	3.45	3.35
23	7.88	5.66	4.76	4.26	3.94	3.71	3.54	3.41	3.30
24	7.82	5.61	4.72	4.22	3.90	3.67	3.50	3.36	3.26
25	7.77	5.57	4.68	4.18	3.85	3.63	3.46	3.32	3.22
26	7.72	5.53	4.64	4.14	3.82	5.59	3.42	3.29	3.18
27	7.68	5.49	4.60	4.11	3.78	3.56	3.39	3.26	3.15
28	7.64	5.45	4.57	4.07	3.75	3.53	3.36	3.23	3.12
29	7.60	5.42	4.54	4.04	3.73	3.50	3.33	3.20	3.09
30	7.56	5.39	4.51	4.02	3.70	3.47	3.30	3.17	3.07
40	7.31	5.18	4.31	3.83	3.51	3.29	3.12	2.99	2.89
60	7.08	4.98	4.13	3.65	3.34	3.12	2.95	2.82	2.72
120	6.85	4.79	3.95	3.48	3.17	2.96	2.79	2.66	2.56
∞	6.63	4.61	3.78	3.32	3.02	2.80	2.64	2.51	2.41

[표 5] F 분포표 (계속)

$\alpha = 0.01$

df_2	df_1 10	15	20	24	30	40	60	120	∞
1	6056.0	6157.0	6209.0	6235.0	6261.0	6287.0	6313.0	6339.0	6366.0
2	99.40	99.43	99.45	99.46	99.47	99.47	99.48	99.49	99.50
3	27.23	26.87	26.69	26.60	26.50	26.41	26.32	26.22	26.12
4	14.55	14.20	14.02	13.93	13.84	13.74	13.65	13.56	13.46
5	10.05	9.72	9.55	9.47	9.38	9.29	9.20	9.11	9.08
6	7.87	7.56	7.40	7.31	7.23	7.14	7.06	6.97	6.88
7	6.62	6.31	6.16	6.07	5.99	5.91	5.82	5.774	5.65
8	5.81	5.52	5.36	5.28	5.20	5.12	5.03	4.95	4.86
9	5.26	4.96	4.81	4.73	4.65	4.57	4.48	4.40	4.31
10	4.85	4.56	4.41	4.33	4.25	4.17	4.08	4.00	3.91
11	4.54	4.25	4.10	4.02	3.94	3.86	3.78	3.69	3.60
12	4.30	4.01	3.86	3.78	3.70	3.62	3.54	3.45	3.36
13	4.10	3.82	3.66	3.59	3.51	3.43	3.34	3.25	3.17
14	3.94	3.66	3.51	3.43	3.35	3.27	3.18	3.09	3.00
15	3.80	3.52	3.37	3.29	3.21	3.13	3.05	2.96	2.87
16	3.69	3.41	3.26	3.18	3.10	3.02	2.93	2.84	2.75
17	359	3.31	3.16	3.08	3.00	2.92	2.83	2.75	2.65
18	3.51	3.23	3.08	3.00	2.92	2.84	2.75	2.66	2.57
19	3.43	3.15	3.00	2.92	2.84	2.76	5.67	2.58	2.49
20	3.37	3.09	2.94	2.86	2.78	2.69	2.61	2.52	2.42
21	3.31	3.03	2.88	2.80	2.72	2.64	2.55	2.46	2.36
22	3.26	2.98	2.83	2.75	2.67	2.58	2.50	2.40	2.31
23	3.21	2.93	2.78	2.70	2.62	2.54	2.45	2.35	2.26
24	3.17	2.89	2.74	2.66	2.58	2.49	2.40	2.31	2.21
25	3.13	2.85	2.70	2.62	2.54	2.45	2.36	2.27	2.17
26	3.09	2.81	2.66	2.58	2.50	2.42	2.33	2.23	2.13
27	3.06	2.78	2.63	2.55	2.47	2.38	2.29	2.20	2.10
28	3.03	2.75	2.60	2.52	2.44	2.35	2.26	2.17	2.06
29	3.00	2.73	2.57	2.49	2.41	2.33	2.23	2.14	2.03
30	2.98	2.70	2.55	2.47	2.39	2.30	2.21	2.11	2.01
40	2.80	2.52	2.37	2.29	2.20	2.11	2.02	1.92	1.80
60	2.63	2.35	2.20	2.12	2.03	1.94	1.84	1.73	1.60
120	2.47	2.19	2.03	1.95	1.86	1.76	1.66	1.53	1.38
∞	2.32	2.04	1.88	1.79	1.70	1.59	1.47	1.32	1.00

[표 5] F분포표(계속)

$\alpha = 0.05$

	df_1								
df_2	1	2	3	4	5	6	7	8	9
1	161.45	199.50	215.71	224.58	230.16	233.99	236.77	238.88	240.54
2	18.51	19.00	19.16	19.25	19.30	19.33	19.35	19.37	19.38
3	10.13	9.55	9.28	9.12	9.01	8.94	8.89	8.85	8.81
4	7.71	6.94	6.59	6.39	6.26	6.16	6.09	6.04	6.00
5	6.61	5.79	5.41	5.19	5.05	4.95	4.88	4.82	4.77
6	5.99	5.14	4.76	4.53	4.39	4.28	4.21	4.15	4.10
7	5.59	4.74	4.35	4.12	3.97	3.87	3.79	3.73	3.68
8	5.32	4.46	4.07	3.84	3.69	3.58	3.50	3.44	3.39
9	5.12	4.26	3.86	3.63	3.48	3.37	3.29	3.23	3.18
10	4.96	4.10	3.71	3.48	3.33	3.22	3.14	3.07	3.02
11	4.84	3.98	3.59	3.26	3.20	3.09	3.01	2.95	2.90
12	4.75	3.89	3.49	3.26	3.11	3.00	2.91	2.85	2.80
13	4.67	3.81	3.41	3.18	3.03	2.92	2.83	2.77	2.71
14	4.60	3.74	3.34	3.11	2.96	2.85	2.76	2.70	2.65
15	4.54	3.68	3.29	3.06	290	2.79	2.71	2.64	2.59
16	4.49	3.63	3.24	3.01	2.85	2.74	2.66	2.59	2.54
17	4.45	3.59	3.20	2.96	2.81	2.70	2.61	2.55	2.49
18	4.41	3.55	3.16	2.93	2.77	2.66	2.58	2.51	2.46
19	4.38	3.52	3.13	2.90	2.74	2.63	2.54	2.48	2.42
20	4.35	3.49	3.10	2.87	2.71	2.60	2.51	2.45	2.39
21	4.32	3.47	3.07	2.84	2.68	2.57	2.49	2.42	2.37
22	4.30	3.44	3.05	2.82	2.66	2.55	2.46	2.40	2.34
23	4.28	3.42	3.03	2.80	2.64	2.53	2.44	2.37	2.32
24	4.26	3.40	3.01	2.78	2.62	2.51	2.42	2.36	2.30
25	4.24	3.39	2.99	2.76	2.60	2.49	2.40	2.34	2.28
26	4.23	3.37	2.98	2.74	2.59	2.47	2.39	2.32	2.27
27	4.21	3.35	2.96	2.73	2.57	2.46	2.37	2.31	2.25
28	4.20	3.34	2.95	2.71	2.56	2.45	2.36	2.29	2.24
29	4.18	3.33	2.93	2.70	2.55	2.43	2.35	2.28	2.22
30	4.17	3.32	2.92	2.69	2.23	2.42	2.33	227	2.21
40	4.08	3.23	2.84	2.61	2.45	2.34	2.25	2.18	2.12
60	4.00	3.15	2.76	2.53	2.37	2.25	2.17	2.10	2.04
120	3.92	3.07	2.68	2.45	2.29	2.17	2.09	2.02	1.96
∞	3.84	3.00	2.60	2.37	2.21	2.10	2.01	1.94	1.88

[표 5] F분포표 (계속)

$\alpha = 0.05$

df_2	df_1 10	15	20	24	30	40	60	120	∞
1	241.88	245.95	248.01	249.05	250.09	251.14	252.20	253.25	254.32
2	19.40	19.43	19.45	19.45	19.46	19.47	19.48	19.49	19.50
3	8.76	8.70	8.66	8.64	8.62	8.59	8.57	8.55	8.53
4	5.96	5.86	5.80	5.77	5.75	5.72	5.69	5.66	5.63
5	4.74	4.62	4.56	4.53	4.50	4.46	4.43	4.40	4.36
6	4.06	3.94	3.87	3.84	3.81	3.77	3.74	3.70	3.67
7	3.64	3.51	3.44	3.41	3.38	3.34	3.30	3.27	3.23
8	3.35	3.22	3.15	3.12	3.08	3.04	3.01	2.97	2.93
9	3.14	3.01	2.94	2.90	2.86	2.83	2.79	2.75	2.71
10	2.98	2.84	2.77	2.74	2.70	2.66	2.62	2.58	2.54
11	2.85	2.72	2.65	2.61	2.57	2.53	2.49	2.45	2.40
12	2.75	2.62	2.54	2.51	2.47	2.43	2.38	2.34	2.30
13	2.67	2.53	2.46	2.42	2.38	2.34	2.30	2.25	2.21
14	2.60	2.46	2.39	2.35	2.31	2.27	2.22	2.18	2.13
15	2.54	2.40	2.33	2.29	2.25	2.20	2.16	2.11	2.07
16	2.49	2.35	2.28	2.24	2.19	2.15	2.11	2.06	2.01
17	2.45	2.31	2.23	2.19	2.15	2.10	206	2.01	1.96
18	2.41	2.27	2.19	2.15	2.11	2.06	2.02	1.97	1.92
19	2.38	2.23	2.16	2.11	2.07	2.03	1.98	1.93	1.88
20	2.35	2.20	2.12	2.08	2.04	1.99	1.95	1.90	1.84
21	2.32	2.18	2.10	2.05	2.04	1.96	1.92	1.87	1.81
22	2.30	2.15	2.07	2.03	1.98	1.94	1.89	1.84	1.78
23	2.27	2.13	2.05	2.00	1.96	1.91	1.86	1.81	1.76
24	2.25	2.11	2.03	1.98	1.94	1.89	1.84	1.79	1.73
25	2.24	2.09	2.01	1.96	1.92	1.87	1.82	1.77	1.71
26	2.22	2.07	1.99	1.95	1.90	1.85	1.80	1.75	1.69
27	2.20	2.06	1.97	1.93	1.88	1.84	1.79	1.73	1.67
28	2.19	2.04	1.96	1.91	1.87	1.82	1.77	1.71	1.65
29	2.18	2.03	1.94	1.90	1.85	1.81	1.75	1.70	1.64
30	2.16	2.01	1.93	1.89	1.84	1.79	1.74	1.68	1.62
40	2.08	1.92	1.84	1.79	1.74	1.69	1.64	1.58	1.51
60	1.99	1.84	1.75	1.70	1.65	1.59	1.53	1.47	1.39
120	1.91	1.75	1.66	1.61	1.55	1.50	1.43	1.35	1.25
∞	1.83	1.67	1.57	1.52	1.46	1.39	1.31	1.22	1.00

[표 5] F 분포표 (계속)

$\alpha = 0.10$

df_2	df_1								
	1	2	3	4	5	6	7	8	9
1	39.86	49.50	53.59	55.83	57.24	58.20	58.91	59.44	59.86
2	8.53	9.00	9.16	9.24	9.29	9.33	9.35	9.37	9.38
3	5.54	5.46	2.39	5.34	5.31	5.28	5.27	5.25	5.24
4	4.54	4.32	4.19	4.11	4.06	4.01	3.98	3.95	3.94
5	4.06	3.78	3.62	3.52	3.45	3.40	3.37	3.34	3.32
6	3.78	3.46	3.29	3.18	3.11	3.05	3.01	2.98	2.96
7	3.59	3.26	3.07	2.96	288	2.83	2.78	2.75	2.72
8	3.46	3.11	2.92	2.81	2.73	2.67	2.62	2.59	2.56
9	3.36	3.01	2.81	2.69	2.61	2.55	2.51	2.47	2.44
10	3.28	2.92	2.73	2.61	2.52	2.46	2.41	2.38	2.35
11	3.23	2.86	2.66	2.54	2.45	2.39	2.34	2.30	2.27
12	3.13	2.81	2.61	2.48	2.39	2.33	2.28	2.24	2.21
13	3.14	2.76	2.56	2.43	2.35	2.28	2.23	2.20	2.16
14	3.10	2.73	2.52	2.39	2.31	2.24	2.19	2.15	2.12
15	3.07	2.70	2.49	2.36	2.27	2.21	2.16	2.12	2.09
16	3.05	2.67	2.46	2.33	2.24	2.18	2.13	2.09	2.06
17	3.03	2.64	2.44	2.31	2.22	2.15	2.10	2.06	2.03
18	3.01	2.62	2.42	2.29	2.20	2.13	2.08	2.04	2.00
19	2.99	2.61	2.40	2.27	2.18	2.11	2.06	2.02	1.98
20	2.97	2.59	2.38	2.25	2.16	2.09	2.04	2.00	1.96
21	2.96	2.57	2.36	2.23	2.14	2.08	2.02	1.98	1.95
22	2.95	2.56	2.35	2.22	2.13	2.06	2.01	1.97	1.93
23	2.94	2.55	2.34	2.21	2.11	2.05	1.99	1.95	1.92
24	2.93	2.54	2.33	2.19	2.10	2.04	1.98	1.94	1.91
25	2.92	2.53	2.32	2.18	2.09	2.02	1.97	1.93	1.89
26	2.91	2.52	2.31	2.17	2.08	2.01	1.96	1.92	1.88
27	2.90	2.51	2.30	2.17	2.07	2.00	1.95	1.91	1.87
28	2.89	2.50	2.29	2.16	2.06	2.00	1.94	1.90	1.87
29	2.89	2.50	2.28	2.15	2.06	1.99	1.93	1.89	1.86
30	2.88	2.49	2.28	2.14	2.05	1.98	1.93	1.88	1.85
40	2.84	2.44	2.23	1.09	2.00	1.93	1.87	1.83	1.79
60	2.79	2.39	2.18	2.04	1.95	1.87	1.82	1.77	1.74
120	2.75	2.35	2.13	1.99	1.90	1.82	1.77	1.72	1.68
∞	2.71	2.30	2.08	1.94	1.85	1.77	1.72	1.67	1.63

[표 5] F 분포표 (계속)

$\alpha = 0.10$

	df_1									
df_2	10	12	15	20	24	30	40	600	120	∞
1	60.20	60.71	61.22	61.74	62.00	62.26	62.53	62.79	63.06	63.83
2	9.39	9.41	9.42	9.44	9.45	9.46	9.47	9.47	9.48	9.49
3	5.23	5.22	5.20	5.18	5.18	5.17	5.16	5.15	5.14	5.13
4	3.92	3.90	3.87	3.84	3.83	3.82	3.80	3.79	3.78	3.76
5	3.30	3.27	3.24	3.21	3.19	3.17	3.16	3.14	3.12	3.10
6	2.94	2.90	2.87	2.84	2.82	2.80	2.78	2.70	2.74	2.72
7	2.70	2.67	2.63	2.59	2.58	2.56	2.54	2.51	2.49	2.47
8	2.54	2.50	2.46	2.42	2.40	2.38	2.36	2.34	2.32	2.29
9	2.42	2.38	2.34	2.30	2.28	2.25	2.23	2.21	2.18	2.16
10	2.32	2.28	2.24	2.20	2.18	2.16	2.13	2.11	2.08	2.06
11	2.25	2.21	2.17	2.12	2.10	2.08	2.05	2.03	2.00	1.97
12	2.19	2.15	2.10	2.06	2.04	2.01	1.99	1.96	1.93	1.90
13	2.14	2.10	2.05	2.01	1.98	1.96	1.93	1.90	1.88	1.85
14	2.10	2.05	2.01	1.96	1.94	1.91	1.89	1.86	1.83	1.80
15	2.06	2.02	1.97	1.92	1.90	1.87	1.85	1.82	1.79	1.76
16	2.03	1.99	1.94	1.89	1.87	1.84	1.81	1.78	1.75	1.72
17	2.00	1.96	1.91	1.86	1.84	1.81	1.78	1.75	1.72	1.69
18	1.98	1.93	1.89	1.84	1.81	1.78	1.75	1.72	1.69	1.66
19	1.96	1.91	1.86	1.81	1.79	1.76	1.73	1.70	1.67	1.63
20	1.94	1.89	1.84	1.79	1.77	1.74	1.71	1.68	1.64	1.61
21	1.92	1.88	1.83	1.78	1.75	1.72	1.69	1.66	1.62	1.59
22	1.90	1.86	1.81	1.76	1.73	1.70	1.67	1.64	1.60	1.57
23	1.89	1.84	1.80	1.74	1.72	1.69	1.66	1.62	1.59	1.55
24	1.88	1.83	1.78	1.73	1.70	1.67	1.64	1.61	1.57	1.53
25	1.87	1.82	1.77	1.72	1.69	1.66	1.63	1.59	1.56	1.52
26	1.86	1.81	1.76	1.71	1.68	1.65	1.61	1.58	1.54	1.50
27	1.85	1.80	1.75	1.70	1.67	1.64	1.60	1.57	1.53	1.49
28	1.84	1.79	1.74	1.69	1.66	1.63	1.59	1.56	1.52	1.48
29	1.83	1.78	1.73	1.68	1.65	1.62	1.58	1.55	1.51	1.47
30	1.82	1.77	1.72	1.67	1.64	1.61	1.57	1.54	1.50	1.49
40	1.76	1.71	1.66	1.61	1.57	1.54	1.51	1.47	1.42	1.38
60	1.71	1.66	1.60	1.54	1.51	1.48	1.44	1.40	1.35	1.29
120	1.65	1.60	1.54	1.48	1.45	1.41	1.37	1.32	1.26	1.19
∞	1.60	1.55	1.49	1.42	1.38	1.34	1.30	1.24	1.17	1.00

연습문제 해답

〈1장 해답〉

1. 생략

2. ① 각종 선거결과의 예측

② 신제품에 대한 소비자의 만족도 분석

③ 2016년도 휴대폰 수요 예측

④ 수능시험의 성적분포 예측

⑤ 승용차 10부제에 따른 통행량 감소분의 추정

3. 4. 생략

5. (1)기술적 (2)추론적 (3)기술적 (4)추론적

6. 7. 생략

〈2장 해답〉

1. 2. 생략

3. 확률변수인 행운권 상금액 X가 취하는 값은 10,000, 5,000, 1,000, 0이고 각각의 값에 대한 확률은 1/100, 3/100. 10/100, 86/100 이므로 확률분포표는 다음과 같다.

(1) 행운권 상금액 X의 확률분포표

x	10,000	5,000	1,000	0	합계
$P(X=x)$	$\frac{1}{100}$	$\frac{3}{100}$	$\frac{10}{100}$	$\frac{86}{100}$	1

(2) 기대값: $E(X)=10000\times\frac{1}{100}+5000\times\frac{3}{100}+1000\times\frac{10}{100}+0\times\frac{86}{100}=350$

(3) 상금액이 5000원 이상이 될 확률: $P(X\geq 5000)=P(X=5000)+P(X=10000)\ =\frac{4}{100}$

4. 매출액을 확률변수 X라 하여 확률분포표로 정리하면

x	500만원	200만원	100만원	합계
$P(X=x)$	0.6	0.3	0.1	1

(1) $E(X) = 500 \times 0.6 + 200 \times 0.3 + 100 \times 0.1 = 370$(만원)

(2) $E(3X) = 3E(X) = 3 \times 370 = 1110$

(3) $Var(3X) = 9\, Var(X)$ 이므로 분산은 9배가 커진다.

5. (1) 교과목의 성적을 X라 하면 $X \sim N(80, 4^2)$을 따른다. 구하고자 하는 확률은

$$P(X \geq 90) = P\left(\frac{X-80}{4} \geq \frac{90-80}{4}\right) = P(Z \geq 2.5) = 1 - P(Z < 2.5)$$

$$= 1 - 0.9938 = 0.0062$$

(2) $P(X > x) = 0.1$을 만족하는 x의 값을 구하면 된다.

$$P(X \geq x) = P\left(\frac{X-80}{4} \geq \frac{x-80}{4}\right) = P\left(Z \geq \frac{x-80}{4}\right) = 0.1$$

표준정규분포표에서 $P(Z \geq 1.282) = 0.1$이므로 $\frac{x-80}{4} = 1.282$이다.

그러므로 최소점수는 $x = 80 + 4 \times 1.282 = 85.128$ 이다.

6. 성적을 X라 하면 $X \sim N(70, 10^2)$

$$P(70 \leq X < 80) = P\left(\frac{70-70}{10} \leq \frac{X-70}{10} \leq \frac{80-70}{10}\right) = P(0 \leq Z < 1) = 0.34$$

35명중에서 34%를 A부서에 12명 배치하게 되므로 $35 \times 0.34 = 11.9$.

따라서 12명이 A부서로 가게 된다.

7. $E(Y) = E(\frac{X-\mu}{\sigma}) = \frac{1}{\sigma}E(X-\mu) = \frac{1}{\sigma}(E(X) - E(\mu)) = \frac{1}{\sigma}(\mu - \mu) = 0$

$Var(Y) = Var(\frac{X-\mu}{\sigma}) = \frac{1}{\sigma^2} Var(X-\mu) = \frac{1}{\sigma^2} Var(X) = \frac{1}{\sigma^2} \times \sigma^2 = 1$

〈3장 해답〉

1. 2. 3. 생략

4. (1)조사 (2)실험 (3)관측

5. 6. 생략

〈4장 해답〉

1. 생략

2. $\frac{12 \times 150 + 15 \times 50}{10 \times 150 + 12 \times 50} \times 100 = 121.4$

3. 생략

〈5장 해답〉

1. 평균은 144g이다. 그러나 8개의 제품 중에서 7개의 제품의 중량이 144g 보다 적으므로 평균 144g이 자료를 대표할 수 있는 값이 아니다. 이런 결과가 나온 것은 하나의 값이 175g으로 너무 크기 때문이며 이 값은 이상점이다. 이런 경우는 중앙값이 자료를 더 잘 대표할 수 있는 값이 되며 중앙값은 $\frac{140+141}{2}=140.5$ 가 된다.

2. (1) A나라 인구가 극히 많기 때문에 A나라 소득에 가장 큰 영향을 받게 되어, A나라 평균소득에 가까운 값이 나올 것이 예상된다.

(2) 가중평균을 구하기 위하여 전체 인구에 대한 각국의 인구의 비율을 구해서 비중을 두기로 하자.

국가	평균소득 ($)	인구 (명)	비중
A	10,000	200,000,000	10/15
B	6,000	40,000,000	2/15
C	8,000	60,000,000	3/15
합계		300,000,000	1

가중평균은 $10{,}000\times\frac{10}{15}+6{,}000\times\frac{2}{15}+8{,}000\times\frac{3}{15}=9{,}066(\$)$이다.

예상한대로 상당히 A나라에 가까운 값이다.

3. (1) A아파트 세대주들의 도수와 상대도수 분포표

직 업	도수	상대도수
전문직	6	0.3
상업	8	0.4
사무직	4	0.2
기타	2	0.1
합계	20	1.0

(2) (3) 생략

〈6장 해답〉

1. 두 자료에 대하여 조사해보면 각각의 4분위수가 비슷하고, 이상점도 나타나지 않으며 대칭성도 크게 벗어나지 않고 있음을 알 수 있다.

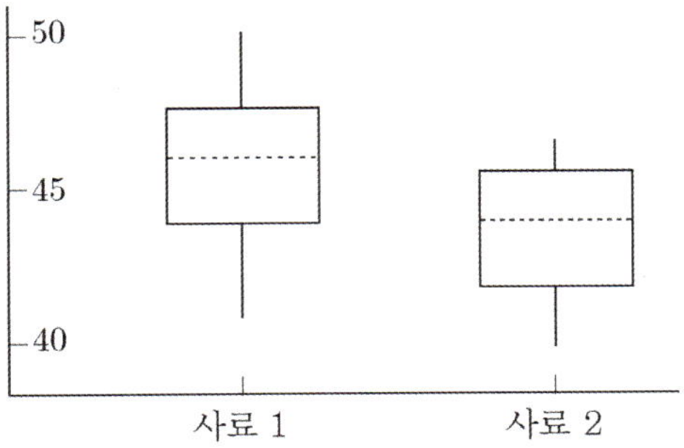

2. 사업비 규모를 X, 사업기간을 Y로 잡고 산점도를 그려보면 두 변수가 양의 상관관계에 있음을 알 수 있다.

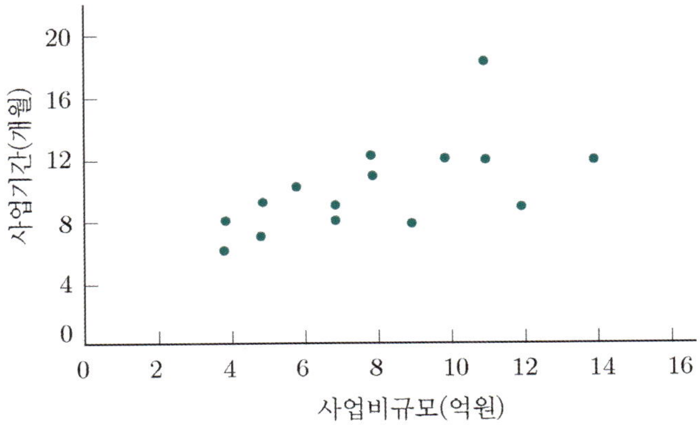

상관계수를 얻기 위하여 중간계산을 해보자.

$$\sum x_i = 121,\ \sum y_i = 151,\ \sum x_i^2 = 1107,\ \sum y_i^2 = 1641,\ \sum x_i y_i = 1297$$

$$r = \frac{n\sum x_i y_i - (\sum x_i)(\sum y_i)}{\sqrt{n\sum x_i^2 - (\sum x_i)^2}\ \sqrt{n\sum y_i^2 - (\sum y_i)^2}}$$

$$= \frac{15 \times 1297 - 121 \times 151}{\sqrt{15 \times 1107 - 121^2}\ \sqrt{15 \times 1641 - 151^2}}$$

$$= 0.627.$$

3. 생략

4. 순위상관계수를 얻는 중간계산

	A	B	C	D	E	F	G
갑의 순위 x	2	4	1	7	3	5	6
을의 순위 y	5	4	7	3	6	2	1
$x-y$	-3	0	-6	4	-3	3	5
$(x-y)^2$	9	0	36	16	9	9	25

순위상관계수를 얻는 공식에 계산과정의 값을 대입하면

$$r_s = 1 - \frac{6\sum_{i=1}^{n}(x_i - y_i)^2}{n(n^2-1)} = 1 - \frac{6\times(9+0+\cdots+25)}{7(49-1)} = 1 - \frac{624}{336} = -0.86$$

〈7장 해답〉

1. 생략

2. 모평균 $\mu = 158$, 모표준편차 $\sigma = 6$이고 표본의 크기 100이므로 표본평균 $\overline{X}$는 중심극한 정리에 의하여 근사적으로 정규분포를 한다. $\overline{X}$의 평균값은 $\mu = 158$이고 표준편차는 $\sigma/\sqrt{n} = 0.6$이므로

$$P(157 \le \overline{X} \le 159) = P\left(\frac{157-158}{0.6} \le \frac{\overline{X}-158}{0.6} \le \frac{159-158}{0.6}\right)$$

$$= P(-1.67 \le Z \le 1.67)$$

$= 0.9525 - 0.0475 = 0.9050$ 로 주어진다.

3. $\mu = 50$, $\sigma = 10$으로부터 $P(48 \le \overline{X} \le 52)$의 값을 표본의 크기에 따라 나누어서 구해보자.

(1) $n = 25$ 인 경우, $P(48 \le \overline{X} \le 52) = P\left(\frac{48-50}{\frac{10}{\sqrt{25}}} \le Z \le \frac{52-50}{\frac{10}{\sqrt{25}}}\right)$

$$= P(-1 \le Z \le 1) = 0.683$$

(2) $n = 100$ 인 경우, $P(48 \le \overline{X} \le 52) = P\left(\frac{48-50}{\frac{10}{\sqrt{100}}} \le Z \le \frac{52-50}{\frac{10}{\sqrt{100}}}\right)$

$$= P(-2 \le Z \le 2) = 0.9545$$

(3) 표본의 크기가 커질수록 표본평균 $\overline{X}$의 분산이 줄어들어 원하는 범위의 확률이 더 커진다.

4. $P(X \ge x) = 0.1$이 되는 x 점을 찾는 문제이다. 자유도는 3이고 $\alpha = 0.1$이므로 부록의 카이제곱표로부터 자유도 3과 확률 0.1이 교차하는 점이 구하고자 하는 x이다.

x=6.25

5. (1) 부록의 F 분포표로부터 $v_1 = 15$, $v_2 = 8$, $\alpha = 0.05$를 찾는다. 그때의 값이 3.22이다. 따라서 자유도가 (15, 8) 일 때 F 분포의 상위 5% 백분위수는 3.22이다.

(2) F 분포의 성질로부터 (8, 15)일 때 F 분포의 하위 5% 백분위수는 자유도가 자유도가 (15, 8) 일 때 F 분포의 상위 5% 백분위수의 역수이므로 구하고자 하는 답은 $\frac{1}{3.22} = 0.311$이다.

〈8장 해답〉

1. 모평균의 구간추정 문제인데 모분산을 모르고 소표본인 경우이므로 t 분포를 이용하도록 한다. 주어진 자료에서 $\bar{x}=3.92,\ n=9,\ s=0.61, \alpha=0.95$ 이다. 자유도 $n-1=8$ 이므로 $t_{0.025}(8)=2.306$ 이다. 따라서 신뢰구간은 $\bar{X}\pm\ t_{\alpha/2}(n-1)\dfrac{S}{\sqrt{n}}\ =3.92\pm2.306\cdot\dfrac{0.61}{\sqrt{9}}=3.92\pm0.47$ 이다.

2. 평균의 구간추정 문제인데 모분산을 모르지만 대표본이므로 Z 분포를 이용하도록 한다. $\alpha=0.01$ 일때 $z_{2/\alpha}=z_{0.005}=2.576$ 이므로 신뢰구간은

$$\left(\bar{X}-\ z_{\alpha/2}\frac{S}{\sqrt{n}},\ \bar{X}+\ z_{\alpha/2}\frac{S}{\sqrt{n}}\right)=\left(130-2.576\times\frac{22.5}{\sqrt{75}}, 130+2.576\times\frac{22.5}{\sqrt{75}}\right)$$

$$=(130-6.693,\ 130+6.693)$$

$$=(123.307, 136.693)$$ (만원)이다.

3. 표본비율 $\hat{p}=\dfrac{6,200}{10,000}=0.62$ 일 때 모비율을 구간추정하는 문제인데 표본의 크기가 크므로 정규분포를 이용한다. $z_{0.005}=2.57$ 이므로 공식을 찾아 대입하면 된다.

$$\left(\hat{p}-z_{\alpha/2}\sqrt{\frac{\hat{p}\hat{q}}{n}},\ \hat{p}+z_{\alpha/2}\sqrt{\frac{\hat{p}\hat{q}}{n}}\right)$$

$$=\left(0.62-2.57\cdot\ \sqrt{\frac{0.62(1-0.62)}{10,000}},\ 0.62+2.57\cdot\ \sqrt{\frac{0.62(1-0.62)}{10,000}}\right)$$

$$=(0.608, 0.632)$$

4. $n\geq\left(z_{\alpha/2}\dfrac{\sigma}{d}\right)^2=\left(1.96\dfrac{5\text{백만}}{2\text{백만}}\right)^2=24.01$

따라서 25일 이상함으로써 최대오차 2백만원을 유지할 수 있다.

5. 모비율의 추정을 위하여 표본의 크기를 결정하는 문제이다. 여기서는 p에 대한 사전 지식이 없는 경우이다.

$$n\geq\ \frac{1}{4}\left(\frac{z_{\alpha/2}}{d}\right)^2=\frac{1}{4}\left(\frac{2.57}{0.05}\right)^2=660.5$$

따라서 표본의 크기를 661 이상으로 함으로써 최대오차 0.05를 유지 할 수 있다

〈9장 해답〉

1. 모평균에 대한 가설 검정이다.

① 가설 $H_0: \mu=300$ 만원 vs $H_1: \mu<300$ 만원

② 검정통계량: $Z=\dfrac{\bar{X}-\mu_0}{S/\sqrt{n}}$ (모집단의 분산을 모르지만 대표본인 경우이므로)

③ 기각역은 $Z \leq -z_{0.05} = -1.65$

④ 표본에서 얻어진 검정통계량의 값은

$$Z = \frac{\overline{X} - \mu_0}{S/\sqrt{n}} = \frac{295 - 300}{6/\sqrt{36}} = -5.0$$

으로 기각역에 포함되므로 H_0 을 기각한다. 이 결과로부터 학부모의 월수입이 300만원이 된다고 할 수 없다.

2. (1) 양측검정

① 양측검정을 위한 가설을 세운다.

$H_0 : \mu = 20$ vs. $H_1 : \mu \neq 20$

② 자료에서 검정통계량을 결정 ; 모집단의 분산을 모르고 게다가 표본의 크기도 작으므로 t 검정을 한다.

$$t = \frac{\overline{X} - \mu}{S/\sqrt{n}}$$

③ 유의수준 5% 이므로 $\alpha/2 = 0.025$ 이고 자유도는 $n-1=9$ 이므로 t 분포표를 보면 기각역은 $|t| > t_{0.025}(9) = 2.262$

④ $t = \dfrac{\overline{X} - \mu}{S/\sqrt{n}} = \dfrac{23 - 20}{6.2/\sqrt{10}} = 1.53$ 이 값은 기각역 속에 들어가지 못하므로 H_0을 기각할 수 없다.

즉, 평균재직 기간이 20개월이라고 볼 수 있다.

(2) 단측검정

① $H_0 : \mu = 20$ vs. $H_1 : \mu > 20$

② 표본의 크기가 적고 모분산을 모르는 경우이므로 검정통계량으로 $t = \dfrac{\overline{X} - \mu}{S/\sqrt{n}}$ 를 선택한다.

③ 기각역 $t > t_{0.05}(9) = 1.833$

④ 검정통계량의 값은 $t = \dfrac{\overline{X} - \mu}{S/\sqrt{n}} = \dfrac{23 - 20}{6.2/\sqrt{10}} = 1.53$ 이므로 기각역 속에 들어가지 못하므로 H_0을 채택한다.

3. $H_0 : \mu = 2{,}000$ 만원 vs. $H_1 : \mu < 2{,}000$

모분산을 모르지만 표본의 크기가 크므로 Z 검정을 하여도 되는 경우이므로 검정통계량으로 $Z = \dfrac{\overline{X} - \mu_0}{S/\sqrt{n}}$ 를 선택한다. 기각역은 $Z < -1.65$ 이다.

(1) 자료에서 Z값은 -1.43 으로 기각역에 포함되지 않는다. 따라서 H_0를 기각 할 수 없다.

(2) p값 $= P(X < -1.43) = 0.077$ 이 $\alpha = 0.05$ 보다 크므로 H_0 기각 할 수 없다.

(3) 이 조사결과는 대학 졸업 후 초봉이 2,000만원 보다 작다는 주장을 충분히 뒷받침하지 못하고 있다.

4. ① 가설의 설정

$H_0 : p = 0.02$ vs. $H_1 : p > 0.02$

② 검정통계량의 선택:

주어진 정보로부터 $n = 2{,}000$, $\hat{p} = \dfrac{60}{2000} = 0.03$ $np_0 = 2000 \times 0.02 = 40$과

$nq_0 = 2000 \times 0.98 = 1960$. 모두 5보다 크므로 표본의 크기는 충분하므로 이때의 검정은 Z 검정이 되겠다.

$$Z = \frac{\hat{p} - p_0}{\sqrt{p_0 q_0 / n}}$$

③ 기각역은 $Z > 1.65$

③ 검정통계량의 값을 계산하여 판정: 주어진 자료를 검정통계량에 대입하면

$$Z = \frac{0.03 - 0.02}{\sqrt{(0.02)(0.98)/2000}} = 3.19$$

인데 검정통계량의 값은 $Z = 3.19$로 기각역에 속하므로 H_0을 기각하고 H_1을 채택한다. 즉 P 이동통신의 광고가 과장되었다는 충분한 근거를 제공하여 주고 있다.

5. 생략

〈10장 해답〉

1. 두 모평균의 차에 대한 구간추정의 문제인데 표본의 크기가 크므로 임의의 모집단이며 모분산을 모르더라도 정규분포를 생각 하면 되겠다.

중심지: $n_1 = 300$, $\overline{x_1} = 7$, $s_1 = 2$

변두리: $n_2 = 200$, $\overline{x_2} = 5$, $s_2 = 1.5$

유의수준 $\alpha = 0.05$이므로 $z_{0.05/2} = 1.96$을 구해 둔다. $\mu_1 - \mu_2$에 대한 신뢰구간은

$$(7-5) \pm 1.96\sqrt{\frac{2^2}{300} + \frac{1.5^2}{200}} = 2 \pm 0.31$$

따라서 신뢰도 95%의 신뢰구간은 (1.69, 2.31) 이다.

2. ① 가설을 설정한다.

$H_0 : \mu_1 = \mu_2$ vs. $H_1 : \mu_1 \neq \mu_2$

② 검정통계량을 결정한다: 표본의 크기가 크므로 Z 검정으로 한다.

③ 양측검정이므로 유의수준 5%에 대한 기각역은 $|Z| \geq z_{0.025} = 1.96$

④ 자료에서 검정통계량의 값은

$$Z = \frac{7-5}{\sqrt{\frac{2^2}{300} + \frac{1.5^2}{200}}} = 12.7$$

이므로 검정통계량의 값이 기각역에 포함되므로 귀무가설을 기각한다. 즉, 중심지와 변두리의 휴지의 평균 구입량이 같다는 가설은 기각된다.

3. 대표본일 때 두 모비율의 차의 신뢰구간을 구하는 공식을 찾으면 된다.

전략 1: $\hat{p_1} = 0.4,\ n_1 = 100$

전략 2: $\hat{p_2} = 0.5,\ n_2 = 100$

전략효과 차이에 대한 점추정은 $\hat{p_1} - \hat{p_2} = -0.1$ 이다. 한편, 95% 신뢰구간은

$$(\hat{p_1} - \hat{p_2}) \pm z_{\alpha/2}\sqrt{\frac{\hat{p_1}\hat{q_1}}{n_1} + \frac{\hat{p_2}\hat{q_2}}{n_2}} = (0.4 - 0.5) \pm 1.96 \times \sqrt{\frac{0.4 \times 0.6}{100} + \frac{0.5 \times 0.5}{100}}$$

$$= (-0.237, 0.037)$$

4. ① 가설을 설정

$H_0: p_1 - p_2 = 0$ vs. $H: p_1 - p_2 \neq 0$

② 검정통계량 결정: 표본의 크기가 크므로 Z 검정을 한다.

$$Z = \frac{\hat{p_1} - \hat{p_2}}{\sqrt{\hat{p}(1-\hat{p})}\sqrt{\frac{1}{n_1} + \frac{1}{n_2}}}$$

③ 양측검정이므로 유의수준 5%에 대한 기각역은 $|Z| \geq 1.96$

④ 자료에서 검정통계량의 값을 구하자.

$\hat{p} = \frac{X+Y}{n_1 + n_2} = \frac{40+50}{100+100} = 0.45$ 을 검정통계량에 대입하면,

$$Z = \frac{0.4 - 0.5}{\sqrt{0.45 \times 0.55\left(\frac{1}{100} + \frac{1}{100}\right)}} = -1.42$$

검정통계량의 값이 기각역에 포함되지 못하므로 귀무가설을 기각할 수 없다.

두 전략에 대한 유의한 차이는 발견되지 못했다.

한편, 신뢰구간에서도 귀무가설의 주장 $p_1 - p_2 = 0$을 포함하므로 유의한 차이가 없다고 판단할 수 있다.

5. 생략

〈11장 해답〉

1. 적합성 검정이다.

① H_0 : 각 범주에 속할 확률은 모두 $\frac{1}{6}$ 이다. (주사위는 균등하다)

H_1 : H_0는 아니니다. (주사위는 균등하지 않다)

② 적합도 검정을 위하여 검정통계량 $\chi_0^2 = \sum_{i=1}^{k} \frac{(O_i - E_i)^2}{E_i}$ 을 사용한다.

③ 유의수준 0.05의 검정을 한다. 자유도 6-1=5 이고 유의수준은 0.05이므로 기각역은

$\chi^2 > \chi_{0.05}^2(5) = 11.1$ 이다.

④ 표본으로부터 검정통계량의 값을 구해보자.

귀무가설을 예상할 때 만약 주사위가 균등하다면 각 눈은 동일한 횟수로 관측되리라고 기대할 수 있으며 각 눈은 $180 \times \frac{1}{6} = 30$ 회씩 나타나리라고 기대하게 된다.

따라서

$$\chi^2 = \frac{(20-30)^2}{30} + \frac{(30-30)^2}{30} + \frac{(40-30)^2}{30} + \frac{(30-30)^2}{30} + \frac{(40-30)^2}{30} + \frac{(20-30)^2}{30}$$

$$= 13.3$$

이 값은 기각역에 속하므로 귀무가설은 기각된다. 즉, 주어진 자료로 볼 때 해당 주사 위는 균등하지 못하다고 할 수 있다.

2. 생략

3. 독립성 검정이다.

H_0: 운동 실시 상황과 소득수준은 서로 독립이다.

H_1: 운동 실시 상황과 소득수준은 서로 독립이 아니다.

먼저 귀무가설하에서 기대도수를 구하여 보자.

$$E_{11} = \frac{95 \times 65}{250} = 24.7 \quad E_{12} = \frac{95 \times 125}{250} = 47.5 \quad \cdots\cdots$$

$$E_{33} = \frac{95 \times 60}{250} = 22.8$$

검정통계량의 값을 계산한다.

$$\chi^2 = \frac{(30-24.7)^2}{24.7} + \frac{(50-47.5)^2}{47.5} + \cdots + \frac{(25-22.8)^2}{22.8} = 12.17$$

한편, 기각역은 $X^2 > \chi_{0.05}^2((3-1)(3-1)) = \chi_{0.05}^2(4) = 9.49$ 인데 검정통계량의 값이

$\chi^2 = 12.17 > 9.49$ 이므로 H_0는 유의수준 0.05에서 기각된다. 운동 실시 상황과

소득수준은 서로 관련이 있다고 결론이 내려진다.

4. 생략

〈12장 해답〉

1. (1) (가) 27 (나) 1117.8 (다) 3.02

(2) H_0 : 세 가지 처리의 효과는 차이가 없다.

H_1 : 세 가지 처리의 효과가 다 같은 것은 아니다.

기각역 $F > F_{0.05}(2,27) = 3.35$ 인데 자료에서 F값이 0.02이므로 기각역에 포함되지 못한다. 따라서 H_0를 채택하여 세 가지 처리의 효과는 차이가 없다고 결로 내린다.

2. 보험회사의 평균판매액 자료

성별 \ 연령	30세미만	30~40세	40세 이상
남	91	107	105
여	101	115	99

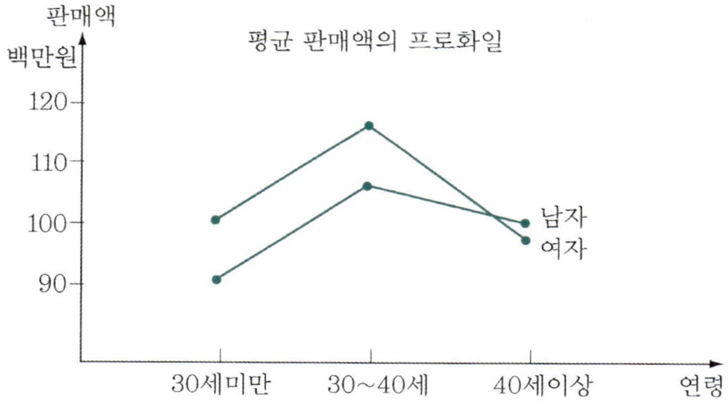

프로화일 그림을 보면 두 꺽은 선이 교차하게 되어 연령요인과 성별요인 사이에 교호작용이 있음을 추측할 수 있다.

3. 교호작용효과가 유의한가에 대한 F검정을 해보자.

유의수준 5%의 검정에서는 기각역 $F > F_{0.05}(2,12) = 3.89$ 인데 자료에서 F값이 3.18 이므로 기각역에 포함되지 못한다. 따라서 H_0를 채택하여 교호작용의 효과는 없다고 결론 내린다. 이 결과는 문제3에서 했던 프로화일의 예측과는 반대의 결론을 내리고 있다.

그러나 유의수준 10%의 검정에서는 기각역 $F > F_{0.1}(2,12) = 2.81$ 인데 자료에서 F값이 3.18

이므로 기각역에 포함된다. 따라서 H_0를 기각하여 교호작용의 효과가 있다고 결론 내린다. 이 결과는 문제3에서 했던 프로화일의 예측과 같은 결론이다.

프로화일에서 보면 두 꺾은 선의 교차의 정도가 그리 그치 않음을 볼 수 있다. 이런 경우에는 분산분석표를 통하여 검정해보면 두 요인사이의 관계가 어느 정도인지를 확실하게 알 수 있다.

〈13장 해답〉

1. 2. 생략

3. (1)

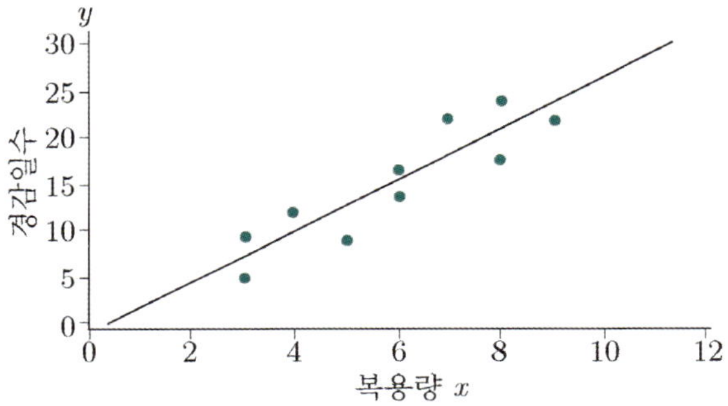

산점도와 적합된 회귀직선

(2) 회귀식을 얻기 위하여 아래와 같은 중간계산표를 작성하자.

회귀식을 위한 중간계산

복용량 x_i	경감일수 y_i	$x_i y_i$	x_i^2
3	9	27	9
3	5	15	9
4	12	48	16
5	9	45	25
6	14	84	36
6	16	96	36
7	22	154	49
8	18	144	64
8	24	192	64
9	22	198	81
59	151	1003	389

이 중간 계산표를 이용하여 기울기와 절편을 구해보자.

$n = 10,\ \overline{x} = 5.9,\ \overline{y} = 15.1$

이므로

$$\widehat{\beta}_1 = \frac{\sum_{i=1}^{n} x_i y_i - n\overline{x}\ \overline{y}}{\sum_{i=1}^{n} x_i^2 - n\overline{x}^2} = \frac{1003 - 10 \times 5.9 \times 15.1}{389 - 10 \times 5.9^2} = \frac{112.1}{40.9} = 2.74$$

$$\widehat{\beta}_0 = \overline{y} - \widehat{\beta}_1 \overline{x} = 15.1 - 2.74 \times 5.9 = -1.07$$

이다. 따라서 $\hat{y} = -1.07 + 2.74x$ 가 구하는 회귀직선이다.

(3) 알레르기 약을 5.5mg ($x = 5.5$)복용하면 증상의 경감일수 y는

$\hat{y} = -1.07 + 2.74 \times 5.5 = 14$

일이 예측된다.

찾아보기

ㄱ

가우스분포 ······37
가중평균 ······99
검정통계량 ······168
경영통계학 ······3
경제통계학 ······3
계통추출법 ······60
공선성 ······245
관찰 ······52
관측편향 ······51
교육통계학 ······4
교차분석 ······204
교차표 ······114
구간추정 ······150, 155
국가통계 ······68
군집분석 ······132
귀납법 ······27
귀무가설 ······168
그룹간 변동 ······222
그룹내 변동 ······222
기각역 ······169
기댓값 ······33
기상통계학 ······6
기술통계학 ······20

ㄴ

난수표 ······58
내용분석 ······55
눈덩이 추출법 ······63

ㄷ

다중공선성 ······245
단순임의추출법 ······58
단순회귀분석 ······242
단측검정 ······171
대립가설 ······168
대응비교 ······193
대응표본 ······193
도수분포표 ······89
독립변수(설명변수) ······50
독립성 검정 ······205
독립표본 ······188
동일성 검정 ······206

ㅁ

막대그래프 ······86
면접조사 ······53
모분산 ······36
모수 ······29

모집단 ······28
모집단의 크기 ······28
모평균 ······33
물가지수 ······76

| ㅂ |

반응편향 ······51
백분위수 ······102
범위 ······104
범주형 자료 ······82, 204
범주형 자료분석 ······204
보행자 조사법 ······62
보험통계학 ······3
분산분석법 ······220
분할표 ······114, 211
불편성 ······151
불편추정량 ······151
비 표본오차 ······49
비확률표본 ······58
비확률표본추출법 ······58

| ㅅ |

사분위 범위 ······104
사분위수 ······102
사회통계학 ······3
산술평균 ······97
산점도 ······118
산포도 ······104
상자그림 ······106
생물통계학 ······4
선형회귀분석 ······242
순위상관계수 ······122
스테타 ······22
스포츠통계학 ······6
시계열분석 ······93
신뢰계수 ······156
신뢰구간 ······156
신뢰수준 ······156
실험 ······50
실험집단 ······50
심리통계학 ······4
심슨의 모순 ······126

| ㅇ |

양적자료 ······82
양측검정 ······171
언어통계학 ······6
엑셀 ······22
연속확률변수 ······30
연역법 ······26
오차 ······49
요인분석 ······130
요인수준 ······221
우편조사 ······54
원그래프 ······88
유의수준 ······169
유의추출법 ······58
유의표본 ······58
유의확률 ······180
유효성 ······152
유효추정량 ······153
의학통계학 ······5
이산확률변수 ······30
이산확률분포 ······30

이상값 …84
이원배치법 …221
이원분산분석법 …220, 229
인자수준 …221
인터넷 조사 …54
일원배치법 …220
일원분산분석법 …220
일치성 …154
일치추정량 …154
임의추출법 …58
임의표본 …58

ㅈ

잔차 …247
전수조사 …49
전화조사 …53
점추정 …150
정규분포 …37
제1종의 오류 …169
제2종의 오류 …169
조사 …52
조작적 정의 …9
종속변수(반응변수) …50
주성분분석 …129
줄기-잎 그림 …94
중결정계수 …255
중심극한정리 …141
중앙값 …100
중회귀분석 …242
질적자료 …82
집단조사 …54
집락추출법 …61

ㅊ

최빈값 …101
최소분산불편추정량 …153
최소제곱법 …247, 248
최소제곱추정량 …247
추론통계학 …20
추정량 …151
층화임의추출법 …59

ㅋ

카이제곱 χ^2분포 …143

ㅌ

통계량 …29
통계학 …20

ㅍ

판단추출법 …63
판별분석 …131
편차 …104
표본 …28
표본오차 …49
표본의 크기 …28
표본조사 …49
표본추출 …28
표준오차 …152
표준편차 …36, 104
표준화 …38, 108
프로화일 …235

ㅎ

할당추출법 …63

확률밀도함수 ······31
확률변수 ······29
확률표본 ······58, 136
확률표본추출법 ······58
환경통계학 ······5
회귀직선 ······244

| 6 |

6시그마 ······38

| F |

F분포 ······145

| P |

p값 ······180

| S |

SAS ······22
SPSS ······22

권계화

연세대학교 이과대학 수학과 졸업
일본동경공대 정보과학과 통계학 전공 이학석사 및 박사
현, 서울여자대학교 자연과학대학 수학과 교수

역서: 시계열 분석(藤井光昭저)

저서: 손에 잡히는 다변량 분석
손에 잡히는 통계학
생활 속의 통계
통계학의 이해와 활용

LIVE! 실용통계

2015년 1월 20일 초판 발행
2023년 9월 5일 초판 2쇄 발행

저 자 / 권계화
발행자 / 오판근
발행처 / 교우사

주 소 / 서울특별시 동대문구 약령시로 8 교우빌딩 2층
전 화 / 925-2861~2, 편집부 / 925-2825, 홈쇼핑 / 969-5762
팩 스 / 925-2860
E-mail / kyowoo@kyowoo.co.kr
http://www.kyowoo.co.kr

등록 / 1994. 3. 24 제6-0256호

ISBN 979-11-251-0066-9 (93310)

값 29,000원